KB023598

Understanding the
Flowering Plants

guide

Anne L. D.
Bebbington

꽃식물의 이해 (식물세밀화가를 위한 식물학)
초판 1쇄 발행 2022년 10월 4일
2쇄 발행 2023년 9월 4일

지은이 Anne L. D. Bebbington
발행인 이해련
옮긴이 전정일, 김주영
발행처 보태니컬 랩
출판등록 제2020-000223호(2019년4월16일)
주소 서울특별시 서초구 염곡안1길 15
전화 02-522-8080
팩스 02-522-9090
이메일 sheismarry@gmail.com
디자인 방윤정

ISBN 979-11-970555-5-3

First Published in Great Britain in 2014 as Understanding the Flowering Plants

by The Crowood Press Ltd, The Stable Block, Crowood Lane, Ramsbury, Marlborough, Wiltshire, SN8 2HR

- 책값은 뒤표지에 표기되어 있습니다.
- 이 도서는 친환경 식물성 콩기름 잉크로 인쇄하였습니다.

지은이 앤 베빙턴(Anne L. D. Bebbington)

앤 베빙턴 박사는 Field Studies Council 소속 식물학자이자 생태 교사로서 경력을 쌓으면서 폭넓은 교육 경험을 쌓았다. 영국과 유럽, 캐나다 및 호주의 많은 지역에서 성인을 위한 야생화 교육을 전문으로 진행했으며, Institute for Analytical Plant Illustration의 창립 회원이며 회장을 역임하였다.

꽃식물의 이해

식물세밀화가를 위한 식물학

Anne L. D. Bebbington

앤 베빙턴 지음
전정일, 김주영 옮김

역자 서문

이 책의 원제는 'Understanding the Flowering Plants, A practical guide for botanical illustrators'입니다. 직역하면 '현화식물의 이해, 식물 세밀화가를 위한 실용 가이드' 정도가 되겠습니다. 제목만 보면 단순히 세밀화만을 위한 책이라고 오해할 수도 있습니다. 그러나, 30년이 넘게 식물을 공부하면서 수많은 책을 보아왔고, 책을 써보기도 하고 번역해 보기도 했지만, 이 책처럼 식물의 구조를 쉽게 이해할 수 있도록 해준 책은 많지 않았습니다.

이 책의 가장 큰 장점은 식물을 자세히 관찰하는 방법을 알려주고, 그 관찰 결과 볼 수 있는 구조를 많은 사진 자료로 보여준다는 점입니다. 이 책을 공부하고 책에서 제시한 관찰의 방법을 따라 식물을 관찰하면 '꽃식물'의 세계를 전체적으로 이해할 수 있을 것입니다.

이 책은 식물에 관심이 있는 분들과 식물 세밀화에 관심이 있는 분들 모두에게 식물을 이해하는 좋은 출발점이 될 것이라 확신합니다.

(사)한국보태니컬아트협회 이해련 회장님께서 이 책을 처음 보여주시던 날이 떠오릅니다. 회장님께서, 이 책을 공부해보았는데 너무 좋았고 우리말로 번역해서 많은 사람에게 소개하면 좋겠는데 번역할 만한 전문가를 추천해달라고 얘기를 시작했습니다. 책을 여러 날 훑어보면서 식물 세밀화가는 물론 이려니와 식물을 공부하는 학생들에게도 너무나 좋은 책이라는 생각에 저는 욕심이 났습니다. 그동안 내가 공부해온 경험을 토대로 이 책을 번역하면 많은 사람에게 도움이 되지 않을까 하는 욕심이었습니다. 욕심에서 시작한 번역이 다소 부족하다는 생각이 들어 아쉬움이 남습니다. 부족한 번역이나마 식물을 사랑하는 모든 분께 새로운 길잡이가 되길 기대해봅니다.

2022년 봄 신구대학교식물원에서, 역자 대표 전정일

옮긴이 전정일

서울대학교 산림자원학과에서 학사, 석사, 박사 학위를 수여하였으며, 식물분류학 및 수목학 분야를 연구하였다. 서울대학교수목원 조교 및 연구원, 중국 남경식물연구소식물원 교환연구원을 거쳐 신구대학교 원예디자인과 교수로 재직하고 있다. 신구대학교식물원 연구소장, 식물원장을 역임하였고, (사)한국서식지외보전기관협회 이사, (사)한국정원협회 이사, (사)한국식물원수목원협회 부회장 등으로 활동하고 있다.

옮긴이 김주영

가천대학교 조경학과를 졸업하고 신구대학교식물원에서 수목원전문가 교육과정을 수료하였다. 미국에서 교환학생으로 공부하였고 서울시립대학교대학원 환경원예학과 석사과정에서 연구하고 있다.

2쇄 서문

1쇄 발행 후에 책을 보면서 군데군데 오류가 있음에 너무나 부끄러웠습니다. 1쇄판을 보고 계신 많은 독자들께 죄송한 마음입니다. 오류를 최대한 수정하여 2쇄를 발행합니다. 정성을 들여 수정하였으나 여전히 오류가 있을 것입니다. 독자분들의 넓은 이해를 부탁드립니다.
2쇄를 준비하면서 1쇄의 오류를 수정하는데 많은 도움을 주신 '야생화를 사랑하는 사람들' 회원님들께 특별히 감사드립니다.

목차

소개

식물화는 예술과 과학이 연결된 그 사이에 놓여있습니다. 식물학자로서, 제 작품들은 주로 과학적인 목적을 위해 창작되었지만, 예술세계 안에서 지식과 기술에 큰 가치를 느끼며 감사하고 있습니다.

제 식물학적 훈련의 일부는 그림과 꽃 구조도(화식도)를 만들기 위한 필수조건입니다. '당신이 어떤 것을 그릴 수 있다면, 당신은 그것을 이해한 것이다'가 저의 원칙이었습니다. 이것은 제 연구를 자극하고 이끌어주었으며 식물들이 어떻게 서로 관계가 있는지 그리고 그들이 어떻게 상호 작용하는지에 대한 그 복잡성은 제게 일생에 매력으로 다가왔습니다. 그것은 또한 식물학자에게 식물세밀화가 얼마나 가치가 있는가를 깨닫게 하고 진정으로 감사하도록 만들어 주었습니다.

2004년에 훌륭한 예술가이면서 아주 박식한 식물학자였던 Michael Hickey는 식물학자들과 예술가들이 만나서 서로 배우는 최고의 포럼인 Analytical Plant Illustration (IAPI)를 설립하였습니다. Mary Brewin과 제가 연달아서 유용한 워크숍들을 같이 진행하게 된 것은 IAPI를 통해서였습니다. 우리의 목표는 식물 화가들이 현화식물에 대해 좀 더 이해할 수 있도록 도와 그들의 작품에 표현할 수 있도록 하는 것과 다른 식물 소재들에도 적용할 수 있는 표현 기법을 공유하는 것이었습니다. 워크숍을 통한 교육과정에서 중요한 부분은 그들의 이해를 평가하는 데에 도움을 주는 것뿐만 아니라 질문을 유도하고 그들의 주제를 더 연구할 수 있도록 설계된 자기평가 과제를 완성하는 것이었습니다.

이 책은 그 강의의 소재들을 기반으로 하였으며, 현화식물의 구조와 야생환경에서 식물들의 생존에 관련하여 작용하는 다른 부분들에 집중하였습니다. 이 책이 식물을 그리는 사람들에게 도움이 될 뿐만 아니라, 대중들이 식물세밀화를 더 흥미롭게 여기고 즐기는 데에도 활용될 수 있기를 바랍니다.

추상화 또는 인상파 작품 ← 심미적 혹은 감성적 투입 — 식물학적 지식, 과학적 엄격함 → 과학적 목적의 기술적 삽화

서문

이 책은 특히 식물세밀화가(보태니컬아티스트)를 염두에 두고 만들어졌지만, 현화식물에 대해 더 잘 이해하기를 원하는 누구에게나 도움이 될 것입니다. 조언부터 시작합니다. 식물 연구에 접근하는 방법에 대한 조언과 유용한 실용적인 기술, 도구와 장비를 소개하는 것으로 시작하고자 합니다. 그 다음에 현화식물의 주요 부분과 생활 과정을 설명하는 데 사용되는 용어에 대한 설명이 이어집니다.

다음 장에서는 식물의 각 부분을 차례로 살펴보고 기본 구조와 각 부분이 식물의 생장 과정에서 어떤 역할을 하는지 설명합니다. 주의 깊게 관찰해야 할 특정 중요 형태가 강조 표시됩니다. 프로젝트에 대한 제안은 각 장의 끝에서 이루어집니다. 이들은 각 장의 내용에 대한 이해를 평가하거나 새로운 프로젝트에 대한 아이디어를 자극하는 데 사용될 수 있습니다. 부록 I은 완성된 두 가지 예와 함께 프로젝트 수행에 대한 조언을 제공합니다.

식물의 특정 부분에 대한 정보를 찾고 있는 사람들을 위해 각 장에서 다루는 주제에 대한 개요를 목차 페이지에 제공하여 책을 전체적으로 훑어보거나 깊이 들어가서 살펴볼 수 있도록 하였습니다.

< 곤충 방문자는 수분에만 중요한 것이 아니다.
살갈퀴(*Vicia sativa*)의 꽃 밖 꿀샘으로부터 먹이를 얻는 이 검은 개미는
식물체를 먹는 다른 작은 동물로부터 식물을 보호한다.

CHAPTER 1

현화식물이란?

진화

수백만 년에 걸쳐, 수많은 분화 경로를 따라 진화한 결과 때문에 수많은 다른 생물이 생겨났다. 생물체와 같이 많은 개체가 있을 때, 우리의 감각은 정보로 압도된다. 사물을 유형화하여 정렬하면 서로의 차이점 또는 유연관계를 반영하는 패턴을 볼 수 있다.

그림 1.2 진화의 원리.

생존을 위한 투쟁

자연환경에서 살아있는 유기체는 많은 문제에 직면한다. 예를 들어 먹히는 것.

이 식물의 털 같은 일부 특성은 개체가 생존하고 번식하도록 돕는데 더 유리하다.

유리한 특성이 미래 세대에게 전해져 보다 일반적으로 된다.

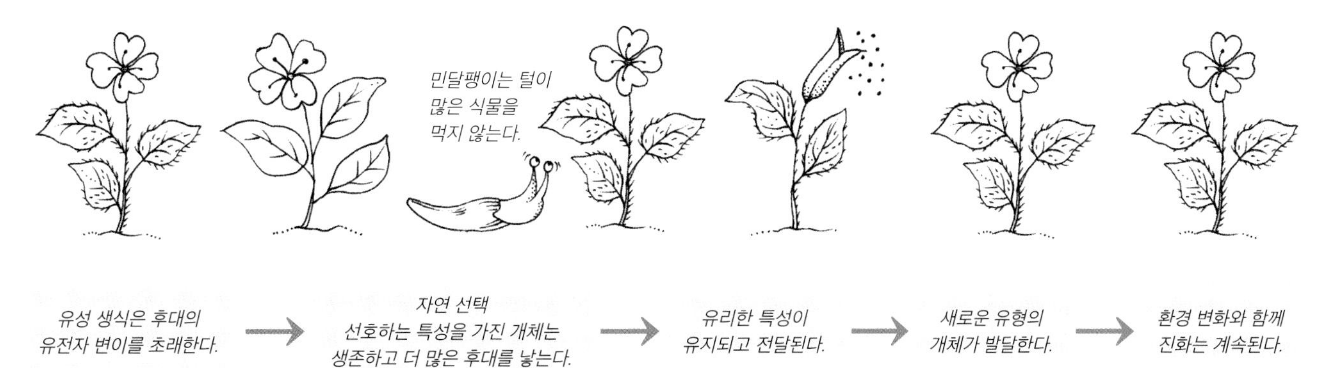

불리한 특성을 가진 개체는 살아남지 못하거나 번식하지 못하게 된다.

털이 있는 개체가 털이 없는 개체보다 더 많아진다.

< 그림 1.1 현화식물의 하나 - 고산목방패꽃(the Rock Speedwell; *Veronica fruticans*)

식물계의 주요 식물군

식물계에서 오늘날 인식되는 주요 식물군은 선태식물(Bryophytes), 양치식물(Pteridophytes)과 종자식물[나자식물(Gymnosperms)과 피자식물(Angiosperms)]이다. 한때 식물학 교육의 한 부분이었던 조류(algae)와 곰팡이[그리고 따라서 지의류(lichens)]는 이제 별도의 계(kingdom)에 할당되기에 충분히 다른 것으로 간주된다.

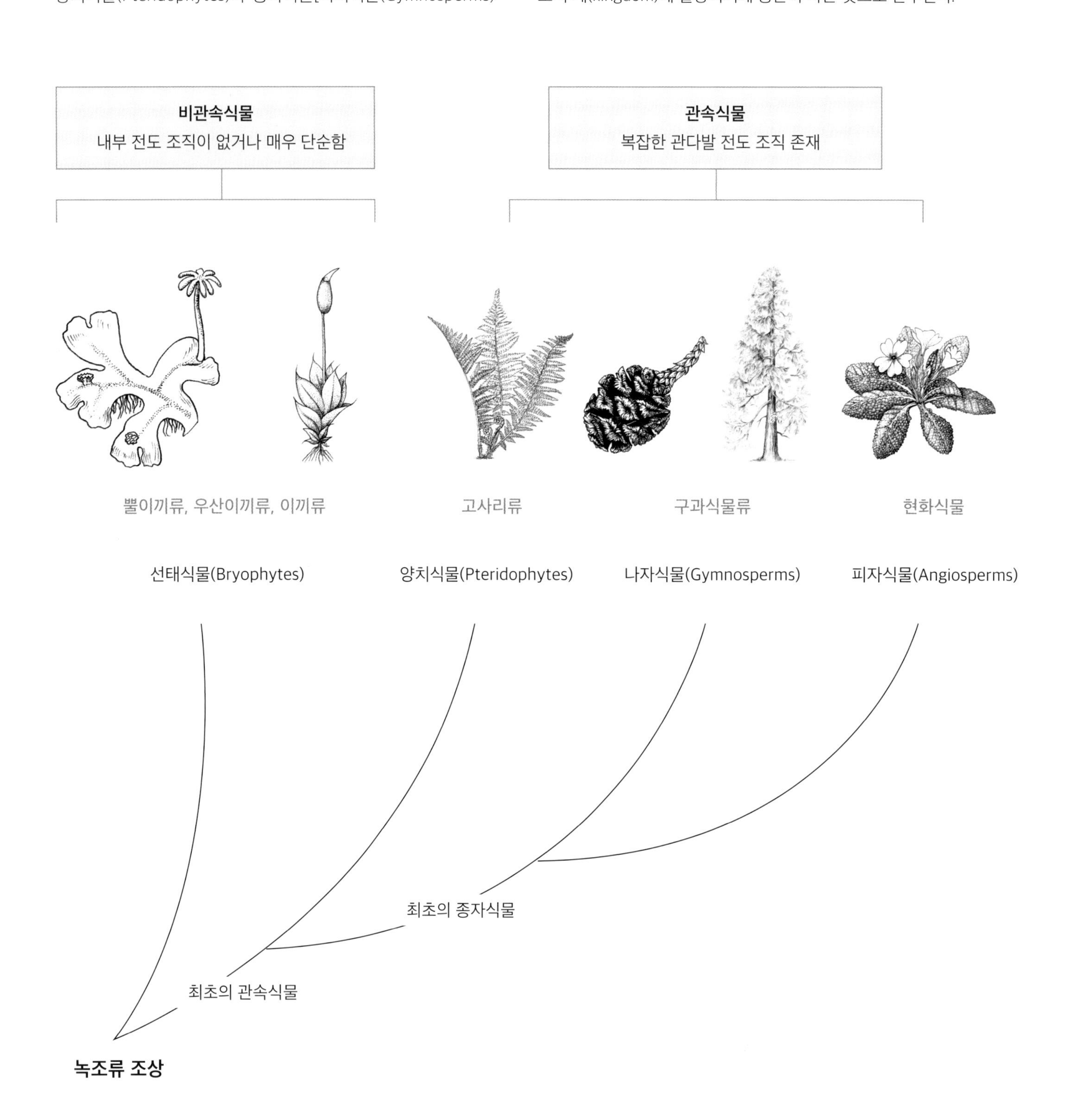

그림 1.3 주요 식물군.

주요 식물군은 모두 공통의 해양 조류 조상에서 진화한 것으로 생각된다. 바다에서 육지 생명으로의 이동에서 일부 주요 생식 장애물을 극복해야 했다. 수영하는 수컷 정자는 어떻게 물 없이 암컷 난자에 도달할 수 있으며, 암컷 난자를 어떻게 건조로부터 보호할 수 있을까? 더 원시적인 육상 식물, 이끼나 우산이끼류는 양치류 및 그 근연 식물들과 함께 이 문제를 부분적으로 해결했다. 수정란에서 발생하는 난자 세포와 배는 적어도 모계 조직에 의해 초기에 보호된다. 그러나 정자는 암컷 기관으로 수영하기 위해 여전히 물에 의존하므로 성적 재생산을 가능하게 하려고 때때로 이들 식물의 서식지는 습기가 많은 환경으로 제한된다. 종자식물에서 보호 방법은 한 단계 더 발전했다. 난자 및 수정 후 배는 종자 내부에 둘러싸여 보호된다. 대부분 씨앗에는 배가 삶을 시작할 수 있게 양분을 제공하는 조직도 있다. 수컷 정자는 더는 암컷에게로 수영할 필요는 없지만, 꽃가루 안에 들어 있다. 거친 외피로 싸인 꽃가루는 바람에 의해 운반되는 공기를 통해 또는 동물에 의해 장거리 이동을 하여 암컷 생식기관에 도달할 수 있으며 암컷 난자 근처에서 정자를 방출한다. 따라서 생식을 위해 이 식물들은 축축한 환경이라는 필요조건에서 해방되었다.

현화식물과 분류

종자식물 중에서 가장 진화적으로 발달한 현화식물(Angiosperms)은 약 1억 3천 5백만 년 전에 나타났으며 현재 지구를 지배한다. 발달 중인 배는 종자에 의해 보호될 뿐만 아니라, 씨 자체가 배 발달에 따라 열매를 형성하는 자방으로 둘러싸여 있다. 다른 주요 종자식물인 구과식물과 그 유연 식물들(나자식물; Gymnosperms)은 다른 길을 택했다. 비록 씨앗이 자방으로 완전히 둘러싸여 있지는 않지만, 구과식물의 인편은 씨앗을 보호하는 데 도움이 된다.

씨앗들은 미성숙한 구과의 인편 표면에 자리 잡고 있어 보호를 받는다.

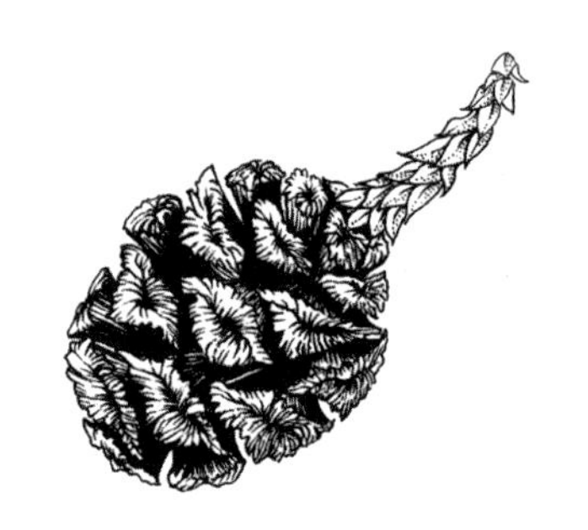

성숙한 구과의 인편이 벌어지면 씨앗이 빠져나온다.

a) 나출종자를 보호하는 구과의 인편을 보여주는 거삼나무(*Sequoiadendron giganteum*) 구과. Gymnosperm이라는 단어는 '옷을 입지 않은' 의미의 그리스어 'Gymyms'에서 나왔다. 같은 어근에서 생성된 단어인 'Gymnast(체조선수)'는 그리스의 초기 운동선수들이 일반적으로 옷을 입지 않고 운동하고 훈련했던 것과 관련이 있다!

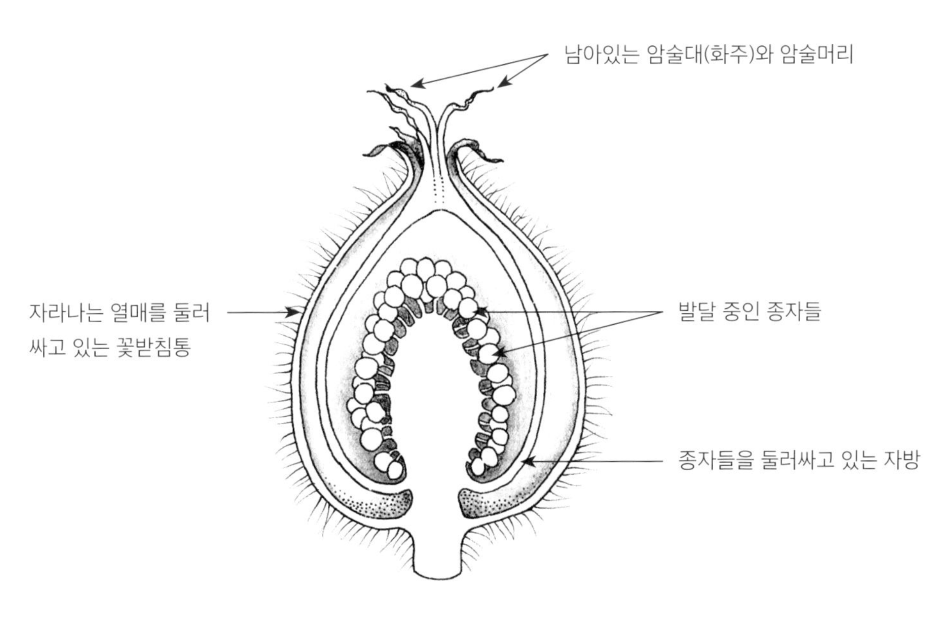

b) 자방에 완전히 둘러싸인 씨앗을 보여주는 붉은장구채(*Silene dioica*) 열매의 발달. 피자식물(Angiosperm)은 물관(도관) 또는 그릇을 의미하는 그리스어 단어 'angeion'에서 파생된다.

그림 1.4 피자식물의 열매와 나자식물의 구과 비교.

고대 그리스 시대 이후로 현화식물을 분류하려는 많은 시도가 있었으며, 가장 잘 알려진 체계는 18세기의 박물학자인 린네(Linnaeus)가 고안한 것이다. 17세기와 18세기에는 동/식물의 생식에 많은 관심이 있었으며, 린네는 이와 관련하여 식물의 암꽃과 수꽃의 생식기 배열을 근간으로 한 분류체계를 수립하였다. 그가 1730년에 쓴 글에서는 꽃잎의 기능을 특별히 인간의 사랑에 빗대어 다음과 같이 묘사했다. '그것은 그 자체로 세대에 아무것도 기여하지 않지만 위대한 창조주가 그렇게 아름답게 배열하고, 귀중한 침대 커튼으로 장식하고, 많은 향수로 향기를 낸 신부의 침대 역할을 하여 신랑과 신부가 그곳에서 치르는 엄숙한 의식절차인 결혼식을 축하한다(Silvertown, 2009)'. 이 같은 묘사는 그에게 교회로부터의 노여움을 받도록 했다. 그런데도 꽃의 특성은 식물의 다른 부분보다 변이가 적은 것으로 증명되어 오늘날 현대 분류체계에서도 중요한 부분으로 남아있다.

최근까지, 분류체계는 주로 시각적 관찰에 기초하지만, 현대에 유전학 연구의 발전에 따라 생물체와 진화경로 사이에 대한 이해를 훨씬 더 잘 할 수 있게 되었다. 단점은 이것이 시간이 지남에 따라 우리에게 익숙했던 일부 식물군들의 소속과 이름이 변경되었음을 의미하며, 새로운 정보를 기반으로 한 분류체계는 훨씬 강력하고 시간의 시험에도 견딜 수 있게 되었다.

a) 큰노랑용담(*Gentiana lutea*)쌍자엽식물, 5~9개의 화피 조각과 일반적인 쌍자엽 식물과 달리 평행맥을 가짐.

b) 검은마(*Tamus communis*) 꽃잎의 개수가 3의 배수인 단자엽식물이지만 그물맥이 있는 넓은 잎을 가짐.

그림 1.5 쌍자엽식물과 단자엽식물의 외형적 특징 비교 예시.

현화식물의 주요 식물군

오랜 시간 동안 크게 두 식물군으로 나누어 왔다: 하나의 자엽을 가진 단자엽식물(Monocotyledons)과 두 개의 자엽을 가진 쌍자엽식물(Dicotyledons). 이러한 식별 특징은, 특히 작은 종자에서는 쉽게 찾기 힘들다(11장 참조). 그러나 이 두 식물군을 구별하는 데 도움이 되는 다른 특징들이 있지만 조심해야 한다. 모든 식물이 그 식물군의 전형적인 특성을 보여주지는 않는다!

쌍자엽식물	단자엽식물
식별 특징	식별 특징
종자 안에 2개의 자엽 2개의 자엽을 가진 유묘 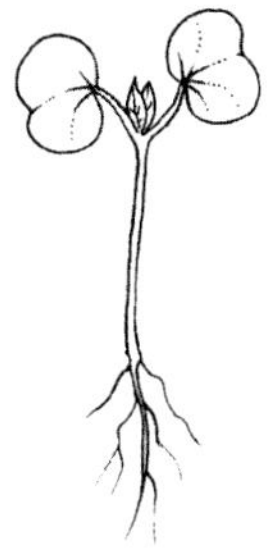	종자 안에 1개의 자엽 한 개의 자엽이 아직 종자 안에 있음 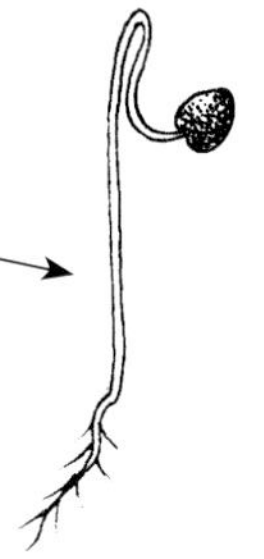

쌍자엽식물		단자엽식물	
꽃 부분이 2 또는 5의 배수	 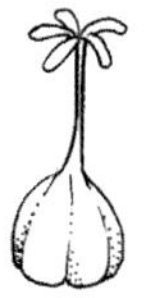	꽃 부분이 3 또는 6개	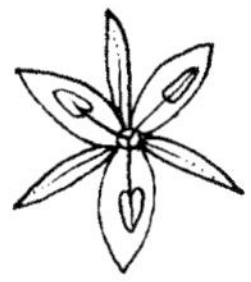 
꽃잎과 꽃받침조각이 완전히 다름		꽃잎과 꽃받침이 외형적으로 거의 비슷함	
초본, 관목 또는 교목	 	주로 초본. 목본은 거의 없음.	
잎은 주로 그물맥으로 됨	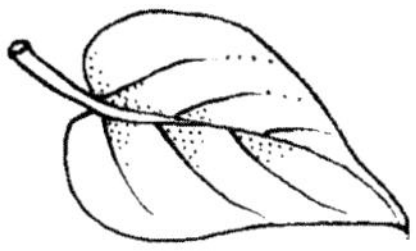	대부분 잎은 좁거나 타원형이며 평행맥을 가짐	
뿌리는 주로 곁뿌리가 붙어있는 곧은 뿌리 형태		뿌리는 줄기의 기부에서 갈라지는 수염뿌리	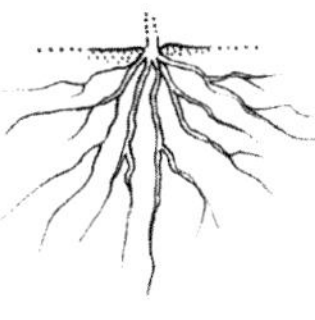

그림 1.6 쌍자엽식물과 단자엽식물을 구별하는 차이점. 내부구조에도 차이점이 있지만, 여기에는 포함하지 않음.

베로니카류(*Veronica chamaedrys*).

세인트버나드 백합(St Bernard's Lily, *Anthericum liliago*).

노랑까치수염(*Lysimachia nemorum*).

설강화(*Galanthus nivalis*).

진정쌍자엽식물

단자엽식물

원시쌍자엽식물

유럽수련(*Nymphaea alba*).

유럽쥐방울덩굴(*Aristolochia clematitis*).

그림 1.7 현화식물의 주요 식물군에 속하는 식물들의 예시.

DNA 자료에 따르면 예전에는 실제로는 맞지 않지만, 형식상 쌍자엽식물강에 속해 있었던 원시 단계의 식물과[예를 들면, 수련(Nymphaeaceae 수련과)와 쥐방울덩굴(Aristolochiaceae 쥐방울덩굴과]들이 있다. 이것들은 쌍자엽식물과 단자엽식물이 분화하기 전에 분화한 것으로 보인다. 이것들은 이제 '원시쌍자엽식물(predicots)'이라고 불리며, 이제는 구분을 위해 '진정쌍자엽식물(eudicots)'이라고 부르는 쌍자엽식물(dicots) 앞에 위치할 것이다.

식물군에서 주요 식물군과 과 배치

식물들은 일반적으로 그들의 진화적 관계를 반영하는 결과에 따라서 식물군으로 묶인다. 이러한 식물군 구성과 배열순서는 오늘날 토론과 변경의 대상이 되었다. 결정이 항상 쉬운 것은 아니다; 예를 들어, 많은 식물에서 쌍자엽식물들은 더 원시적인 종으로 여겨졌었으며 일반적으로 단자엽식물보다 시간상으로 앞서 있었다. 현재 이 두 식물군은 진정쌍자엽식물로부터 거의 동시에 분화한 것으로 본다. 이것은 순차적으로 표현하기가 쉽지 않기 때문에 영국 식물지(Stace, 2010) 이후로 원시쌍자엽식물(predicots)에 이어 진정쌍자엽식물(eudicots)이 배치되고 그 뒤에 단자엽식물(monocots)이 배열되었다. 그 이유는 이 체계가 대부분의 영국 식물학자들에게 친숙하기 때문이다. 그러나 대부분 영국 식물지에서 현화식물 과들의 배치 순서가 변경되었다는 점에 유의하여야 한다.

이 모든 것이 식물 예술가에게 어떤 영향을 미치는가?

기억해야 할 가장 중요한 점은, 분류체계는 사람이 만든 것이므로 연구 결과에 따른 새로운 정보와 의견의 변화가 드러나기 때문에 시간이 지남에 따라 항상 변경될 수 있다는 것이다. 또한 종종 식물의 이름도 변경된다. 걱정할 필요는 없다. 가장 최근의 이름을 찾지 못했거나 나중에 식물 이름이 변경된다 해도 그다지 중요하지 않다. 우리가 알아야 할 가장 중요한 것은 식물 학명 뒤에는 명명자가 있다는 것이다. 이것이 식물 이름의 역사와 변경 사항의 추적을 가능하게 한다.

식물 이름

보통명 또는 지방명

식물은 몇 대에 걸쳐서 지역과 관계없이 공통적인 이름이 부여되었다. 가장 일반적인 예로, 프리뮬라 베리스(*Primula veris*) 라는 식물은 영국에서는 Cowslip이지만 프랑스어에서는 Coucou(Cuckoo)이다. 영국의 'Cuckoo Flower'는 *Cardamine pratensis*(꽃냉이)를 칭하는 이름 중 하나인데, 영국에서는 일반적으로 여성들의 작업복으로 알려져 있다.

같은 언어를 사용하는 지역 내에서도 차이가 있을 수 있다. 예를 들어 'bluebell'이라는 이름은 영국과 스코틀랜드에서 서로 다른 식물들의 이름이다. 이러한 보통명(지방명)의 역사와 이야기는 종종 매력적이지만 종종 혼란을 쉽게 일으키므로 각자의 작품에 보통명(지방명)과 학명을 함께 쓰는 것이 중요하다.

학명

과거에 유럽에서 학식 있는 사람들은 라틴어를 썼기 때문에 살아있는 유기체들의 이름을 라틴어로 짓는 것은 자연스러운 일이었다. 그러나 놀랍게도 18세기 전까지는 널리 알려진 명명 체계가 없었다.

린네(Linnaeus) 이전에는, 7-8개의 라틴어 단어로 된 이름을 가진 생물들도 있었다. 린네(Linnaeus)는 체계적으로 살아있는 유기체에 대한 분류체계를 고안하려고 시도했을 뿐만 아니라 명명 체계를 고안했다. 최근 수십 년 동안 전 세계 과학 지식의 확대, 특히 유전자 연구로 그의 분류체계가 크게 수정되었지만, 생명체 명명에 대한 린네(Linnaeus)의 이명법 체계는 오늘날까지도 명명 체계의 기초를 형성한다. 이 명명 체계에 따라 식물(다른 생물체 포함)의 이름은 두 단어로 줄어들었다.

그림 1.8 프리뮬라 베리스(*Primula veris*) 이 식물의 가장 친숙한 영어 이름인 Cowslip은 초원에서 흔히 발견되는 소의 배설물을 뜻하는 고대 영어 cuslyppe (cowslop)에서 유래했을 것이다. Buckles, Crewel, Fairy Cups, Key of Heaven, Petty Mullein, Palsywort, Peggle와 Plumrocks를 포함한 많은 다른 식물 이름의 전통적인 기원도 같은 내용이다.

a) 스코틀랜드블루벨(*Campanula rotundifolia)*
잉글랜드에서는 흔히 헤어벨(Harebell)이라고 부름.

b) 잉글랜드블루벨
(*Hyacinthoides non-scripta*).

그림 1.9 스코틀랜드블루벨과 잉글랜드블루벨.

신종 명명 - 기준표본

새로운 식물의 이름을 지을 때, 기준표본-그 식물의 특징을 보여주는 실제 표본으로, 인정된 기관에 보관되어 있어야 한다. 예를 들어, Kew 왕립식물원은 350,000점 이상의 기준표본을 보유하고 있다. 인터넷에 Linnaean Herbarium Online을 검색하면 린네(Linnaeus)의 표본 원본을 볼 수 있다.

식물 이름 쓰기

분류계급

분류계급을 이해하고 있으면 식물의 이름을 찾고 쓸 때 도움이 된다.

1. 계(kingdom); 2. 문(division); 3. 강(class); 4. 목(order) : 위의 항목들은 중요하긴 하지만 자주 인용되지는 않는다. 가장 일반적으로 참조되는 것은 아래의 항목들이다.

5. 과(family): 비슷한 속끼리의 모임. 일반적으로 어미가 -aceae로 끝난다.

6. 속(genus): 관련 종끼리의 모임. 일반적으로 이명법 중 첫 번째 부분을 구성한다.

a) Solanum caule inermi herbaceo, foliis pinnatis integerrimis, 린네(Linnaeus)의 이명법이 알려지기 전 감자의 라틴어 이름.

b) *Solanum tuberosum*.

린네(Linnaeus)가 고안한 이명법에 따라 더욱 쉬워진 이름

그림 1.10 감자의 학명.

7. **종**(Species; sp. 또는 두 종 이상일 경우 spp. 라고 간략하게 씀): 밀접하게 관련되어 있고 번식 가능한 개체들의 모임. 실제로 종을 나타내는 이름은 이명법으로 쓴 학명 중 두 번째 부분으로 종소명 이라고 부른다. 종들 사이의 교잡은 흔한 일이며 그들의 자손을 잡종이라고 한다. 속은 유전적으로 더 유사하지 않기 때문에 그들 사이의 교잡으로 형성된 잡종은 드물다.

다른 하위 부문에는 다음 항목들이 포함된다:

8. **아종**(subspecies, ssp.): 지리적 또는 생태적으로 종이 세분화되어, 분명히 차이가 나는 식물군이다.

9. **변종**(varieties, var.): 야생의 자연 개체군에서 발생할 수 있지만, 그 상태가 불확실한 종 내의 개별 개체군이다.

10. **재배품종**(cultivars): 재배 과정에서 선택되고 유지되는 독특한 특징을 가진 변이 식물군이다. 그들은 자연 개체군에서 일반적으로 발견되지 않는다.

식물명 표기법

일반적인 규칙들

학명의 첫 번째 부분인 속명은 항상 대문자로 시작하고, 두 번째 부분인 종소명은 모두 소문자여야 한다. 이름 전체를 밑줄로 표시하거나 이탤릭체를 사용하여 두 이름을 모두 강조 표시해야 한다. 속명을 처음 언급한 후에는 속명의 첫 글자만 사용할 수도 있다.

명명자가 항상 포함되어야 한다. 이것은 이름의 이력과 상태를 확인할 수 있게 해준다. 예를 들어, 린네(Linnaeus)의 경우에는 명명자의 전체 이름(Linnaeus)이나 약자 또는 이니셜 'L.'로 표시할 수 있다. 이는 린네(Linnaeus)가 이 식물의 이름을 지었음을 알려준다. 명명자의 이름을 식물의 학명과 같이 강조해서 표기해서는 안 되며, 식물의 학명은 명명자의 이름으로 끝나야 한다.

일반적인 규칙과 관습을 설명하는 예

다음 예제는 *Primula* 종을 기반으로 한다. 단순화를 위해 명명자는 첫 번째 예에서만 제공된다.

1. *Primula vulgaris* Huds. [*P. acaulis*(L.) Hill]
   허드슨이 명명한 앵초속 식물(*Primula*). 괄호는 이 식물의 이름에 약간의 변화가 있음을 보여준다. Linnaeus(L.)는 이 앵초속 식물이 프리뮬라 베리스(Cowslip)의 변종이라고 생각하여 *Primula veris* var. *acaulis*이라고 명명했었다. 1762 년 허드슨(Huds.)은 이 앵초속 식물이 종으로 승격되어야 한다고 결론지어 *Primula vulgaris*라는 이름을 부여했다. 1765년 Hill은 프리뮬라 불가리스(Primrose)가 종이라는 허드슨의 의견에 동의하면서 변종명과 연결하여 *P. acaulis*라는 이름이 더 좋을 것으로 생각했다. 그러나 오늘날 규칙은 시간상으로 먼저 지어진 이름이 항상 우선하므로 Hudson의 이름 *P. vulgaris*가 우선권이 있다.

그림 1.11 *Primula vulgaris* Huds. [*P. acaulis*(L.) Hill].

2. *Primula vulgaris* ssp. *sibthorpii*
   발칸 반도, 우크라이나, 코카서스, 아르메니아 및 터키에서 발견된 아종. 아종의 약어를 주목.

3. *Primula veris* x *P. vulgaris* = *P.* x *polyantha*
   이것은 프리뮬라 베리스(Cowslip)와 프리뮬라 불가리스(Primrose)의 잡종이다. 곱셈부호 'x'(이탤릭체로 표시되지 않음)의 사용은 잡종을 나타내며 특히 부모가 학명에 표시되지 않았을 때 중요하다. 이 잡종은 일부 간행물에서 *P.* x *polyantha*로 알려져 있을지도 모른다. 정원에서 보는 폴리안서스(*Polyanthus*)는 아마도 이것에서 비롯된 것으로 보인다.

4. *Primula vulgaris* 'Apple Blossom'
   재배품종명은 예전에는 라틴어로 쓰였고 앞에 'cv.'가 붙었다. 요즘은 현대 언어를 사용한다(임의의 언어일 수 있음). 품종 이름은 이탤릭체로 쓰지 않고 대문자로 시작하며 작은따옴표('')로 묶는다.

5. *Primula* 'Wanda'
   잡종 앵초 종류의 재배품종. 이 재배품종의 혈통은 확실하지 않으므로 재배품종(Wanda)만 사용된다.

그림 1.12 프리뮬라 베리스와 프리뮬라 불가리스의 잡종
Primula veris x *P. vulgaris* = *P.* x *polyantha*.

그림 1.13 품종 개량된 앵초 종류,
잡종 *P.* x *polyantha* 로부터 기원한 것으로 보임.

그림 1.14 *Primula vulgaris* 'Apple Blossom',
프리뮬라 불가리스의 재배품종.

상표명(판매명)

이것들을 주의해야 한다. 재배품종화된 식물들의 올바른 학명들은 시선을 끌기 쉽지 않아서, 마케팅 목적으로 하나 이상의 다른 이름이 붙여지기도 한다. 이것을 상표명(판매명)이라고 하며, 이러한 이름을 사용하는 것은 식물 육종가의 권리에 따라 법적 보호를 받는 식물이다. 그러나 올바른 재배품종명을 항상 식물 라벨에 포함해야 한다.

그림 1.15 *Primula* 'Wanda', 앵초의 변이종,
혈통이 확실하지 않음.

예를 들어, 가든 센터에 Lavender 'Purple Ribbon'이라고 표기된 식물이 있다면 다음 정보도 있어야 한다: *Lavandula stoechas* L. ssp. *pedunculata* (Mill.) Rozeira 'Purple Ribbon'.

속간잡종

속간에 교잡으로 형성된 잡종은 드물지만, 속간 교잡이 되었을 경우 부모의 일반적인 이름에서 파생된 새로운 이름이 주어진다. 예를 들어, 나무송악(Tree-ivy, x *Fatshedera lizei*)는 모세리팔손이(*Fatsia japonica* 'Moserii')와 아이비(Ivy; *Hedera helix*)를 교잡한 결과이다.

작품에 식물 이름을 추가할 때 가장 좋은 방법은 가장 최신의 식물지 또는 원예 자료를 사용하여 이름을 확인하는 것이다. 영국 식물학회(Botanical Society of the British Isles), 영국 왕립 원예 학회(Royal Horticultural Society) 및 Kew 왕립식물원(Royal Botanical Gardens, Kew) 등의 웹 사이트에서도 유용한 정보를 얻을 수 있다.

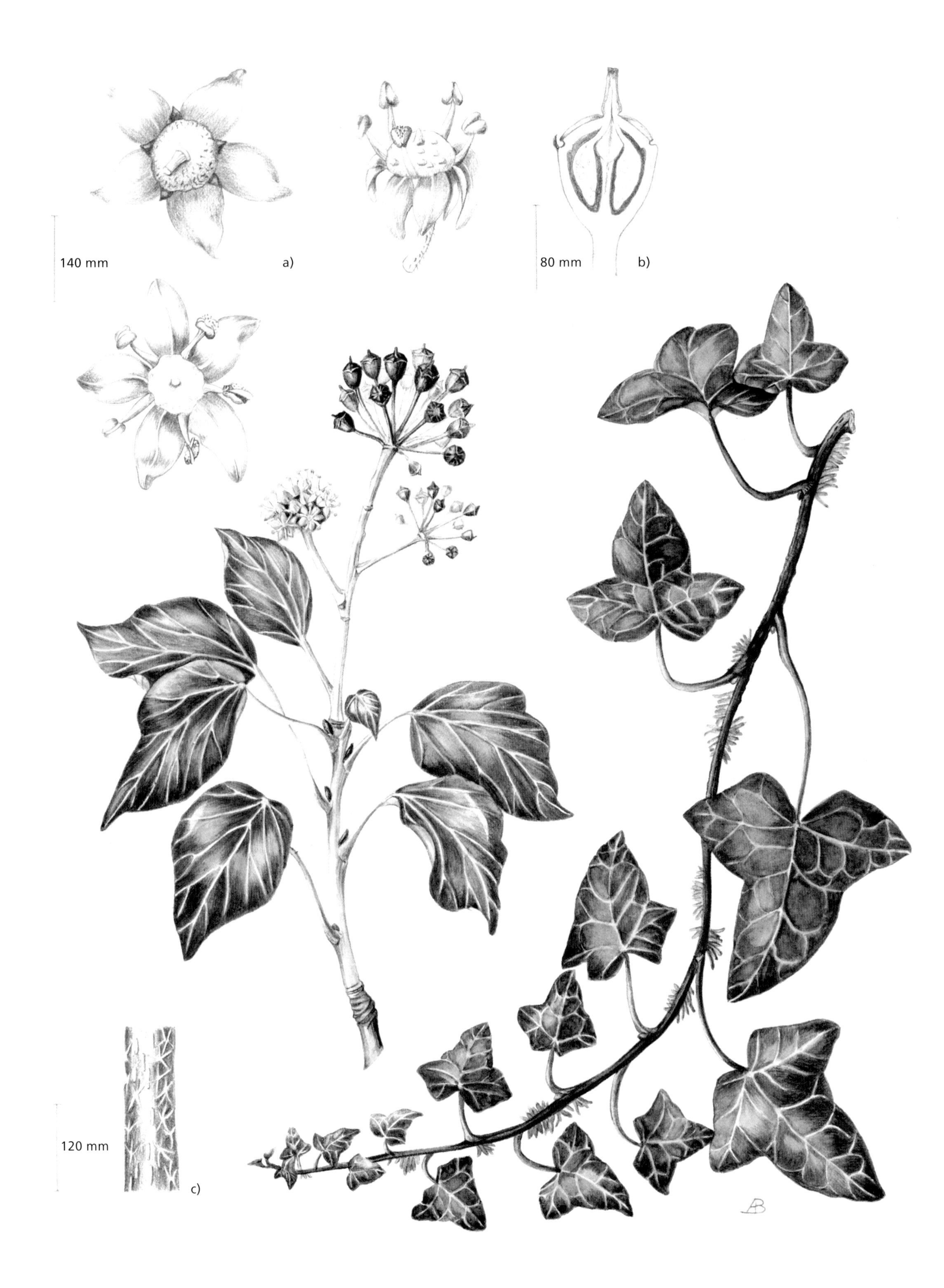

140 mm
a)
80 mm
b)
120 mm
c)

식물 연구에 대한 접근

작품 활동에는 최소한 어느 정도의 식물학적 정확성이 필요하다. 예쁜 사진만을 찍는다고 하더라도, 지금부터 제공하는 조언이 도움이 될 것이며 작품 활동을 더욱 더 흥미롭게 만들 것이다.

시작하기 전에 결정할 사항

시작하기 전에 작품의 목적을 정하는 것이 중요하다. 목적은 작품의 제작 재료나 필요한 기타 기술뿐만 아니라 결정해야 할 수많은 다른 사항들을 결정해 줄 것이다.

작품 크기

전시 또는 자격증 취득을 위한 작품은 일반적으로 작품 크기에 대한 요구 사항이 있는데, 이 점은 과학적인 삽화에도 해당한다. 작품을 의뢰받는 경우, 삽화의 출판 여부와 최종 이미지의 크기를 확인해야 한다. 예를 들어, 펜과 잉크 작업을 할 때, 지나치게 확대하면 작은 선이 흔들리거나 오류가 심하게 표시된다. 추가하는 데 몇 시간을 소비한 미세한 부분이, 그림이 매우 작게 인쇄되어 손실된다면 매우 실망할 수 있다! 필자가 주목의 가지를 A4 프레임에 채워서 그렸던 그림이 실제 간행물에서 2cm x 3cm의 이미지로 축소된 예도 있었다!

유용한 방법은 인쇄하려는 작품의 최종 인쇄물보다 1.5배 크게 그리는 것이다.

구성

구성은 분명히 전시용 작품에서 매우 중요하지만, 과학적 목적의 작품에서도 무시해서는 안 된다. 출판의 경우 작품의 배치와 구성에 대한 최종 결정이 전적으로 작가의 결정이 아닐 수도 있다. 그러나 작가는 항상 디자이너와 논의할 수 있으며, 작품의 방향과 라벨이 올바른지 확인하기 위해 교정 단계에서 페이지를 검토할 수 있도록 해 달라고 요청할 수 있고, 디자인 단계에서 당신이 선호하는 배치를 디자이너에게 보여줄 수도 있다.

식물학적인 정확도의 정도

이것은 작품이 순전히 미적 즐거움을 위한 것인지 또는 과학적으로 정확해야 하는지에 달려 있다. 자격증 취득이나 전시회를 위해 보태니컬아트협회에 제출된 작품은 일반적으로 그림 자체로 만족스러워야 할 뿐만 아니라 식물학적으로도 정확해야 한다. 과학적인 연구를 위해서는 정확성이 중요할 뿐만 아니라 특정 형태를 보여주거나 강조해야 한다. 작품을 시작하기 전에 의뢰자와 이 문제에 대해 상의해야 한다.

< 그림 2.1 아이비(*Hedera helix* L.)의 식물학적 작품(수채물감과 연필)

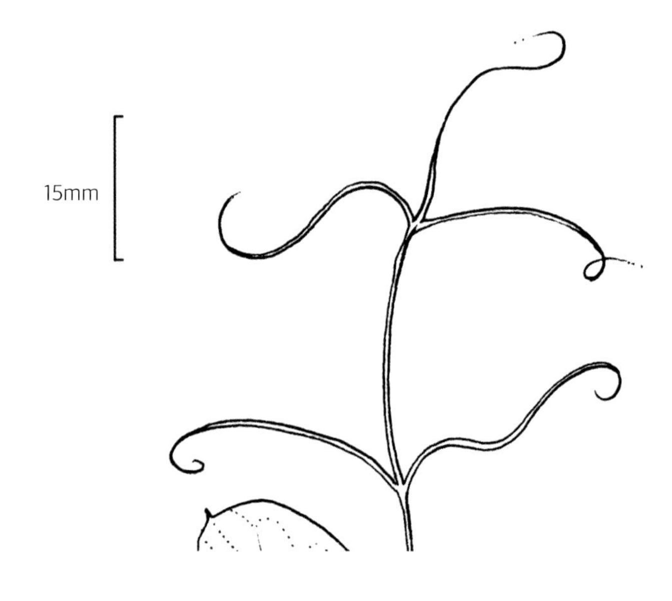

그림 2.2
a) 완두콩의 덩굴손 그림(0.75 x 원본 크기);
b) 원본보다 확대된 그림의 일부, 그림이 매우 부정확하게 보이게 됨.

대상 식물 연구

식물의 기원과 지리적 분포에 대해 알고 작품을 제작한다면 훨씬 더 흥미로운 작품이 될 것이다. 식물은 세계의 다른 지역에서 야생에서 자라거나 자연스럽게 야생식물로부터 종자로 번식한다는 것을 기억해야 한다. 대상 식물이 자라는 자연환경에 대해 알아보아야 한다. 자연환경이 보여주는 몇 가지 특징이 있을 것이다; 예를 들어, 건조한 서식지에서 자라는 식물은 다육질의 물을 저장하는 잎이나 줄기를 가진다. 수분 과정에 대해 알고 있으면 꽃 구조를 이해하는 데 도움이 될 수 있다.

또한, 어떤 유형의 식물과 다른 유형의 식물을 구별하고 식별에 사용되는 특징을 알고 있어야 한다. 예를 들어, 세밀화 전시의 경우, 보이는 특징들이 정확하다면, 모든 식별 특징들을 표현할 필요는 없다. 그러나 이것들은 주요 초점이 되는 과학적인 삽화에 항상 포함되어야 한다. 꽃의 특성 외에도 식별 특징에는 일반적인 특성이나 뿌리, 줄기, 잎, 열매 및 씨앗이 포함될 수 있다. 식별 특징이 무엇인지 찾아보려면 식물지(예시, Stace, 2010)를 참고하면 된다. 인터넷은 책뿐만 아니라 정보의 좋은 원천이다. 검색창에 식물 이름을 입력하고 위에서 설명한 정보를 조사한다. 이것은 물론 식물의 정확한 이름을 아는지에 성공 여부가 달려 있다. 식물지는 식별을 위해 설계되었으며, 특히 식물도감이 도움이 될 수 있다. 그러나 식물지나 식물도감은 이해하기 어려울 수도 있다(심지어 많은 식물학자에게도 말이다!). 일부 식물 관련 협회나 기관에서 당신을 기꺼이 도와줄 수도 있고 당신을 도와줄 누군가를 연결해 줄 수도 있다. 예를 들어, 영국의 경우, the Institute for Analytical Plant Illustration (IAPI)는 이러한 서비스를 제공한다. 영국과 아일랜드의 식물 학회에서는 영국 야생화 학자와 연락할 수 있도록 도와줄 수 있고, 지역 야생 동물보호 및 식물학 단체에서도 도움을 줄 수 있을지도 모른다. 재배 식물의 경우, 식물원이나 원예협회에 연락해야 할 수도 있다.

그림 2.3 로빈 핀쿠션(Robin's Pincushion)의 생김새는 매력적이지만 비정상적인 생장임. 일반적으로 이 밝은색의 핀쿠션은 야생 장미에 알을 낳는 작은 말벌에 의해 발생함. 유충이 부화할 때, 식물은 화학적으로 유도되어 특징적이고 매우 기형적으로 털이 많은 덩어리를 생성함. 유충은 이 안에 서식하며 기름과 단백질이 풍부한 비정상 세포를 먹음.

재료 선택과 수집

어떤 독특한 재료가 작가의 흥미를 끄는 경우, 이것은 아마도 이례적인 표본일 수도 있지만, 바이러스 또는 곰팡이 감염(종종 흥미로운 색상 패턴이 표시됨) 또는 곤충 피해 [로빈 핀쿠션(Robin's Pincushion)과 같은 예처럼]의 영향을 받은 것일 수 있다. 이때 작가는 아름다운 요소와 최종 작품이 멋져 보일만 한 표본을 주로 선택할 것이다. 그러나 이렇게 변형을 일으킨 원인을 찾으려고 노력하면, 완성된 작업을 더욱 흥미롭게 할 것이다.

한편, 특정 유형의 식물, 예를 들어 종 또는 품종 등의 특징을 설명하려는 경우 표본을 신중하게 선택해야 한다. 예를 들어, 어두운 그늘과 같은 비정상적인 환경 조건에서 자라는 표본은 피해야 한다. 재배한 식물을 표본으로 선택할 때는 주의가 필요하다. 지역 화원에서 구입한 튤립은 일반적인 6개가 아닌 4개에서 7개 사이의 꽃잎(화피; tepals)을 가지기도 한다.

그림 2.4 비정상적인 꽃잎(화피) 개수를 가진 화원에서 파는 튤립.

그림 2.5 죽은 모습으로 그려진 이 아메리카뒤쥐(Shrew Mole)는 빅토리아 자연사박물관의 책에 수록된 이미지.
초기의 세밀화가들은 살아있는 생물을 볼 수 없는 경우가 많았다.

심지어 자생지에서도 항상 이상한 점이 있다-식물은 교과서처럼 똑같이 자라지 않기 때문에 항상 변이를 예상해야 한다. 선택하기 전에 가능한 한 다양한 표본을 살펴보고 표본의 상태가 양호한지 확인하여야 한다.

식물 표본 또는 죽은 표본 그리기

때때로 식물과 동물 모두 죽은 표본의 상태에서 그려진다. 일부 예술가들은 그러한 재료의 모양, 형태 및 색상에서 영감을 얻지만, 일반적으로 과학 작품에는 가능한 한 건강한 상태의 살아있는 표본을 사용해야 한다. 이것들은 더 만족스러운 결과를 만들 뿐만 아니라 일반적으로 더 많은 정보를 제공한다.

야생식물 수집과 관련 법률

토지 소유자의 허락 없이 의도적으로 야생식물을 채취하는 것은 범법행위이다. 비록 보호식물에 해당하지 않는 야생식물을 채취하는 것은 합법이기는 하지만, 야생식물의 보호 및 수집과 관련된 법규는 복잡하다. 그에 관련된 조례 또한 대부분 국가 및 지역 자연보호 구역에서 운영되고 있다. 토지 소유자가 누구인지 확인하고 무언가를 채취하기 전에 항상 허가를 받는 것이 가장 좋은 방법이다. 야생식물의 경우 수집 양을 최소화해야 한다. 뿌리를 포함해서 채집하는 것은 가급적 필요한 경우로만 제한하여야 하고, 작품 활동이 끝난 후에는 다시 돌려보내 심어줘야 한다. 많은 식물에 대해 개별 종의 희귀성 및 취약성(예: Streeter, 2009)에 대한 지침이 있으며, 과학적 목적으로 특별히 허가를 받지 않은 한 희귀 및 멸종위기식물은 건드리면 안 된다. 현장 스케치와 사진은 예비 작업의 중요한 부분일 수 있지만, 이 작업을 수행하는 동안 식물의 자생지를 짓밟거나 훼손하지 않도록 주의하여야 한다.

식물 재료 관리하기

식물채집에 대한 방법은 다양하지만, 앞으로 소개할 일반적인 규칙들이 대부분 적용된다. 특수식물군의 개체를 관리하는 방법에 대한 자세한 내용은 Oxley(2008)를 참조하면 좋다.

1. 표본을 수집하기에 가장 좋은 시간은 이른 아침이나 늦은 오후 / 이른 저녁이다. 정오에, 특히 덥고 햇볕이 잘 드는 시간에, 많은 식물은 위조점(식물이 시드는 시점)에 가까워져서 이때 채집되는 식물들은 다시 회복되지 못한다.

2. 가능하다면 개체의 줄기를 물에 바로 담그거나, 일정 거리를 운반할 때는 비닐 백에 물을 뿌리고 공기를 채워 그 안에 식물 개체 전체를 넣는다. 또는 축축한 휴지를 식물체에 덮어 다시 안

에 젖은 휴지를 상자에 넣는다. 비닐 포트와 같은 용기는 작은 식물을 채집할 때 매우 유용하다. 24시간 이내에 그림을 시작할 수 없는 경우, 많은 식물은 이런 용기에 보관하면 일반 가정용 냉장고 안에서 적어도 며칠 동안 생존할 수 있다. 또한 저온 상태에서는 그들의 생장과 새싹의 발아를 늦출 것이다.

3. 집에 도착하면, 수조에 물을 채우고 예리한 칼을 사용하여 물속에서 줄기를 약 2cm 잘라낸다. 이렇게 하면 공기 막힘이 생길 수 있는 줄기의 밑 부분은 제거되고, 물이 식물의 위쪽까지 도달할 수 있다(절단 부분은 일반적으로 물에 뜨기 때문에 쉽게 제거할 수 있다). 몇몇 식물은 절개할 줄기 부분을 물병에 넣기 전에 몇 초 동안 끓는 물에 담갔다 빼면 더 잘 살아난다. 유액이 많이 나오는 대극속(Euphorbiaceae 대극과) 식물의 줄기를 절단할 때도 이 기술을 사용할 수 있다. 유액은 강한 자극을 줄 수 있으므로 피부 접촉을 피해야 한다. 보호 장갑을 사용하여 줄기를 자르고 줄기 끝을 위의 끓는 물로 밀봉하는 것이 좋다.

4. 물에 담근 후에, 특히 시듦의 징후가 보이는 경우, 작업을 시작하기 전에 개체가 완전히 회복되도록 충분히 기다려야 한다.

유액(latex)이란?

전체 식물 종의 약 10%는 유액이 나온다. 일반적으로 흰색이지만 무색, 노란색, 주황색 또는 빨간색일 수도 있다. 이들은 특수한 유액 세포에서 생산되며 식물 수액과는 다른 것이다. 그 기능은 주로 초식 동물에 대한 방어와 상처를 응고하고 밀봉하여 박테리아와 곰팡이의 침입을 방지함으로써 식물을 부상으로부터 보호하는 것과 관련이 있다.

몇몇 식물로부터 생산되는 유액은 경제적으로 중요하다. 예를 들어, 천연고무는 파라고무나과의 한 종인 파라고무나무(*Hevea barsilensis*)의 산물이며, 아편 성분이 들어있는 많은 약제는 양귀비(*Papaver somniferum*)의 건조 된 유액에서 추출된다. 잘 알려지지는 않았지만 흥미롭게도 양귀비과의 또 다른 종인 애기똥풀(*Chelidonium majus*)은 십이지권[다육식물의 한 종류로 사마귀(wart)를 닮음]이라고 불리는데 이는 이 식물의 주황색 유액이 사마귀를 없애는 데 도움이 된다고 하여 수백 년 동안 알려져 왔다. 그러나 유액은 화학적으로 매우 복잡하며, 인체에 극도로 독성이 있거나 심각한 알레르기 반응을 일으킬 수 있다. 식물성 유액은 항상 큰 주의를 기울여야 하며 의학적인 동의 없이는 사용해서는 안 된다.

그림 2.6 손상된 대극속 식물(*Euphorbia* sp.)의 줄기에서 흘러넘치는 흰색 유액.

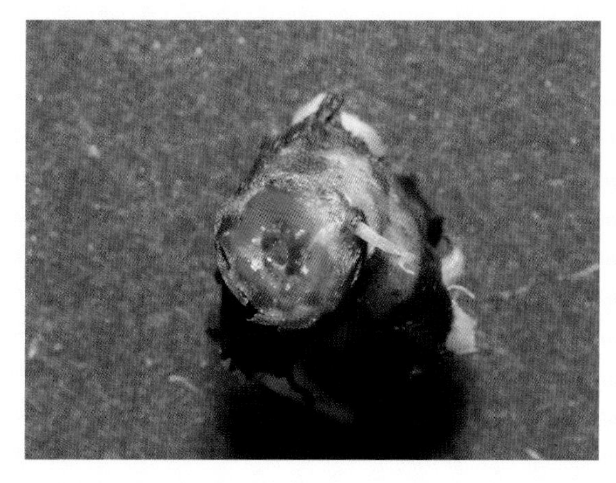

그림 2.7 애기똥풀(*Chelidonium majus*) 줄기 중앙의 밝은 주황색 유액.

손상된 개체 다루기

간혹, 특히 희귀 개체를 대상으로 작업하는 경우 우편을 통해 전달받은 재료로 작업해야 할 수도 있다. 이러한 상황이 발생한다면, 받기 전에 우편물을 받을 준비가 되었다는 것과 받고 난 후에는 우편물을 받았다는 것을 수집가에게 연락하여 알려주어야 한다.

그 식물의 상태가 안 좋다면, 완전히 시들은 상태는 아닐 때; 응급처치를 시도할 수 있다. 가능한 한 빨리 식물체를 포장에서 꺼내어 물병에 넣고, 줄기를 물속에서 자르고, 식물체가 서늘한 곳에서 회복될 수 있도록 해야 한다. 그런데도 식물체가 회복될 가능성이 거의 없어 보인다면, 식물의 스케치 및 사진으로 수집한 정보를 사용해야 한다. 그러나 회복 가능성이 작더라도 시도해 볼 가치가 있다. 그림 2.8의 식물은 우편을 통해 도착했다. 줄기는 상자 크기에 맞게 접히고 모든 꽃은 떨어졌다. 꽃눈은 하나만 남았다. 그러나 식물에는 뿌리가 있었다. 남아 있는 새싹은 그림으로 남기고, 화분에 심었다. 식물의 줄기를 펴서 똑바로 세우고, 물을 준 다음 시원한 곳에 두어, 회복되기를 기다렸다.

그동안 스케치와 사진을 통해 상자 안에 있는 꽃에 대한 가능한 많은 정보를 수집했다. 며칠간의 집중 관리 후, 놀랍게도 식물의 꽃봉오리가 열리고, 식물이 충분히 회복되어 연구를 마칠 수 있었다.

그림 2.8 손상된 식물 치료. 손상된 줄기를 지지하기 위해서 부목을 덧대어주고 며칠간 시원한 공간에 둠.

세밀화와 미적 자격

식물학적 배경은 거의 없지만 훌륭한 관찰력과 기술력을 보유하여, 식물의 생김새를 정확하게 재현할 수 있는 예술가들이 존경받을 만하다. 보이는 그대로를 그리는 것이 바람직하지만, 기술적 도움을 받아야 할 몇 가지 경우가 있다.

예를 들어, 어떤 식물 종의 특별한 특징을 보여주는 것이 중요할 때:

모든 식물은 어느 정도의 변이를 보이며 단일 표본은 그 식물의 전형적인 모든 특성을 보여주지 않을 수 있다. 수집한 식물이 특이한 특징을 가지고 있을 수도 있다. 그러므로 다양한 표본에서 정보를 얻어 그림을 그려야 할 수도 있다.

표본이 생장/분화 중이거나 심지어 시드는 중에 표본을 그리려고 할 때:

사진 촬영이나 빠르게 스케치해서 작품을 완성할 때 정보로 사용해야 한다.

보이는 대로 정확하게 그리지 않을 때 몇 가지 주의 사항:

- 정당한 이유가 있는 경우에만 할 것;
- 다양한 환경 조건에서 자생하는 해당 개체를 포함하여 가능한 한 광범위한 표본을 관찰한다; 그리고
- 문헌 (책, 인터넷 등)을 참고하여 대상을 신중하게 조사하되 다른 사람의 삽화에서 얻은 정보는 활용하지 말아야 한다. 여러 세대의 세밀화가들이 실수를 저지른 역사가 있다.

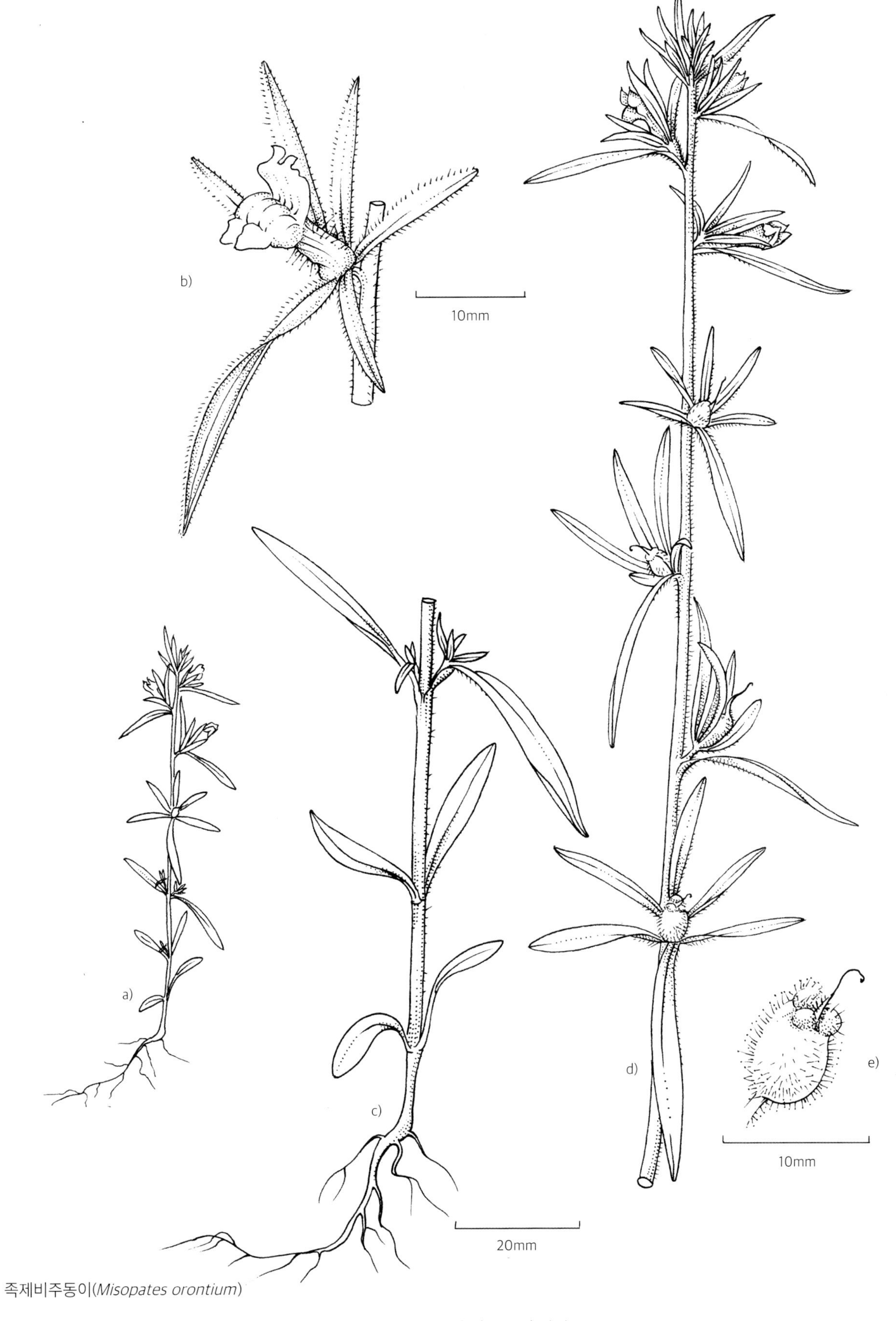

족제비주둥이(*Misopates orontium*)

그림 2.9 손상된 식물 그림 완성본.
a) 식물체 전체 b) 꽃의 세부 묘사 c) 식물체 하부 d) 식물체 상부 e) 미성숙한 열매의 세부 묘사.

기록관리

작업을 진행하는 동안 스케치와 사진을 포함한 모든 결과를 식물 스케치북 형태로 기록하는 것이 좋다. 당신이 그리는 동안 지속해서 자신에게 질문을 던져보아야 한다.

이해하지 못하거나 제대로 볼 수 없는 것이 있으면 메모해 둔다. 연구 과정에서 더 많은 자료를 보면서, 다른 사람들의 연구자료를 통해 답을 찾을 수도 있다. 이 스케치북은 당신이 앞으로도 식물 작업을 계속하고 다른 프로젝트를 수행할 때 다시 참조할 수 있는 귀중한 기록이 될 것이다.

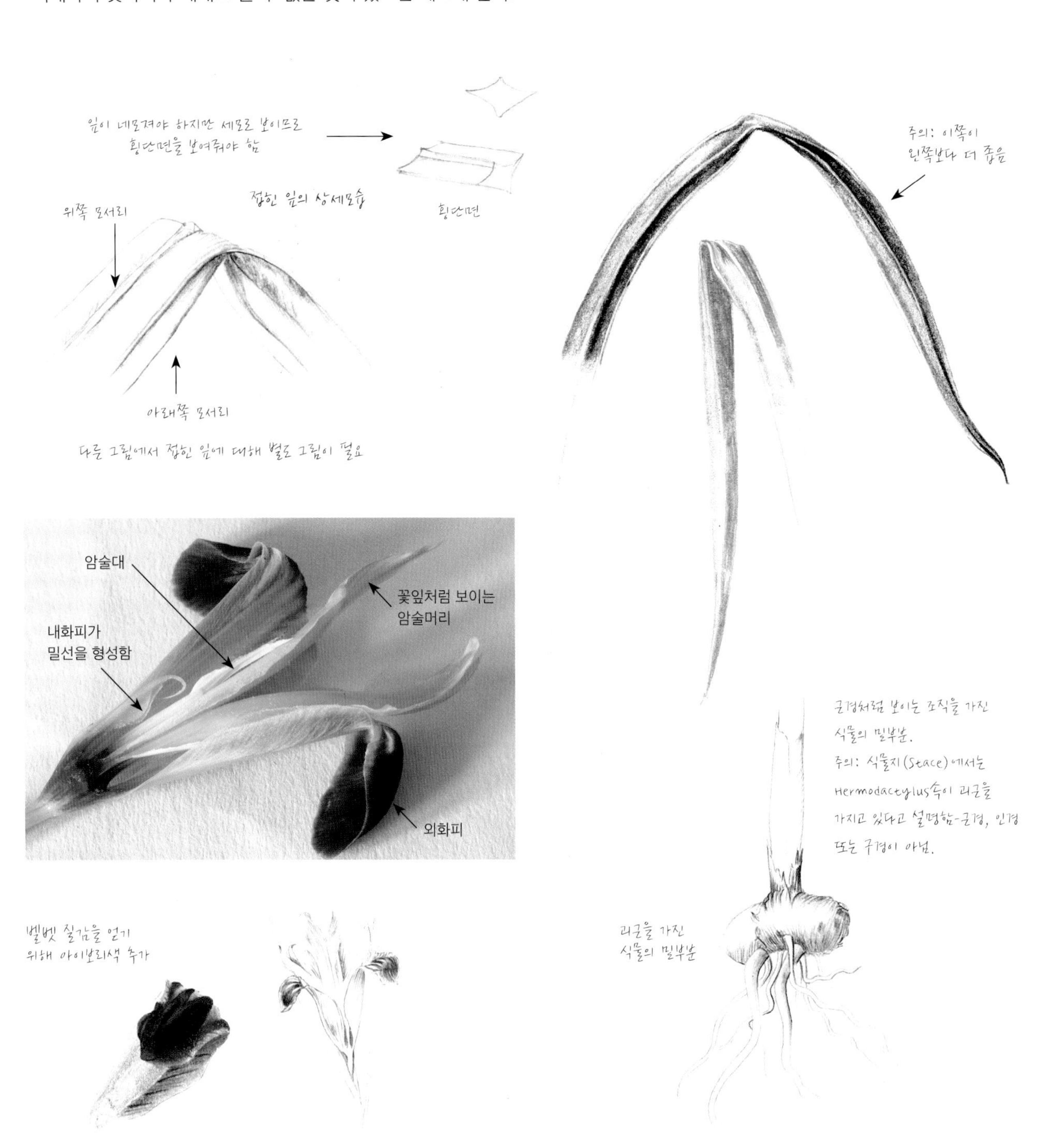

그림 2.10 그림 2.11에 보이는 뱀머리붓꽃(Snake's-head Iris)을 묘사하기 위해 준비된 정보의 일부 예. 특히 문제는 꽃 구조의 해석과 사각으로 잎이 접히는 방식에 관한 것이었다.

그림 2.11 뱀머리붓꽃[*Hermodactylus tuberosus* (L.) Mill.] (색연필).

CHAPTER 3

도구와 기술

도구

식물 연구를 하는 데에는 몇 개의 도구가 필요하다. 카메라나 컴퓨터와 같은 몇몇 도구는 이미 가지고 있을 수 있으며, 이를 사용하여 작업에 도움이 되는 방법을 보여주고자 한다. 책의 맨 뒷부분에 가격에 관한 내용과 유용한 공급 업체 목록을 제시해 놓았다. 이 정보는 출판할 당시에는 정확한 정보였다.

조명

밝은 조명은 실제 식물학적 작품이나 예술작품에서 모두 중요하다. 대상 식물이 열을 받지 않도록 하기 위해서는 LED 조명이 가장 좋다. 유연성이 있는 대가 달린 조명을 사용하면 필요한 곳에 빛을 집중시킬 수 있다.

고정하기

블루텍(Blu-Tack) 접착제: 현미경을 이용하여 작업하더라도, 작업할 때는 블루텍 접착제로 대상을 제자리에 고정하는 것이 이상적이다.

핀셋: 작은 시편이나 시편 일부를 잡고 움직일 때 사용한다. 시계공용 스테인리스 소재의 핀셋이 가장 좋다. 이것들은 다른 금속으로 만든 것보다 5-10파운드(한화로 약 7,600원- 15,000원) 정도로 비싸지만, 낚싯바늘을 손질하는 도구나 작은 숫돌을 사용하여 날카롭게 할 수 있어서 몇 년 동안 사용할 수 있다는 장점이 있다.

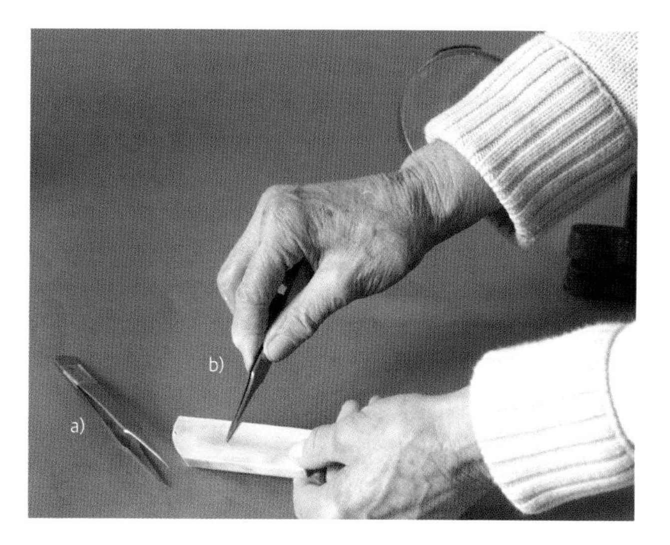

그림 3.2
a) 시계공용 핀셋
b) 작은 숫돌 위에 핀셋을 가는 모습. 숫돌을 적시고 핀셋을 한 방향으로 여러 번 문지른다. 그러면 핀셋 끝에 있던 갈고리 모양으로 휜 조각이 제거된다.

부품 조사 및 분리

해부용 바늘과 끝이 뭉툭해진 해부용 탐침: 사용하기 쉽도록 나무 또는 금속 손잡이에 장착하면, 작은 시료를 자세히 살펴보고 분리하기 편하다. 만약 당신의 손이 작고 수전증이 없다면 40~50mm 정도 길이의 둥근 플라스틱 재봉 핀도 사용할 만하다.

< 그림 3.1 후크시아 품종의 반쪽꽃을 고해상도로 스캔한 사진.

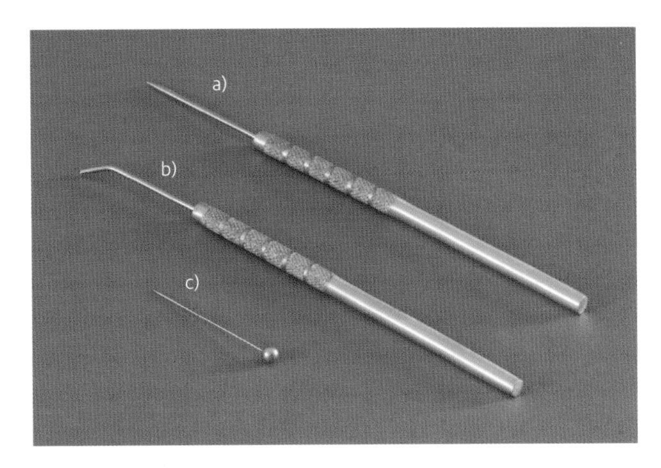

그림 3.3 a) 해부용 바늘 b) 해부용 탐침 c) 재봉 핀.

절단

가위: 크기가 작고, 날이 날카롭고 뾰족해야 한다. 식물 일부를 제거하는 등의 세밀한 관찰(시험)을 할 때 특히 유용하다.

수술용 칼: 날을 교체할 수 있고, 금속 손잡이로 된 Swann Morton 같은 것이 좋다. 그러나, 칼날이 분리되어 있어서 칼날을 교환하는 방식의 칼은 약하다는 단점이 있다. 만약 작업 대상 물체 전체가 단단한 나무라면, 날카로운 부엌칼을 사용하는 것이 가장 좋다.

면도날: 예리한 면도날은 작고 섬세한 표본의 내부 구조를 볼 필요가 있는 곳을 자르는 게 가장 좋다. 안전상의 이유로 많은 사람이 단면 칼날을 추천하지만, 이것들은 적당히 예리하지는 않다. 최상의 결과를 위해 스테인리스강으로 된 양면 칼날을 권장하고 싶다.

절단면: A4 크기의 작은 매트는 미끄러지지 않는 면을 제공하여 더 큰 표본을 잘 절단하고 해부할 수 있도록 해준다. 미끄러지지 않는 면을 제공하여 작은 표본의 경우 바로 현미경 슬라이드글라스 위에서 작업하는 것이 가장 좋다.

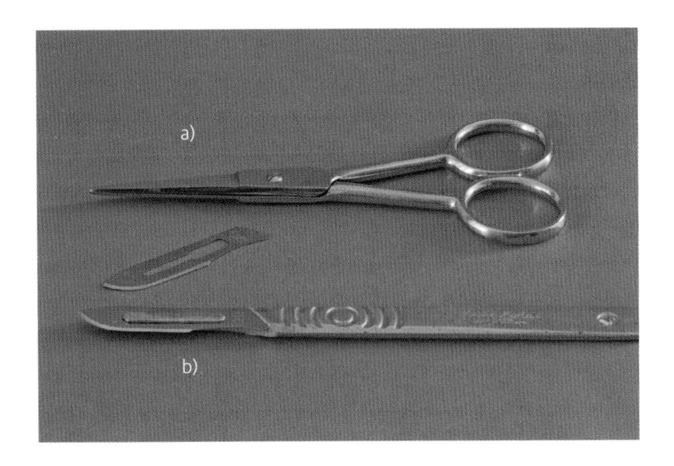

그림 3.4
a) 해부학용 가위 b) Swann Morton 메스와 여분의 칼날.

측정

눈금자, 모눈종이: 0.5mm까지 정확하게 측정하는 것이 중요 할 수 있으므로 좋은 눈금자가 필요하다. mm 단위 모눈종이는 측정에 매우 유용하며 작은 재료를 올려놓을 수 있고 움직일 필요가 없다는 장점이 있다.

비례 컴퍼스: 이것은 실물 크기보다 더 크거나 더 작게 그려야 할 때 매우 유용하며, 그것이 없었다면 지금의 필자는 없었을 것이다. 이 컴퍼스는 주어진 배율만큼 축소 또는 확대를 표시하도록 설정할 수 있다. 눈금자와 일반 컴퍼스로 같은 작업을 수행할 수 있지만, 시간이 오래 걸리고 많은 계산이 필요하다. 좋은 비례 컴퍼스는 비싸지만(125파운드 이상) 그럴만한 가치가 있다. 인터넷 판매 사이트를 조사해보면, 좋은 품질의 중고품을 정말 저렴하게 구할 수도 있다.

그림 3.5 비례 컴퍼스 사용법.

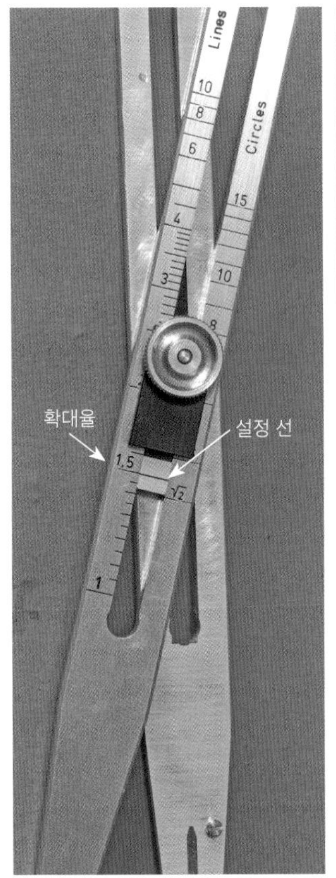

a) 배율 맞추기.
이 그림에서는 1.5배율로 정함.

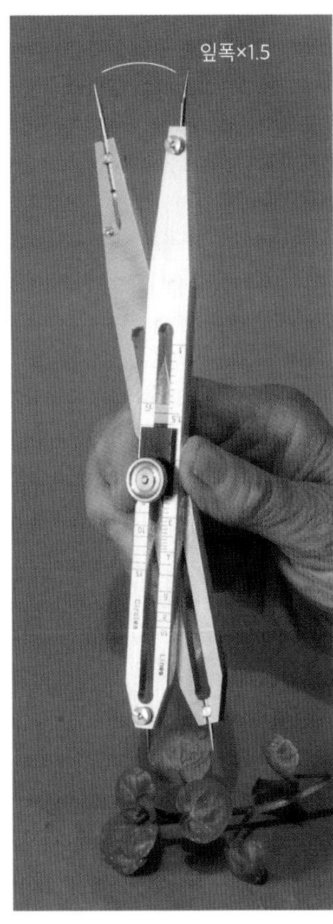

b) 식물의 길이를 측정.

확대

너무 많은 세부 특징을 작품에 담아서 혼란스럽게 만들지 않는 것이 중요하다. 기본 이미지에서는 돋보기를 사용하여 구조를 이해하고, 눈으로 볼 수 있는 것을 그리는 것이 가장 좋다. 식별 특징을 보려면 x10 - x20 범위의 배율을 제공하는 확대경을 사용해야 한다. 세밀한 부분이 중요한 경우 확대율을 높일 수 있다.

루페: 상대적으로 저렴한 가격 10-30파운드(약 15,000원-45,000원 정도)로 휴대성이 뛰어나고, x10 또는 x20의 배율을 사용할 수 있으므로 식물학자에게 필수적이다. 하지만 단점은 두 손을 사용해야 한다는 것이다. 한 손으로는 식물을 들고 다른 하나는 렌즈를 잡고 있으므로, 동시에 그림까지 그릴 수가 없다. 그러나 현미경을 구매하지 않은 경우, 세부 사항을 확인할 수 있도록 루페를 구입할 가치가 있다.

그림 3.6 루페와 탁상용 확대경.

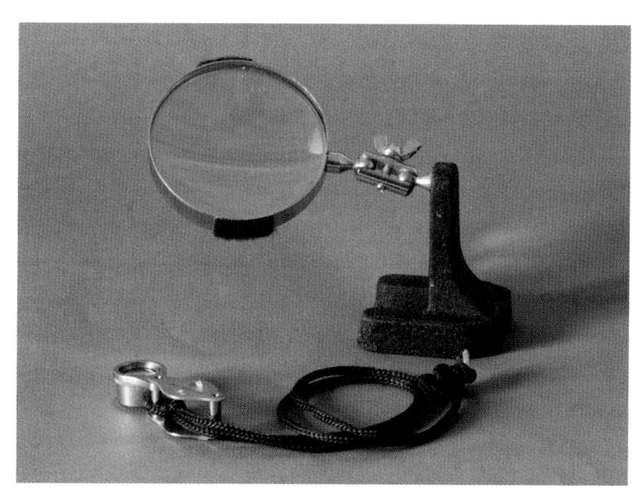

a) 루페 x 20배율과 책상 확대경 x6 배율.

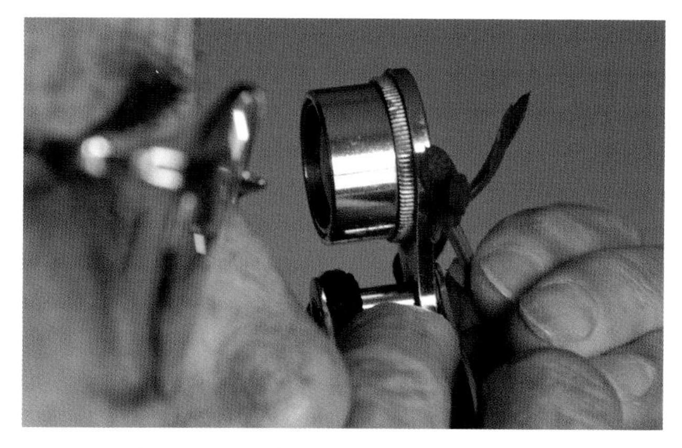

b) x20 배율 루페를 올바르게 사용하는 모습. 렌즈를 눈에 가까이 댄다. 시료를 채광이 좋은 곳에 놓고, 초점이 맞춰질 때까지 루페에 가까이 댄다.

돋보기: 플렉시블암(flexible arm) 그림판이나 테이블에 집거나 세울 수 있어서 작은 식물체를 관찰하는 것뿐만 아니라 미세한 특징을 그리는 데 큰 도움이 된다. 불행히도 이런 탁상용 확대경 중에서 5배율보다 큰 배율을 찾기가 어렵고, 배율이 높은 것은 매우 비쌀 수 있지만(100파운드 이상), 배율이 낮은 확대경도 유용하게 사용할 수 있다. 헤드밴드형 확대경은 더 저렴한 대안이 될 수 있지만, 안경을 쓰면 불편할 수 있고, 가장 높은 배율이 보통 8배율도 안 돼서 사용하기에는 부적절하다. 린넨테스터(Linen testers; 직물 검사용 루페)는 작은 접이식 틀에 렌즈를 끼운 것으로 최대 10배율까지 확대 가능하며 상대적으로 저렴하므로 좋은 대안이 될 수 있다.

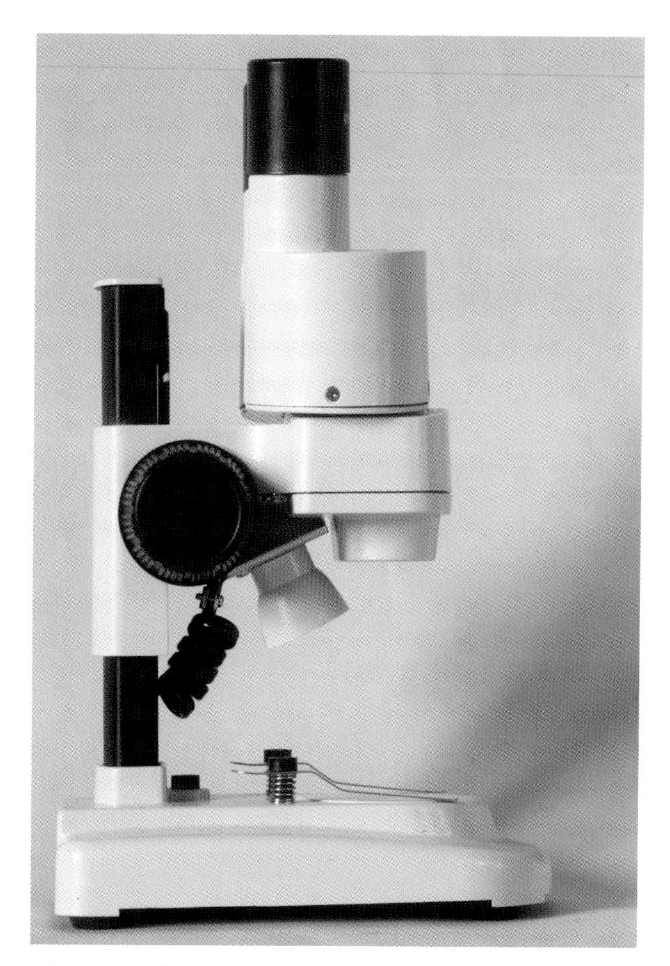

그림 3.7 x 20배 배율을 제공하는 기본형 실체현미경의 예시.

배터리를 사용하는 LED 조명이 우수하고 현미경의 화질이 매우 우수하다. 케이블이 없고, 가벼운 중량(0.5kg)으로 휴대성이 뛰어나 쉽게 이동할 수 있다. 이 모델의 위로 뻗은 접안렌즈는 사진을 찍는데 더 적합하지만, 미간 폭 조절이 가능한 형태로 관찰하면서 그림을 그리는 데도 유용하다.

해부용 현미경: x10-x30 정도의 배율을 가진 좋은 실체현미경은 매우 가치 있는 도구이다. 이 현미경은 렌즈와 시료 사이에 큰 작동 거리를 제공하도록 설계되어 있어 표본을 다루는데 편리하며 미세한 특징까지도 관찰할 수 있다. 내장형 냉광이 위쪽에 설치된 것은 특히 유용하다. 여기에 기술된 브루넬 모델은 세밀화 작품에 사용하기에 적합한 형태의 예시로서, 60-80파운드(약 91,000원-121,000원)로 매우 합리적인 가격이 책정되어 있다.

저렴한 "포켓 현미경: 이것은 Marks&Spencer(의류, 신발, 선물상품, 가정용 잡화, 식품 등을 판매하는 영국의 소매업체_위키 백과 참고)의 물건처럼 어디서나 쉽게 구할 수 있다. 이 현미경은 보통 x10-x40배율 범위와 내장 조명이 있다. 이것의 큰 단점은 표본을 조작할 수 있는 작동 공간이 부족하다는 점이다.

저렴한 '장난감' 현미경: 정말 많은 마트에서 Brunel 현미경과 거의 같은 가격으로 시판되고 있지만, 최대 200배 이상의 확대율을 제공한다. 이것은 조심할 필요가 있다. 세밀화 작품 활동에는 x20 배율보다 높은 배율이 필요하지 않다. 이 현미경들의 대부분은 해상도가 좋지 않고, 렌즈 아래에 작동 공간이 너무 좁다. 또한 x100 배율 또는 그 이상의 배율을 가진 현미경을 잘 활용하기 위해서는 특별한 시료 준비 기술이 필요하다.

USB 현미경: 이것은 USB 포트를 통해 컴퓨터에 부착하는 디지털 현미경이다. 상대적으로 저렴하고(40-60파운드, 약 61,000-91,000원 정도) 점점 대중화되고 있다. 하지만 충분한 비용을 들이지 않으면 광학현미경만큼 좋은 이미지를 얻기 어려울 수도 있다. 그러나 이것은 컴퓨터 화면에서 바로 볼 수 있으므로 매우 유용할 수 있다.

현미경용 슬라이드글라스: 이것들은 비싸지 않고, 현미경과 현미경 장비를 공급하는 회사들로부터 인터넷을 통해 얻을 수 있다. 단지 몇 개만 있으면 되기 때문에 한 상자를 주문하여 친구들과 나누어 가질 수도 있다.

현실적인 조언과 기술들

건강 및 안전 권고

어릴 때, 우리 중 많은 사람은 벨라돈나풀(*Atropa belladonna*) 같은 몇몇 식물들이 강한 독성을 가지고 있다고 배웠다. 우리가 흔히 먹는 식물과 비슷하게 생겼거나 그저 먹기 좋게 보이기 때문에 특히 주의해야 한다.

그림 3.8 빛나는 체리처럼 생긴 벨라돈나풀(*Atropa belladonna*)의 열매.

백합 꽃가루의 문제점

동양 백합은 식물세밀화가들에게 인기 있는 소재이다. 많은 꽃가게가 백합을 팔기 전에 수술을 제거하지만, 작품 활동을 위해서는 온전한 수술이 있는 꽃을 찾아야 할 것이다. 예를 들어 슈퍼마켓에서 인기 있는 스타게이저백합(Star Gazer Lily)과 같은 꽃을 다룰 때는 주의가 필요하다. 꽃가루가 옷에 얼룩을 남길 뿐만 아니라 고양이에게도 독성이 매우 강하다. 애완동물의 털에 꽃가루가 묻지 않도록 하고, 만약 꽃가루가 옷에 묻으면 그것을 가볍게 털어내는 것이 좋다. 젖은 천을 사용하면 얼룩을 제거하기 매우 어려우므로 사용하지 말아야 한다.

그림 3.9 수술이 있는 스타게이저백합(Star Gazer Lily).

그밖에 친숙한 식물도 많은데, 예를 들어 콘솔리다류(*Consolida* spp.)는 먹으면 독성이 매우 강하다. 다른 식물들은 자극제를 포함하고 있어서, 알레르기 반응을 일으키거나, 옷에 얼룩을 남기는 꽃가루가 있을 수 있다. 이 경고가 식물에 대한 즐거움을 방해하지 않길 바란다; 그저 식물을 존중하고 조심해서 다루면 된다. 좋은 방법은 이런 식물을 만진 후에는 음식을 먹거나 마시기 전에 항상 손을 씻는 것이다.

작은 시료의 고정 및 작업

이미 대부분의 작가들은 그림을 그리기 위해 식물 재료를 고정하는 것에 익숙할 것이다. 이러한 기법은 Oxley(2008)에 잘 요약되어 있다. 아주 가느다란, 특히 선모와 같은 구조는 쉽게 손상되기 때문에 표본을 다룰 때 세심한 주의가 필요하다. 여기에 제시된 설명은 특히 확대경이나 현미경으로 식물 세부 특징이나 작고 섬세한 시료를 다룰 때 사용되는 구체적인 기법에 관한 것이다.

작은 시료를 고정하고 조작하는 방법: 먼저 시료를 슬라이드글라스에 놓는다. 필요하다면, 작은 블루택(Blu-tack) 접착제 조각으로 고정한다(이렇게 하면 슬라이드글라스를 뒤집을 수 있으므로 시료의 양면을 볼 수 있다). 일단 고정이 되면, 슬라이드를 움직여 확대경이나 현미경 밑에서 쉽게 시료를 움직일 수 있고, 미세한 핀셋이나 해부용 바늘로 직접 조작할 수도 있다. 만약 무엇을 측정해야 한다면 작은 밀리미터 모눈종이를 슬라이드글라스 아래로 밀어 넣을 수 있다.

아주 작은 꽃들의 구조 관찰: 테이프 한 조각을 끈적끈적한 면이 위로 가게 해서 슬라이드글라스 위에 놓는다. 더 끈적끈적한 테이프로 슬라이드 위에 놓인 테이프 조각의 양쪽 끝을 슬라이드에 고정한다. 이를 해부하려면 긴 재봉 핀(이것이 매우 미세하고 날카롭지 않은 해부용 침보다 더 나은 것 같다)을 사용한다. 양손에 핀을 잡고 돋보기 아래에서 길게 잘라서 가른 다음에 꽃의 각 부위를 떼어낸다.

그림 3.10 모눈종이를 이용하여 잎의 끝을 측정하는 모습.

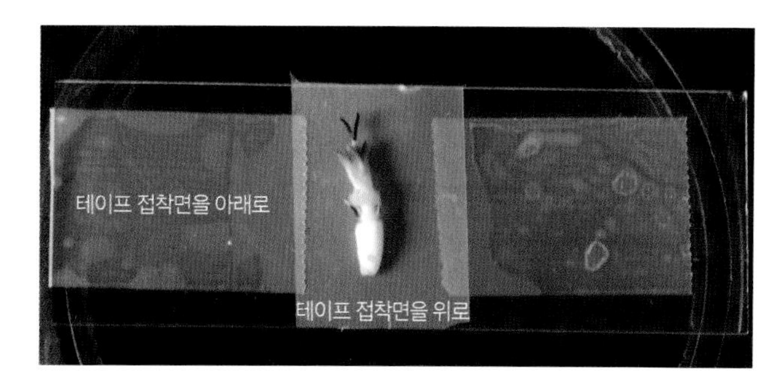

a) 접착테이프를 사용해서 준비한 슬라이드와 해바라기의 관상화.

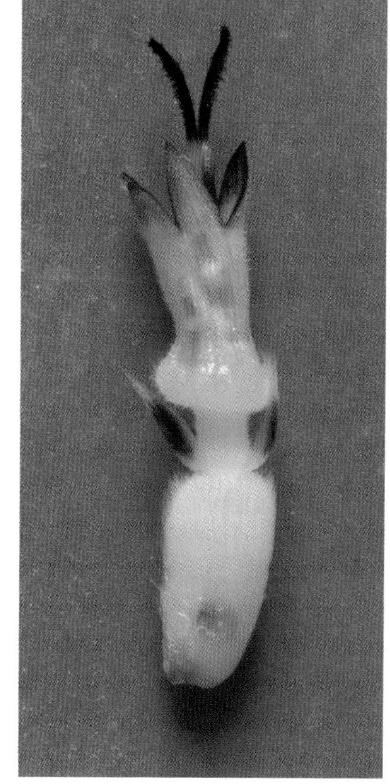

b) x20 배율로 확대해서 본 해바라기의 관상화.

그림 3.11 매우 작은 시료 관찰.

화본과 식물처럼 화서의 작은 포에 둘러싸인 작은 꽃과 같은 매우 작은 구조의 경우 짜내기나 으깨기 기법을 시도해 볼 수 있다. 슬라이드글라스에 물을 한 방울 떨어뜨리고 식물 조각을 물방울 위에 올려놓는다. 줄기를 핀셋으로 잡고 작은 꽃들이 부착된 지점 바로 위에서 부드럽게 누른다. 아주 작은 꽃들이 튀어나올 것이다.

단면 절단: 예를 들어 작은 꽃의 자방에서 씨앗의 배열이나 심피의 수를 보려면 이렇게 해야 할 수도 있다. 좋은 방법은 당근 조각에 당신의 시료를 넣는 것이다.

그림 3.12 당근 조각을 이용해 작은 시료를 절단하는 방법.

a) 당근의 중심을 피해 한 조각을 자른다. 자른 조각은 엄지와 검지 사이에 편안하게 잡을 수 있을 정도의 크기여야 한다.

b) 당근 조각의 3/4만큼 칼집을 낸다.

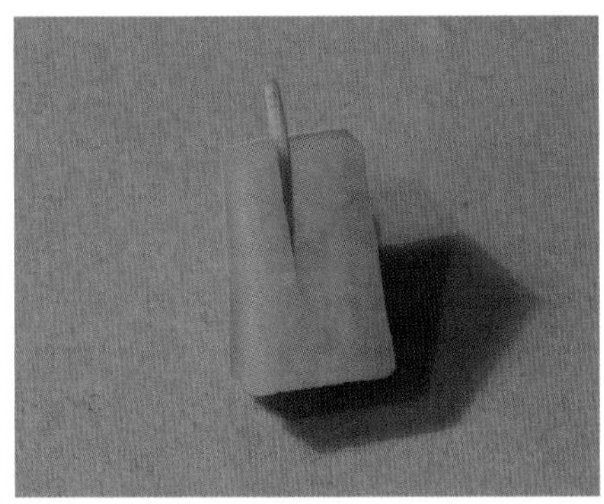

c) 당근 조각 안에 시료(이 사진에서는 줄기 조각을 사용함)를 끼워 넣는다.

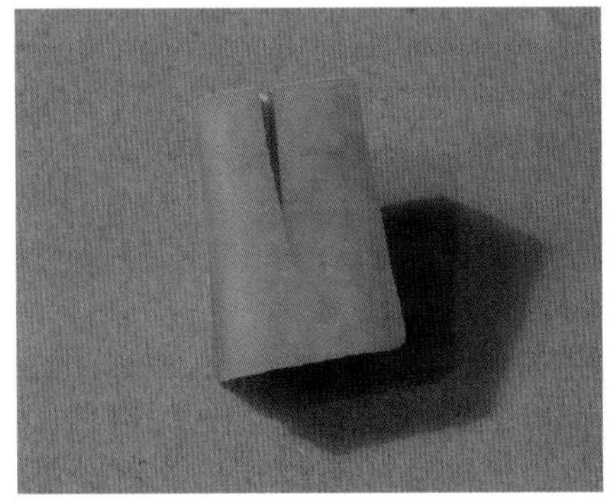

d) 당근 조각의 위 끝부분에 맞춰서 시료를 자른다.

e) 최대한 얇게 2~3조각 정도 자른다.

f) 슬라이드글라스 위에 물방울을 떨어뜨리고 그 위에 시료를 놓고 관찰하기 좋은 위치로 얇은 붓을 이용해서 이동시킨다. 확대경이나 현미경을 이용하여 관찰한다.

크기 표시

좋은 방법은 항상 식물을 실물 크기로 그리는 것이다. 이미 논의된 바와 같이, 이는 표본이 매우 크거나 완성된 작품의 크기가 전시나 출판 요건에 따라 축소될 때는 가능하지 않을 수 있다. 크기는 말로 표시하거나(예: '실제 크기의 2배'), 확대 부호와 숫자(예: x2)를 사용하여 표시할 수 있다.

이 정보는 작품에 추가되거나 동봉된 텍스트에 추가될 수 있다. 만약 그 작품이 인쇄될 작품이라면, 크기 표시는 항상 작품 일부여야 하며, 가장 좋은 방법은 스케일 바를 그림에 추가하는 것이다. 스케일 바의 장점은 인쇄할 때 항상 그림 크기에 비례하여 확대 또는 축소된다는 것이다. 스케일 바는 항상 그림의 적당한 부분에 놓여야 하면서도, 그림 자체를 손상하지 않도록 주의해야 한다. 수평 또는 수직일 수 있으며 항상 신중해야 한다. 스케일 바를 추가하기는 쉬우므로, 시작하기 전에 우선 작품의 크기를 결정하는 것이 가장 좋다는 것을 기억해야 한다.

기억해야 할 황금 법칙은 이미지가 확대되든 축소되든, 스케일 바도 그에 따라 확대 또는 축소되리라는 것이다. 만약 이미지가 실제 크기의 두 배로 확대된다면 스케일 바 또한 두 배로 확대될 것이다.

1. 그리기 쉬운 시료 일부를 선택했다. 이 시료의 꽃대는 길이가 3cm였다.
2. 축척은 실제 크기의 두 배로 정했다.
3. 꽃대를 6cm 길이로 그리면서 식물의 나머지 부분을 조심스럽게 그렸다. (작업을 할 때 비례 컴퍼스를 이용하는 것이 편한데, 일반 컴퍼스나 눈금자를 사용해도 무방함.)
4. 완성된 작품에 나오는 식물은 이제 실제 크기의 두 배 크기가 되었다.
5. 완성된 작품에 2cm의 스케일 바가 추가되었다. (스케일 바는 정확해야 하며 보통 1~3cm 범위에 있어야 함.)
6. 이 식물이 현재 실제 크기의 두 배 크기이기 때문에, 스케일 바는 또한 실제보다 두 배 커야 하며, 라벨에 표시된 대로 1cm를 나타낸다.

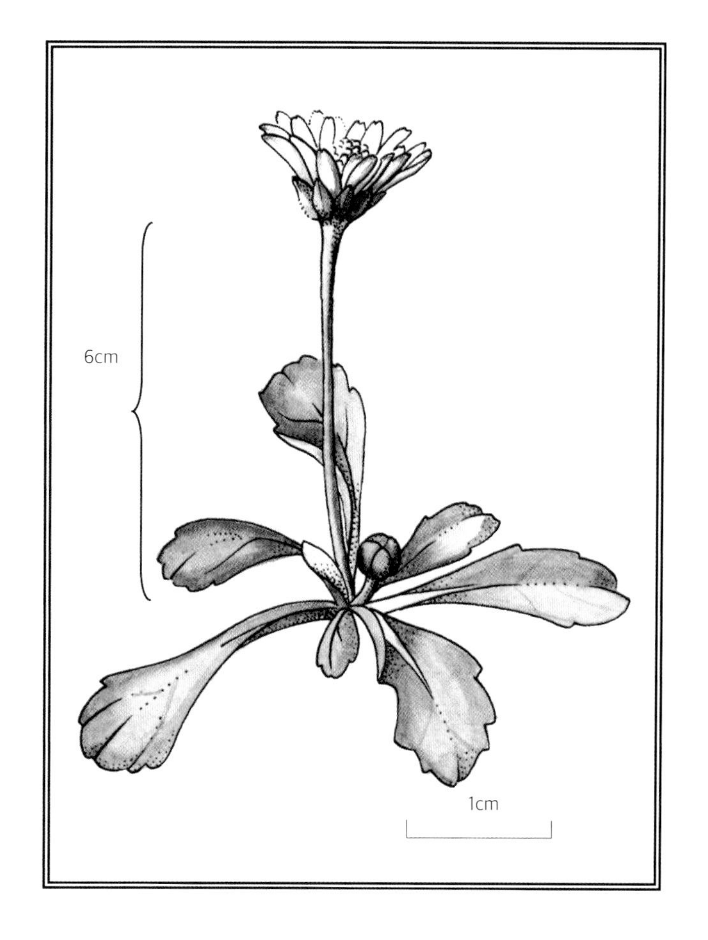

그림 3.13 스케일 바의 추가.

사진 및 식물세밀화

사진은 매우 유용한 도구로, 시간이 지난 후에 그릴 작품을 위해서, 한순간을 포착하거나, 상태가 좋은 표본의 상세하고 전체적인 특징을 기록할 수 있게 해준다. 또, 사진은 그림에 포함될 식물의 서식지를 기록하는 데에도 유용할 수 있다.

카메라 이해

카메라를 최대한 활용하려면 카메라의 기본 기능(또는 적어도 사용자에게 유용한 기능)에 대한 배경지식이 있어야 한다. 카메라에는 절대로 사용하지 않을 수도 있는 다양한 기능이 있을 수 있다. 가장 중요한 기능은 이미지 크기와 파일 형식, 셔터 해제 모드, 노출 보정, 초점 및 피사계 심도, 플래시 제어다. 사용 지침서나 컴퓨터 파일의 관련 페이지를 읽어야 하지만 다음과 같은 기본적인 정보가 도움이 될 수 있다.

이미지 크기: 디지털 이미지는 개별 사각형 점(픽셀)으로 구성되며, 픽셀이 많을수록 영상 화질이 좋으므로 '최대' 또는 '최고 화질' 이미지를 선택하는 것이 좋다.
파일 형식: 대부분의 작은 카메라는 이미지를 jpeg로 저장하지만, 고급 카메라는 파일을 'RAW' 이미지로 저장하는 옵션을 제공하므로 훨씬 더 상세한 이미지를 유지하고 더 크게 확대할 수 있다. RAW 영상과 이 영상으로부터 파생된 TIFF 영상은 반복적인 저장으로 상세한 이미지를 잃지 않지만, jpeg 영상은 반복적으로 저장하면 이미지 품질이 저하된다.
셔터 해제 모드: 카메라에서 셔터 버튼을 누를 때 '플래시 터짐' 또는 'self-timer'/'지연 동작'으로 설정할 수 있다. 후자는 현미경에 카메라를 사용할 때 중요하다.
노출 보정: 추가 노출(더 밝은 이미지)을 제공하거나 노출을 줄이도록 설정할 수 있다. 초점: 카메라가 자동 초점으로 설정되어 있으면 이미지의 잘못된 부분에 고정될 수 있으므로 중요한 부분에 초점을 잘 맞추고 있는지 확인해야 한다. 카메라에 수동 초점 기능이 있으면 제어 능력이 향상된다.
피사계 심도(DOF): 일부 카메라에서 AV 설정('노출 우선')과 f 값을 변경하여 피사계 심도를 변경할 수 있다. f 값이 클수록 피사계 심도가 깊어진다.
플래시 제어: 최소한 플래시를 켜거나 끌 수 있게 해준다.

현미경 사진 촬영

도입

개암나무 수꽃 한 개와 같이 작지만 중요한 주제를 현미경으로 관찰하면서 그리는 것은 어려울 수 있다. 주요한 두 가지 문제 중

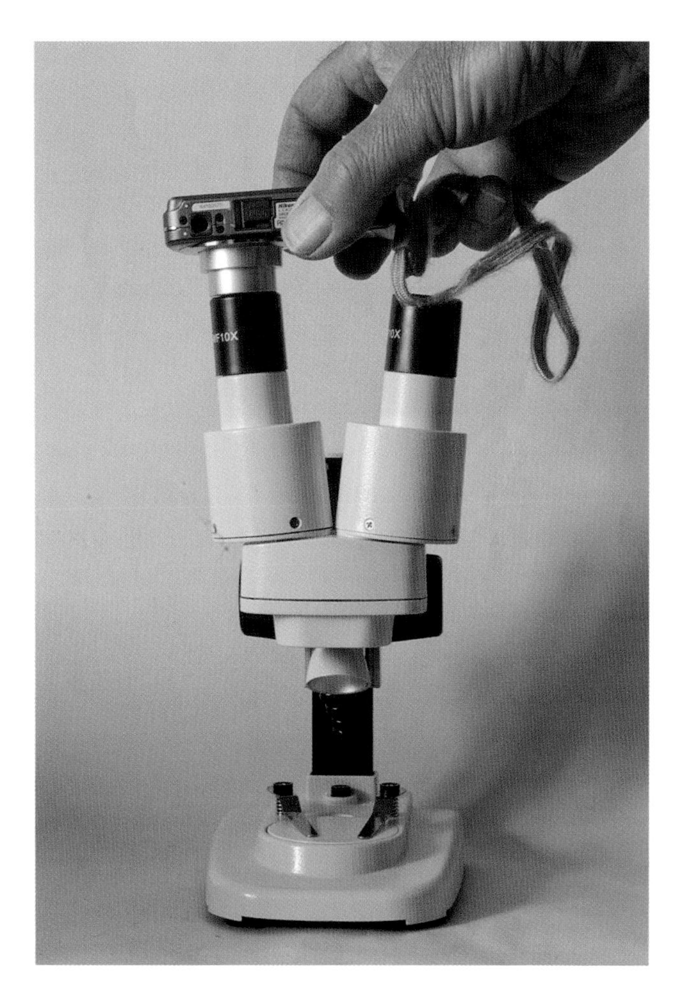

그림 3.14 현미경 위에 손으로 잡은 작은 카메라.

첫 번째는 현미경 영상에서 피사계 심도가 얕은 것으로 이는 모든 주체가 동시에 초점에 있는 것은 아니라는 것을 의미한다. 두 번째는 이미지를 그리기 위해 현미경으로부터 매번 눈을 떼어야 한다는 것을 의미한다.

Veho VMS-001과 같은 디지털 USB 현미경은 컴퓨터에 직접 연결하여 이미지를 컴퓨터 화면에 생성하는데, 저렴한 기종도 광범위한 확대율(x20-x200)을 제공할 수 있다. 이미지를 캡처하여 컴퓨터에 저장할 수도 있다. 그러나 디지털카메라와 광학현미경을 결합하여 얻은 영상 화질에는 미치지 못할 것 같다. 디지털 USB 현미경 이미지는 확대할 때 세부 특징을 유지할 수 있는 픽셀이 충분하지 않을 것이다. Veho와 같은 모델들은 1,200x1,600픽셀의 치수를 가진 1.3 메가(백만)픽셀의 이미지를 제공한다.

소형 카메라와 광학현미경을 사용하여 더 나은 결과를 얻을 수 있다(그리고 사용하기 더 쉽고, 더 좋은 선택이 될 수 있다). 니콘 S210과 같은 기본 소형 카메라는 8메가픽셀의 이미지를 생산하게 되는데, 이 이미지는 USB 현미경의 4배 이상에 해당하는 해상도

(따라서 상세한)를 제공한다. 이미지를 컴퓨터로 내려받는 추가적인 일이 있지만, 이미지의 품질을 생각한다면 충분히 감수할 만한 일이다.

소형 카메라를 사용한 현미경 사진 촬영

이 부분에서는 대부분 카메라를 해부용(쌍안경) 현미경에 장착할 수 있다는 것을 보여주는데, 이 현미경은 세밀화 작품을 위해 중요한 특징을 정확하게 기록할 수 있다.

소형 카메라가 줌 렌즈와 '매크로' 모드(꽃 모양 기호로 표시)를 가지고 있고, 렌즈 개구부가 현미경 접안렌즈 지름보다 크지 않다면, 단순히 카메라 렌즈를 현미경 접안렌즈에 고정하는 것만으로도 놀라울 정도로 좋은 이미지를 얻을 수 있다. 그러나 정렬에 문제가 있을 수 있다: 카메라 뒷면이 평행하지 않고 현미경 접안렌즈의 표면과 각도를 이루거나, 렌즈 축이 현미경 접안렌즈의 중앙에 있지 않아 비네팅(사진의 외곽이나 모서리가 어둡게 나오는 현상)이 발생하거나, 피사체에 노출이 너무 오래 걸릴 수 있으며, 흔들리지 않도록 카메라를 완벽히 고정하지 못하면 이미지는 떨린 모습으로 흐릿해질 것이다.

현미경 카메라 어댑터 사용

일부 소형 카메라는 렌즈 주변에 탈부착할 수 있거나 돌려끼울 수 있는 나사산이 있는 턱이 있으며, 현미경 어댑터를 장착할 수 있는 제조업체 또는 독립 메이커의 액세서리를 구입할 수 있다. 어댑터 사용의 장점은 카메라가 절대적으로 안정적이어서 고품질의 참조용 사진을 찍을 수 있다는 것이다.

현미경 카메라 어댑터는 인터넷에서 중고로 구할 수도 있고 브루넬 마이크로스코프와 같은 전문 회사로부터 새것을 구입할 수도 있다. 새것은 모든 부속품을 구입하는 데 약 80파운드의 비용이 들 수 있으며, 중고 어댑터도 비교적 비쌀 것이다. 하지만, 스스로 만드는 것도 가능하다. 카메라 렌즈의 전면부가 현미경 접안렌즈보다 훨씬 더 넓지만 않다면, 넓은 양면 찍찍이테이프를 사용해서 간단하고 빠르게 어댑터를 만들 수 있다.

사진을 찍으려면 그림 3.16과 같이 카메라를 설정하면 된다. 카메라를 켜고 어댑터로 조심스럽게 내려 렌즈 하우징과 렌즈 배럴이 단단히 고정되도록 한다. Coolpix S210에서와같이 카메라 렌즈가 중심에서 벗어나면 카메라 본체의 무게 중심이 현미경 접안렌즈 위에 있는지 확인한다.

어댑터를 사용하고 진동을 제한하기 위해 카메라의 시간 지연 기능을 함께 사용하면 상세한 모습까지 보여주는 고품질 이미지를 얻을 수 있다.

그림 3.15 찍찍이테이프를 활용한 카메라 어댑터 만들기.

a) **카메라 측정**: 카메라의 렌즈 배럴과 렌즈 하우징이 앞으로 이동하도록 카메라를 켜고, 렌즈 배럴 및 렌즈 하우징의 대략적인 **지름**과 그 **깊이**를 측정한다.

b) 어댑터 만들기:

1. 현미경 접안렌즈만큼 넓고 긴 찍찍이테이프 조각(도표에는 검은색으로 표시)을 두 번 감을 만큼 자른다. 이것은 계속 그 자리에 남겨둘 수 있다.
- 단지 쉽게 떼어낼 수 있는 간편한 어댑터 역할을 할 수 있다.

2. 찍찍이의 외경이 카메라 렌즈 하우징과 같아질 때까지 찍찍이테이프(도표에서 붉은색으로 표시)를 현미경 접안렌즈에 감싼다.
3. 마지막으로 다른 찍찍이테이프 조각(그림에서 파란색으로 표시)을 잘라 앞에서 윗부분을 둘러싸도록 한다. 이것은 렌즈 하우징을 지지하고 견고하게 하기 위함이다.

카메라 렌즈 배럴 지름이 현미경 접안렌즈보다 클 경우, 추가로 찍찍이테이프(그림에 녹색 표시)를 사용하여 렌즈 배럴을 지지한다. 그런 다음 위의 3과 같이 계속한다.

그림 3.16 카메라 제어 설정을 보여주는 니콘 쿨픽스 S210 카메라의 디스플레이 화면. 카메라 종류에 따라 기호의 배열이 다르고 여기에 표시된 기호와 때로는 다른 기호가 있는 경우가 많다.

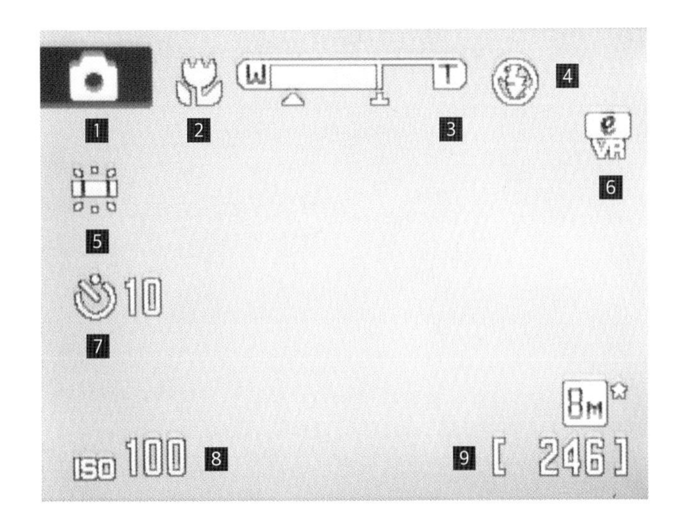

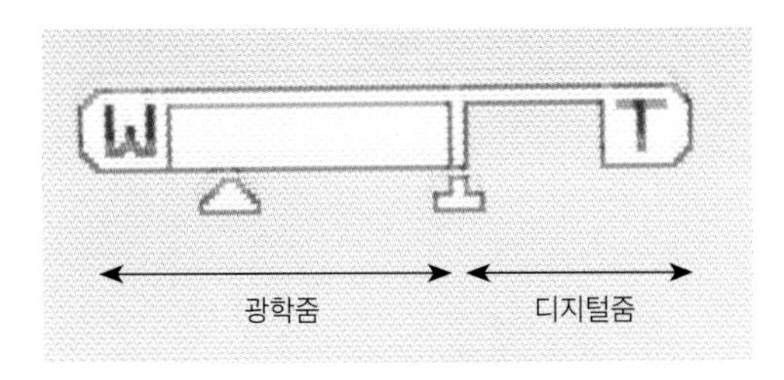

1. 카메라 모드 - 정지 이미지를 촬영하기 위해 설정됨.
2. '매크로' 설정 - 카메라가 가까운 피사체에 초점을 맞출 수 있게 한다.
3. '줌' 설정 - 광학 범위에서 가장 긴 끝으로 렌즈를 길게 한다. 더 확대하면 디지털이 되고 이미지가 퇴색된다.
4. 현미경을 사용할 때 플래시는 피사체를 밝힐 수 없어 '꺼짐'으로 설정하지만, 카메라는 피사체를 비추는 플래시에 기반한 노출을 사용하게 되고 이미지는 너무 어둡게 된다.
5. 화이트 밸런스: 여기서는 형광등으로 설정되었지만, '자동 화이트 밸런스'는 대개 좋은 결과를 얻을 것이다.
6. 진동 감소/손 떨림 방지/이미지 안정화 - 여기에서와같이 'ON'으로 설정하는 것이 가장 좋음.
7. 셔터 버튼을 누를 때 발생하는 진동을 방지하도록 지연 동작/셀프타이머를 10초 지연으로 설정한다.
8. ISO 등급 - 이 값을 가능한 한 낮게 설정하여 다음과 같이 한다. 최소 디지털 '잡신호'로 최적의 영상 화질을 얻을 수 있다. 잡신호란 잘못된 색인 픽셀의 무작위 산란을 말한다. - ISO 값을 크게 설정할수록 잡신호는 더 많아진다.
9. 최적의 품질 또는 가장 큰 이미지 크기를 선택하는 것이 좋다. 디지털 이미지는 수백만 개의 작은 사각형 점(픽셀)으로 구성되어 있다. 이미지에 픽셀이 많을수록 상세하게 기록된다.

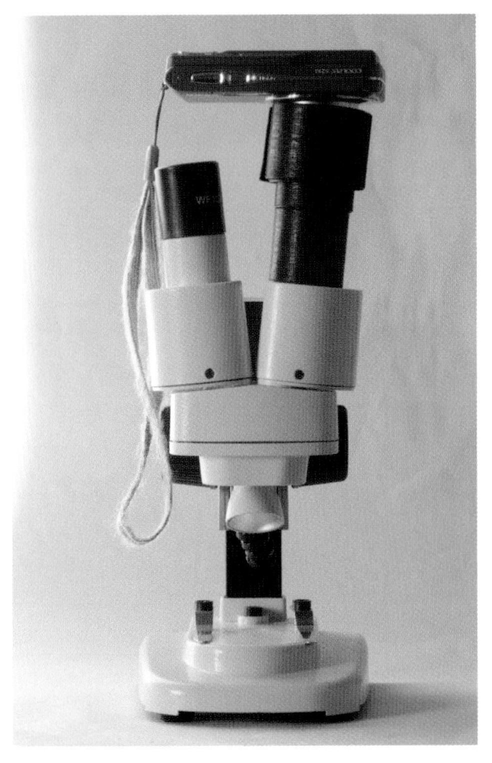

그림 3.17 찍찍이테이프로 만든 어댑터를 사용하여 현미경에 장착한 소형 카메라.

그림 3.18 나도갈퀴덩굴(*Galium aparine*) 줄기를 찍은 사진의 비교.

a) 현미경 위에서 맨손으로 카메라를 잡고 찍은 사진.
b) 찍찍이 테이프로 만든 어댑터에 카메라를 장착해서 찍은 사진. 양쪽 모두 Nikon Coolix 소형 카메라와 브루넬 해부현미경이 사용되었다.

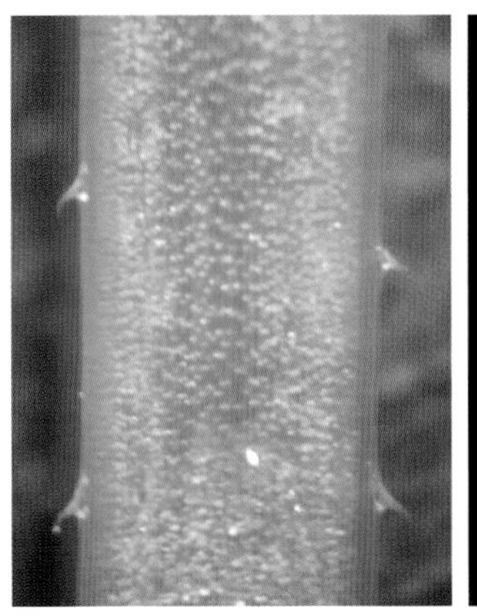

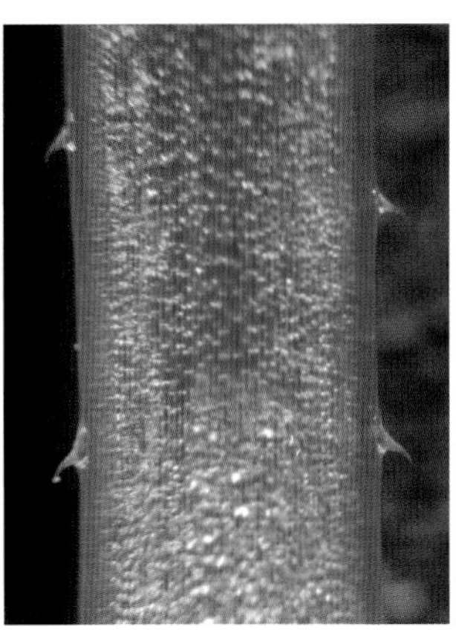

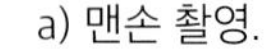

a) 맨손 촬영.

b) 찍찍이 어댑터 사용 촬영.

컴퓨터 및 스캐너

디지털 사진 이미지를 내려받거나 컴퓨터 화면에서 실시간 영상을 볼 수 있는 디지털 현미경의 기능은 분명히 매우 유용하다. 컴퓨터 장비의 일부로 스캐너를 가지고 있다면, 작품 활동에 컴퓨터의 도움을 받을 수 있는 몇 가지 다른 방법도 있다.

컴퓨터를 사용하여 이미지에 글자를 추가하는 방법

작품에 라벨이나 글자를 포함할 필요가 있는 때도 있다. 이것이 정성스럽게 만들어진 작품을 훼손하지 않도록 하고 싶을 것이다. 일부 작가들은 오버레이를 하거나 손으로 라벨을 붙인 스케치나 사진을 작품과 함께 제공한다. 또한 완성된 작품을 컴퓨터를 사용하여 스캔하여 인쇄물 형태로 제공할 수 있고 스캔한 작품 위에 레이블을 추가하여 작품을 더욱더 전문적으로 완성할 수 있다.

그 과정의 세부 사항은 소프트웨어 프로그램에 따라 달라질 것이다. 여기에 표시된 예는 윈도 XP에 워드 97을 사용하였다.

이미지를 스캔한다. 유채색으로 스캔할 필요는 없다. 필자는 종종 펜과 잉크로 작업하고, 색상을 입히기 전에 펜과 잉크 이미지를 스캔한다.

1. 워드에 이미지를 삽입한다.
2. 이미지 포맷, 원하는 크기 선택, 텍스트 뒤에 배치, 텍스트 없이 이미지 이동
3. 텍스트 상자를 그리고 텍스트를 삽입한다.
4. 색상 선택, 라인 없음, 채우기 없음 등으로 텍스트 상자 형식 지정. ' 채우기 없음'으로 텍스트를 레이블 선에 매우 가깝게 배치할 수 있다.
5. 레이블 선을 추가한다. 이 작업을 수행하는 동안 '시프트키'를 누른 채로 있으면 직선이 만들어진다는 점에 유의한다.
6. 마지막으로 다음과 같이 라벨을 제자리에 고정한다. 시프트 키를 누른 상태에서 모든 텍스트 상자, 라벨 라인 및 메인 이미지를 클릭한다. 그림을 클릭하고 그룹을 선택한다. 라벨을 잠그는 것은 다른 누군가에게 작품의 전자 버전을 보낼 때 특히 중요하다. 왜냐하면 텍스트 상자와 선은 다른 컴퓨터로 옮겨질 때 위치가 바뀔 수 있기 때문이다.

구성과 관련된 결정

만약 여러분의 작품에 꽃 사진, 나뭇잎, 열매 등의 몇 가지 세부 요소가 있는 경우, 그것들을 페이지에 어떻게 놓아야 할지 확신할 수 없다면, 여러분은 컴퓨터와 스캐너를 사용하여 도움을 받을 수 있다. 각기 다른 요소들의 간단한 스케치를 만들어 스캔한다(흑연 작품의 경우 그레이스케일로 스캔하는 것이 가장 좋다). 워드 파일에서 종이와 같은 모양을 만들고 스캔한 이미지를 여기에 복사한다. 각 이미지의 레이아웃을 '텍스트 뒤'로 설정하고 '텍스트를 사용하여 이미지 이동'을 비활성으로 설정한다. 그렇게 하면 다양한 다른 구성을 시도하면서 이미지를 움직이고 크기를 조정할 수 있을 것이다. 또는 스캔한 이미지를 인쇄하여 잘라낸 다음 트레이싱 용지 아래에서 이동시키면서 볼 수도 있다.

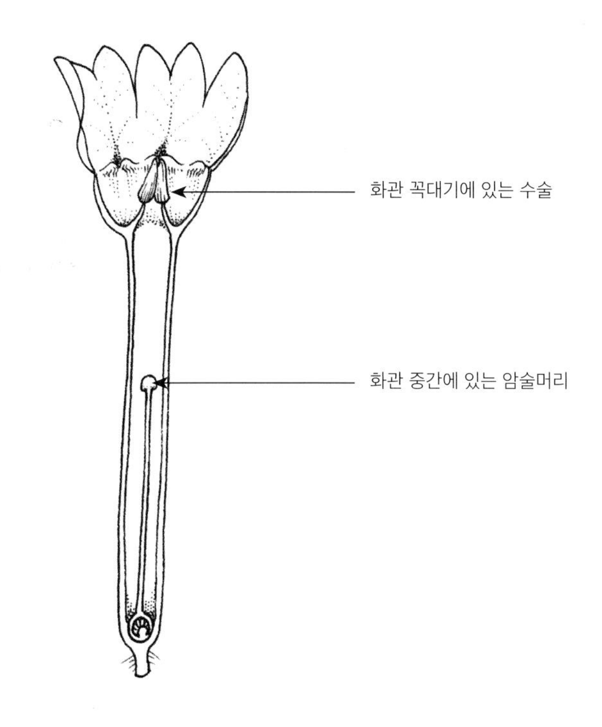

그림 3.19 컴퓨터로 만든 글자 라벨. 단순하게 만들기 위해 프리뮬라 베리스(Cowslip) 꽃 그림에 두 개의 레이블만 추가함.

식물 재료 스캔

나뭇잎이나 다른 비교적 평평한 물체를 스캔하면 세부 특징, 모양 및 비율을 분류하는 데 도움이 되며, 트레이싱이나 탁본 대신 사용할 수 있다(Oxley, 2008). 그러나 반쪽꽃 등 3차원 물체를 스캔하는 것도 가능하다(그림 3.21).

반쪽꽃의 정확한 모양과 비율(8장 참조)을 얻는 것은 어려울 수 있다. 반쪽꽃은 매우 흐물흐물하고 빠르게 시들기 때문이다. 그러나 반쪽꽃을 고해상도의 기본 스캐너로 스캔하는 것은 간단한 절차로, 확대할 때 형상을 포착하고 아주 상세한 모습을 볼 수 있게 된다(그림 3.1). 이 이미지를 생성하기 위해 Epson Perfession V200 스캐너를 사용하였다.

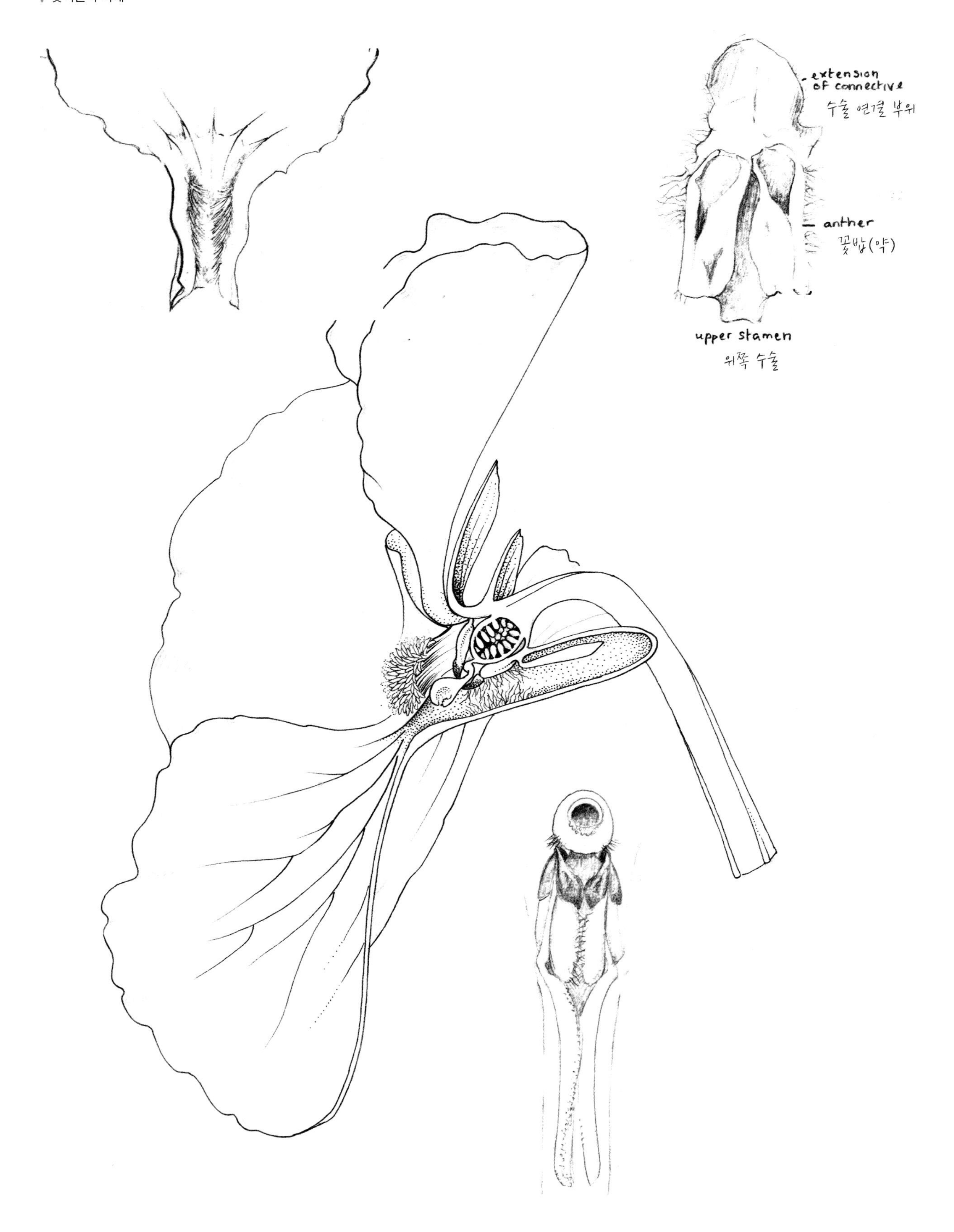

그림 3.20 팬지꽃 연구를 위해 컴퓨터를 사용하여 만든 실험적인 레이아웃.(그림 9.37 참조)

그림 3.21 반쪽꽃 고해상도 스캔하기.

1. 반쪽꽃의 얼굴을 스캐너의 유리판 위에 내려놓는다.

2. 튼튼한 상자로 덮는다. 스캐너 뚜껑을 연 상태로 유지하고 미리보기를 누른다.

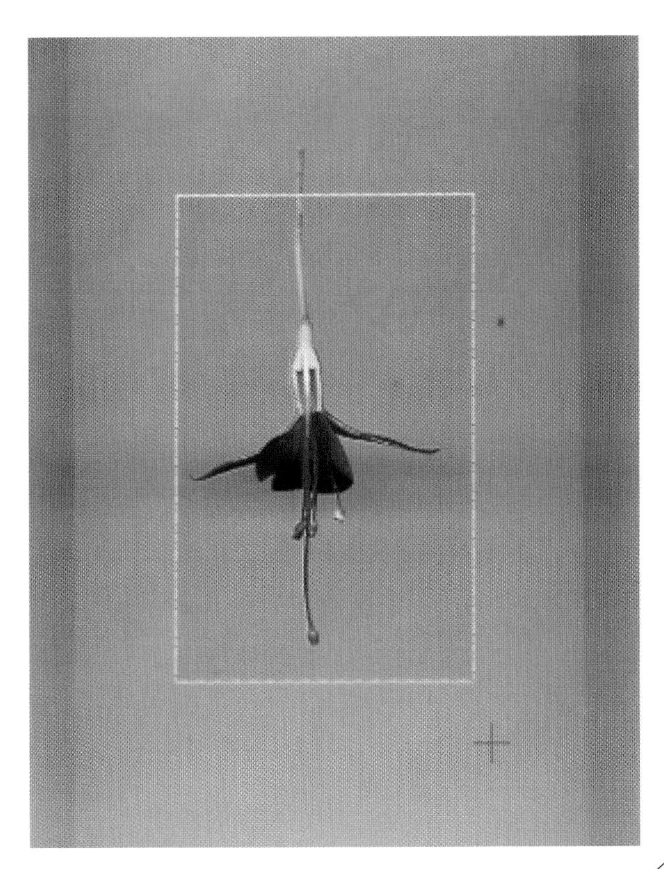

3. 미리보기 이미지 주위에 프레임(marquee)을 놓는다.

4. 스캔 메뉴에서 IMAGE TYPE을 선택한다.
48비트 컬러; 스캔 품질 - 최고; 해상도 2,400

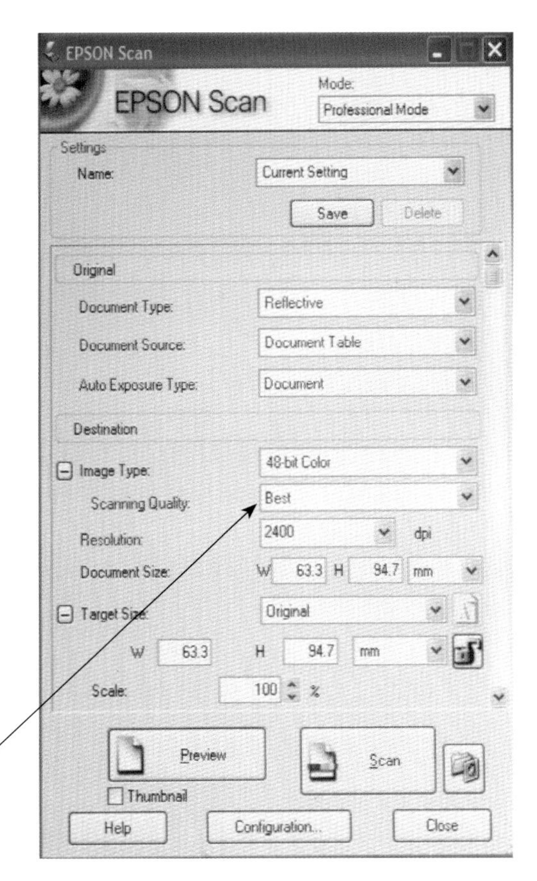

5. 스캔을 누른다. 원하는 위치 선택
이미지, 파일 이름을 지정하고 TIFF 이미지 선택
'스캔'을 눌러 스캔한다.

마무리하기 전에 스캐너 유리판 위에 수액이나 식물 파편을 깨끗이 청소한다.

CHAPTER 4

현화식물 - 구조와 생활사

종종 작품은 식물 일부에만 집중될 것이고, 대부분 꽃을 포함하는 부분이 될 것이다. 식물세밀화를 그리다 보면 식물형태와 관련된 용어들을 이해하는 것이 도움이 되리라는 것을 알게 될 것이다. 식물군을 이용하여 식물을 식별하려고 하거나 특정 종에 대한 식물연구를 요청받은 경우, 그림으로 설명해야 할 식별 특징들은 뿌리를 포함하여 식물의 모든 부분에서 확인할 수 있다.

현화식물의 주요 생활사에 대한 이해가 식물세밀화가에게도 매우 유용하다. 얼마나 많고 다양한 형태의 식물들이 서로 다른 환경조건에, 특히 극단적이고 척박한 서식지에 적응해서 살고 있는지에 대한 이해가 도움이 될 것이다.

식물의 일부

식물에는 뿌리, 줄기, 잎, 꽃 이렇게 네 가지 주요 부분(식물학적으로 볼 때, 열매와 종자까지 포함해서 6개 부분이 있음, 역자 주)이 있다. 이 중 하나 이상이 어떤 식물에서는 변이가 있을 수 있으며, 처음에는 인지하기 어려울 수 있다. 또한 크기가 많이 줄어들거나 심지어 없을 수도 있다. 다음 장에서는 이러한 부분들과 식물의 일생에서의 그들의 역할, 그리고 형태상의 변화를 좀 더 자세히 설명한다.

광합성

녹색 식물 외에는 아주 간단한 유기체들만이 자급자족을 할 수 있는 능력이 있다. 동물과 같은 다른 모든 살아있는 유기체들은 대부분 거의 직접적으로 또는 간접적으로 식물에 의존하여 식물이 만든 양분을 먹이로 필요로 한다. 따라서 식물의 광합성은 지구상의 생명체를 유지하는 데 매우 중요한 과정이다.

이 과정 동안 녹색 색소인 엽록소는 빛으로부터 온 에너지를 가두어 놓는다. 그 후, 이 에너지는 공기 중으로부터 흡수한 이산화탄소와 토양으로부터 흡수한 물을 이용해 탄수화물(탄소, 수소, 산소를 기초로 한 화합물)을 만드는 데 사용된다. 물이 분해되어 남은 산소는 폐기물로 대기로 되돌아간다. 탄수화물은 식물의 에너지 공급원이며, 살아가는 과정에 에너지를 공급하기 위해 분해되어 단백질, 지방, 그리고 또 다른 형태의 탄수화물을 포함한 다른 물질로 변환될 수 있다.

호흡작용

호흡은 모든 살아있는 유기체에서 항상 일어난다. 이것은 생물이 섭취한 음식으로부터 에너지를 추출하는 과정이다. 주로 산소가 필요하며 이산화탄소는 폐기물로 배출된다.

< 그림 4.1 구상난풀(*Monotropa hypopithys*)은 일반적으로 소나무와 너도밤나무 아래의 잎 더미에서 자라는 부생식물이다. 부생식물은 생물이 죽은 유기물로부터 영양을 얻는다.

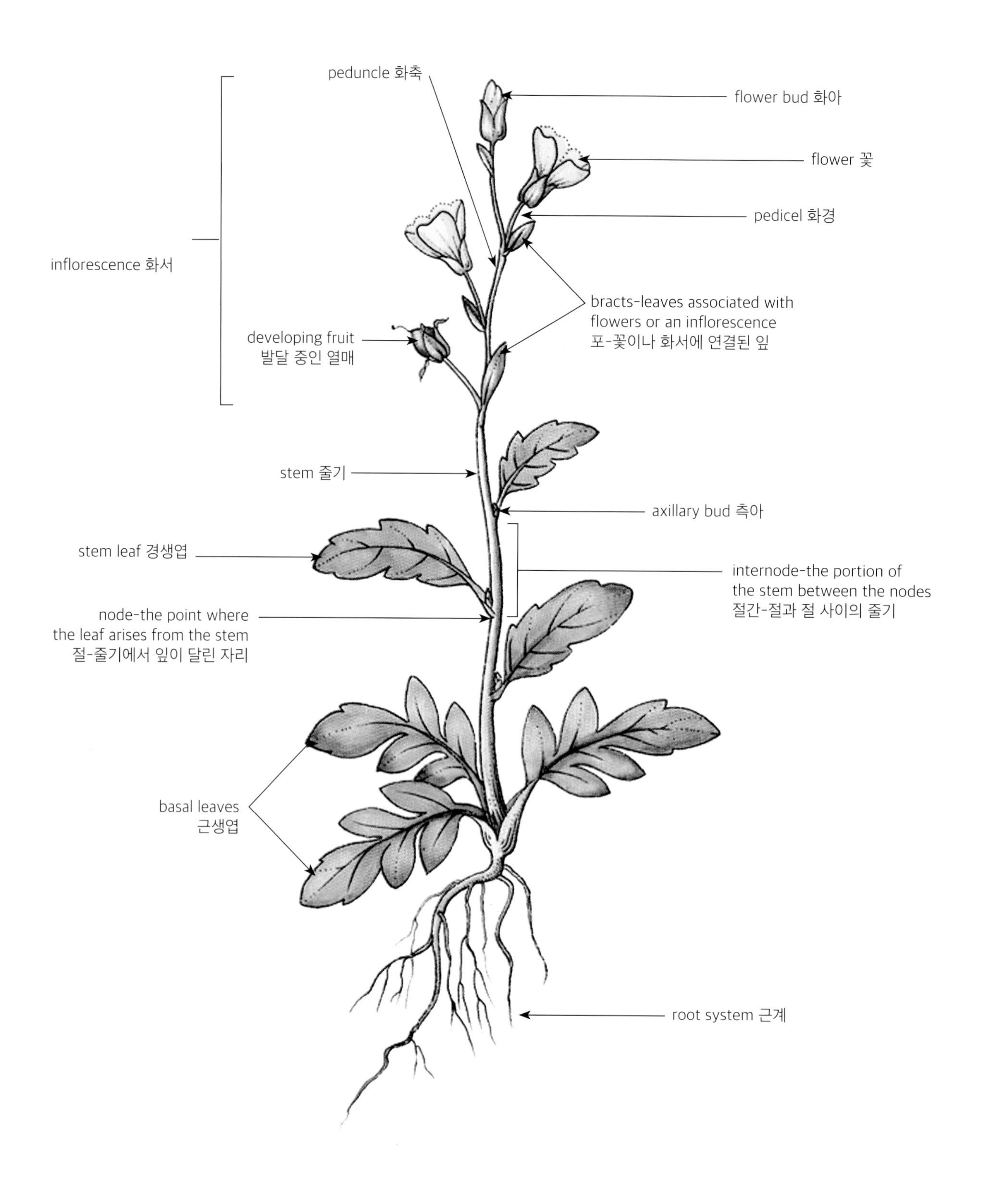

그림 4.2 식물 각 부위의 일반적인 명칭들.

그림 4.3. 광합성과 호흡.

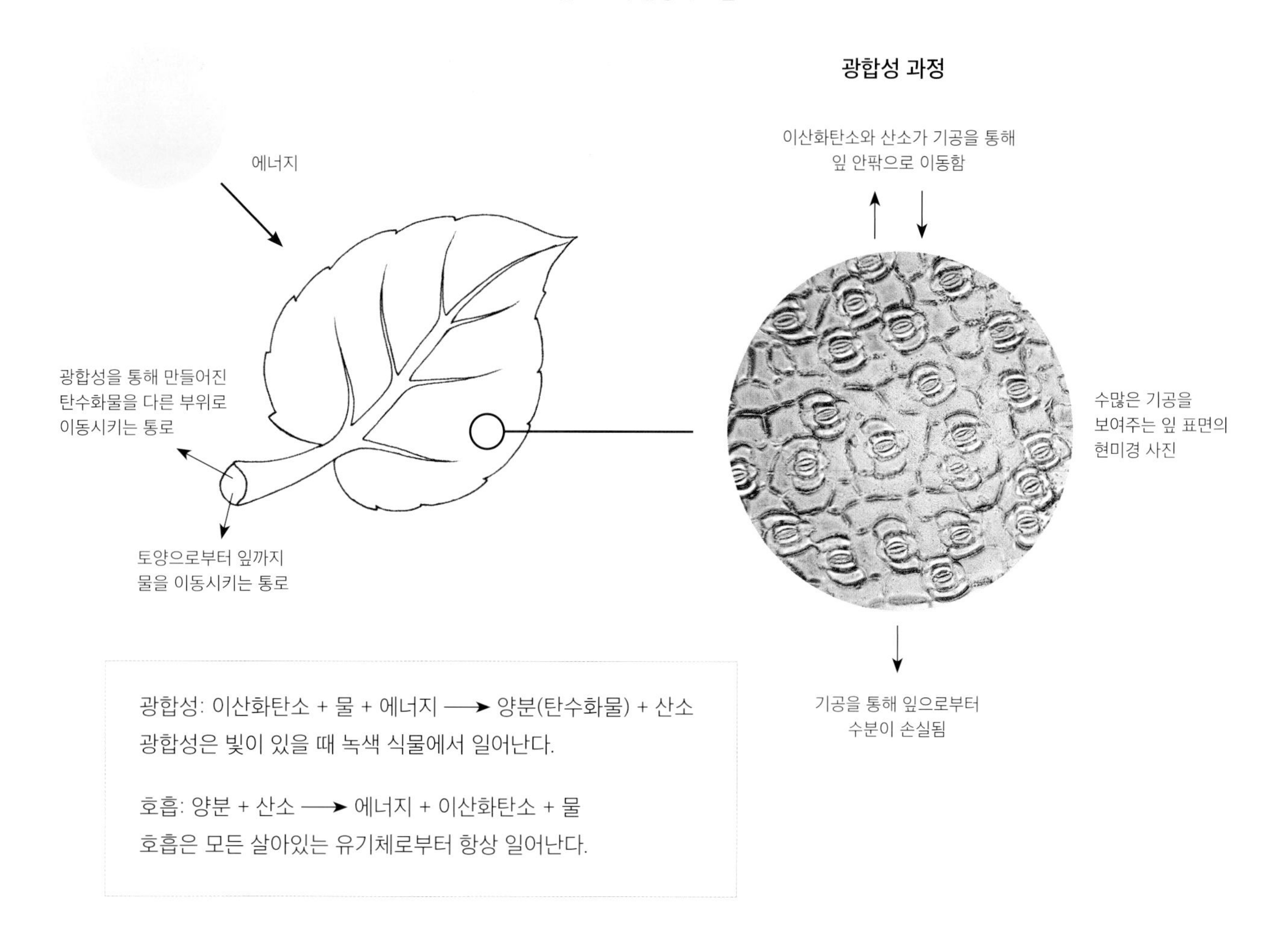

무기영양

식물이 살아가는 데에는 광합성 과정에서 생산되는 탄수화물뿐만 아니라 질산염, 인산염, 칼륨과 같은 무기염류가 필요하다. 대부분 식물은 뿌리에 있는 곰팡이(균근)와 상호 이익이 되는 관계, 즉 공생 관계를 맺고 있는 것으로 밝혀졌다. 이런 식물은 곰팡이가 토양으로부터 무기염류를 흡수하는 능력을 증가시킴에 따라 이득을 보지만, 균류는 식물의 뿌리에서 포도당(glucose)과 자당(sucrose) 같은 탄수화물을 얻을 수 있게 된다.

많은 토양이 식물에 필수적인 무기염류가 하나 이상 부족하다. 농업에서는 이를 보충하기 위해 토양에 비료를 공급할 수 있다. 혼란스럽게도, 정원에서는 이것들이 종종 '식물 양분'으로 판매된다. 양분은 에너지의 원천이고 식물은 그것을 스스로 만든다는 것을 기억할 필요가 있다. (토양으로부터 흡수되는 무기염류 즉, 무기양분과 식물체가 스스로 광합성을 통해 만들어내는 유기양분을 구분하여야 한다는 의미임, 역자 주)

다른 자연적인 영양 공급원들

질소가 공기 중의 높은 비율을 형성하지만, 토양에서 사용 가능한 질소의 공급은 종종 제한된다. 어떤 식물들은 뿌리에 박테리아를 보유한 뿌리혹을 가지고 있는데, 그것은 공기로부터 질소를 고정할 수 있고, 고정한 질소를 식물이 흡수할 수 있는 형태로 변환시킨다.

식충식물은 무기양분을 보충하기 위해 작은 동물들을 포획하는 다양한 형태로 변형된 잎을 가지고 있다(5장 참조). 그들의 먹이는 보통 곤충과 다른 작은 무척추동물이다. 하지만 크기가 더 큰 낭상엽 식물 중 일부는 새와 작은 포유동물들도 잡는 것으로 알려져 있다.

a) 콩과에 속하는 개자리속 식물의 일종인 점박이개자리
(Spotted Medick, *Medicago arabica*).

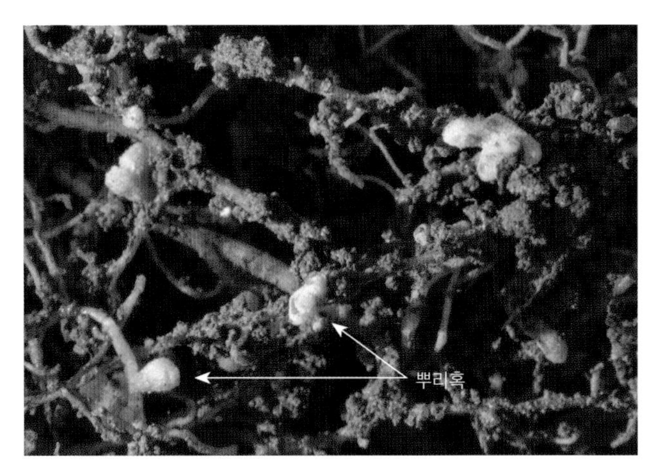

b) 근계에 있는 뿌리혹박테리아.

그림 4.4 개자리속 식물의 일종인 점박이개자리(Spotted Medick, *Medicago arabica*)는
뿌리혹에 있는 질소 고정 박테리아를 통해 질산염을 더 얻을 수 있다.

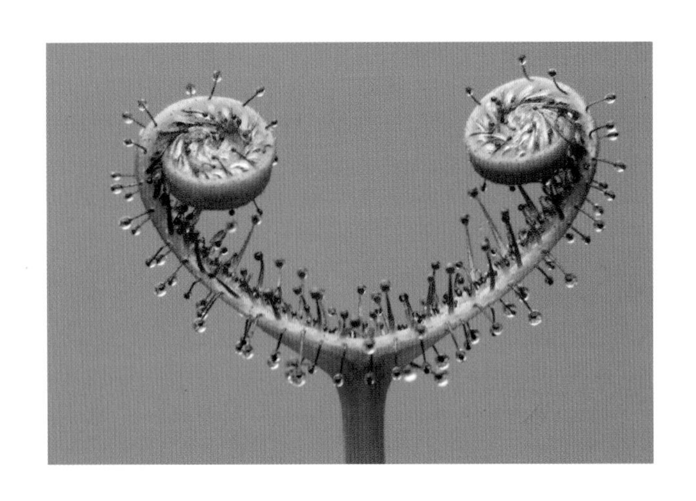

그림 4.5 끈적끈적한 파리 덫을 펼치고 있는 식충식물
가새끈끈이주걱(Drosera binata)

기생식물과 부생식물

먹이와 영양소를 얻기 위해 부분적으로 또는 전체적으로 다른 식물들에 의존하는 몇몇 식물들이 있다.

기생식물

분홍실새삼(Dodder)이나 유럽개종용(Toothwort) 같은 기생 식물들은 엽록소가 부족하고 살아가는데 필요한 양분을 완전히 다른 식물에 의존하기 때문에 녹색 부분이 없다. 그들은 기생하는 숙주를 심하게 약화하거나 심지어 죽일 수도 있다. 일단 기생식물이 숙주에 단단히 부착되면, 기생근(또는 흡지)이라고 알려진 특별한 구조물이 숙주의 조직을 관통한다.

반기생식물(hemiparasite)은 알아보기 쉽지 않다. 그들은 전체적으로 녹색의 잎을 가지고 있고 광합성을 할 수 있지만, 다른 식물의 뿌리에서 탄수화물과 미네랄을 추가로 공급받는다.

부생식물

기생식물처럼 이 식물들은 엽록소가 없어 광합성을 할 수 없다. 그들은 완전히 분해된 다른 식물의 잔해로부터 양분을 얻는다.

a) 분홍실새삼(Dodder)은 종종 가시금작화(Gorse),
헤더(Heather), 백리향(Thyme)에 기생한다.

b) 분홍실새삼의 유묘는 가늘게 뻗어나가는 줄기를 내보낸다.
그것은 자라서 숙주식물에 도달하면 주위를 빙빙 감는다.
숙주식물을 관통하는 작은 뿌리 같은 구조물(기생근)을 형성하는
모습. 결국 숙주식물은 이 가느다란 줄기가 형성한
촘촘한 망에 덮이게 된다.

c) 기생근을 발달시키는 분홍실새삼의 줄기를 근접 촬영한 사진.

그림 4.6 기생식물인 분홍실새삼(*Cuscuta epithymum*).

그림 4.7 유럽개종용(*Lathraea squamria*)은 교목과 관목,
특히 물푸레나무(Ash), 느릅나무(Elm), 개암나무(Hazel)의
뿌리에 기생하는 기생식물이다.

a) 노랑딸랑이(*Rhinanthus minor*). 이 종과 밀접하게 연관된 다른 종들은 넓은 범위의 초원 식물, 특히 벼과 식물과 콩과식물에 기생한다. 그들은 종종 초원에서 자라면서 몇몇 초본식물 들의 생장을 억제한다. 한편 초원 식물들의 개화를 촉진한다.

b) 다양한 야생화가 어우러진 초원. 눈에 띄게 보이는 노랑딸랑이.

그림 4.8 반기생식물인 노랑딸랑이(*Rhinanthus minor*).

그림 4.9 난초과의 일종인 유럽새둥지란(*Neotthia nidus-avis*)는 낙엽 더미와 깊은 웅덩이 사이의 삼림지대에서 자라는 부생식물이다. 균근균의 도움으로 주변의 식물 분해물로부터 무기양분과 다른 영양분을 얻을 수 있다.

수송

통도조직은 '골격'을 지탱해 줄 뿐만 아니라 식물의 수송 시스템이다. 그것들은 잎에서 가장 보기 쉬우나 식물 전체에서 발견되며, 식물의 뿌리와 지상부를 연결한다. 통도조직에는 두 가지 종류의 세포가 있다:

- 물관부(목질부, xylem) - 연속된 관을 형성하는 죽은 세포, 리그닌이 두꺼워진 죽은 세포. 식물 전체로 물과 무기양분을 운반.
- 체관부(phloem) - 식물에 영양물질을 운반하는 살아있는 세포.

통도조직의 배열에서 차이가 발견된다. 특히 잎에 있는 잎맥의 외부에 있는 무늬는 식별에 중요할 수 있다. 통도조직을 형성하는 관다발은 식물 일부를 식별하거나 식물을 분류하는 데에도 유용할 수 있다. 예를 들어 뿌리와 줄기, 그리고 쌍자엽식물과 단자엽식물 사이의 관다발 분포에도 분명한 차이가 있다. 아래 그림처럼 줄기를 절단하면 관다발을 뚜렷하게 확인할 수 있다.

그림 4.10 식용 염료가 첨가된 물에 꽃이나 셀러리 잎자루를 놓아 관다발에 의한 수송체계가 실제 작동하는 것을 볼 수 있다.

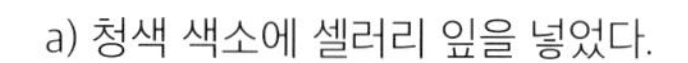

a) 청색 색소에 셀러리 잎을 넣었다.

b) 두 시간 후, 푸른색 색소 속의 셀러리 잎.

c) 8시간 후, 푸른색 색소에 담긴 셀러리 잎.

d) 푸른색 색소가 물든 관다발이 보이는 셀러리 잎자루의 조각.

e) 플로리스트들은 때때로 이 기술을 꽃을 염색하기 위해 사용한다. 꽃다발 속에 파란색과 분홍색이 염색된 꽃이다.

a) 관다발이 원형으로 배열되어 있거나 사방에 흩어져 있는 줄기.

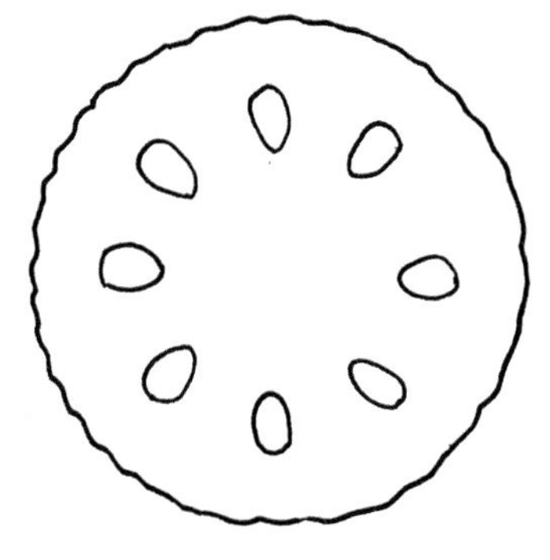

원형으로 배열된 관다발(정제 관다발) 전형적인 쌍자엽식물의 줄기.

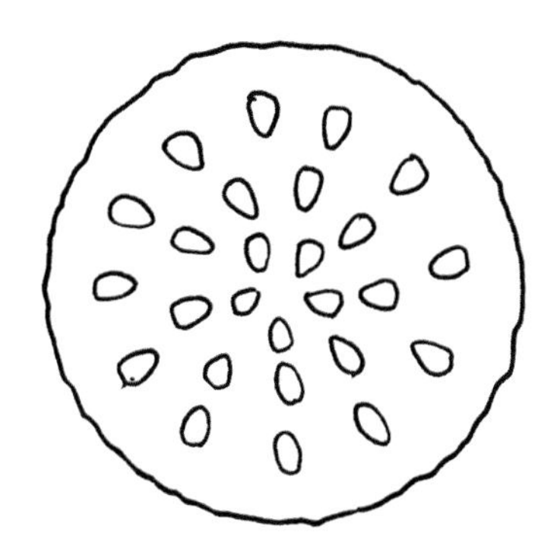

사방에 흩어져 있는 관다발(산재 관다발) 전형적인 단자엽식물의 줄기.

b) 중심부에 관다발 조직이 있는 뿌리.

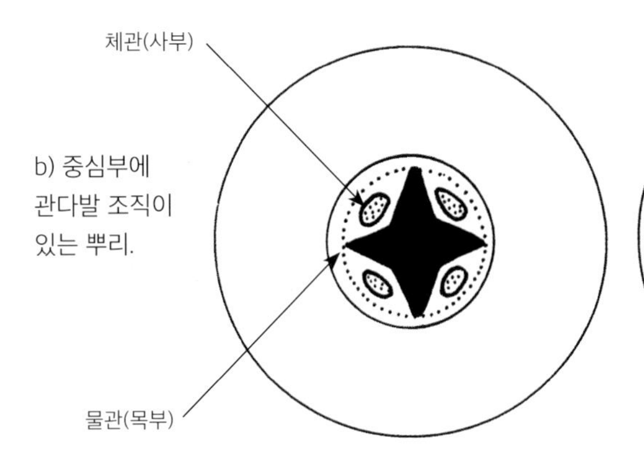

4개의 물관 다발과 4개의 체관 다발이 번갈아 가며 배열, 전형적인 쌍자엽식물의 뿌리.

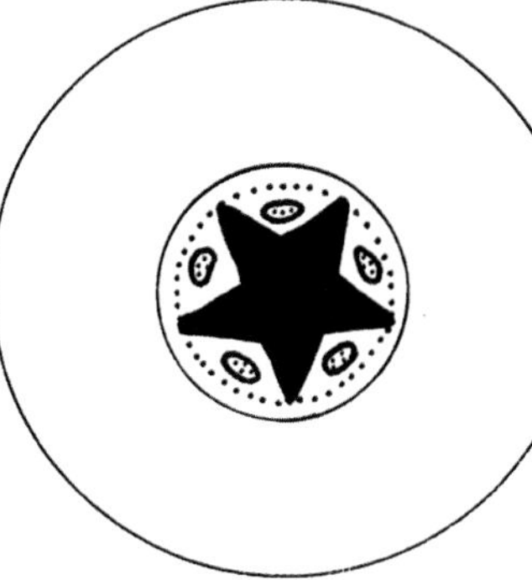

5개의 물관 다발과 5개의 체관 다발이 번갈아 가며 배열, 몇몇 쌍자엽식물 뿌리에서 발견.

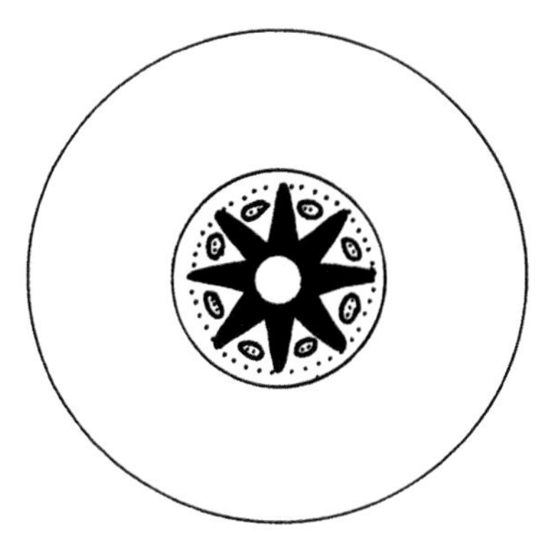

모든 단자엽식물의 뿌리 배열 특성 - 많은 물관 다발과 체관 다발이 서로 번갈아 가며 분포.

그림 4.11 다양한 유형의 줄기 및 뿌리의 단면에서 볼 수 있는 관다발 조직의 분포. 이는 또한 식물의 뿌리와 줄기가 각기 다른 환경에서 겪는 스트레스가 반영된 조직 분포의 분명한 차이를 보여준다 (뿌리는 토양 속에 있으므로 각종 위험 요소에 노출되어 피해를 볼 가능성이 크다. 따라서 뿌리의 관다발은 줄기와 달리 내피 안쪽에 위치하여 보호를 받는다. 역자 주).

물관과 체관 사이에는 형성층(유관속 형성층)이 있어 세포 분열을 통해 바깥쪽으로는 체관 세포를 안쪽으로는 물관 세포를 만든다. 이때 형성층은 체관 세포보다 물관 세포를 더 많이 만든다. 관목과 교목 등 다년생 식물에서는 더이상 별도의 관다발이 보이지 않고 줄기 둘레가 증가(2차 생장)함에 따라 많은 양의 물관조직(목부)이 생성된다. 양분을 수송하는 조직(체관)은 껍질 바로 아래에 고리를 형성한다.

2차 생장의 속도는 환경 조건의 영향을 받는다. 계절적 환경 조건의 변화에 따른 생장 차이로 인해 나이테를 만들게 되며, 나이테의 폭은 매우 건조한 여름과 같은 특정한 날씨 조건을 반영하여 변할 수 있다.

그림 4.12 노루에 의해 수피가 벗겨진 나무.
수피가 벗겨지면 나무에 치명적인 피해를 줄 수가 있다.
왜냐하면 수피가 벗겨질 때 체관이 함께 떨어져 나오기 때문에
영양분의 이동이 차단되기 때문이다.

증산과 수분 손실 조절

물은 살아 있는 유기체에 필수적이지만, 식물의 뿌리에 의해 흡수되는 물의 상당량은 잎에서 증발 때문에 손실된다. 이것이 증산이라고 알려진 과정이다. 만약 식물에 충분한 물이 없다면, 식물은 시들 것이고 결국 죽게 되므로 증산 속도를 조절하는 메커니즘과 물을 저장하는 메커니즘도 중요하다.

대부분 잎사귀의 위쪽 표면은 물 손실을 조절하는 데 도움이 되는 왁스 층을 가지고 있다. 물 대부분은 햇빛을 받으면 열리는 잎 표면의 작은 기공을 통해서 광합성 중에 일어나는 기체 교환이 가능하다. 기체 교환과 수분 손실은 공변세포라고 알려진 표피세포가 변한 두 개의 세포가 작동하여 개폐가 조절된다.

이러한 기공들의 분포도 다양하다. 예를 들어, 육상 식물은 증산작용이 더 느리게 일어나는 잎의 아랫부분에 더 많은 기공을 가지고 있다. 기공은 털이나 홈 안에 묻혀서 보호될 수도 있다. 작품 활동 과정에서 일부러 기공을 자세히 볼 것 같지는 않지만, 특히 건조하고 더운 지역에 사는 식물에서 뚜렷하게 보이는 흥미로운 적응(변화)을 찾아볼 만하다. 이것 중 몇 가지 예는 5장과 6장에서 찾을 수 있다.

그림 4.13 잘린 나뭇가지에서 볼 수 있는 나이테.

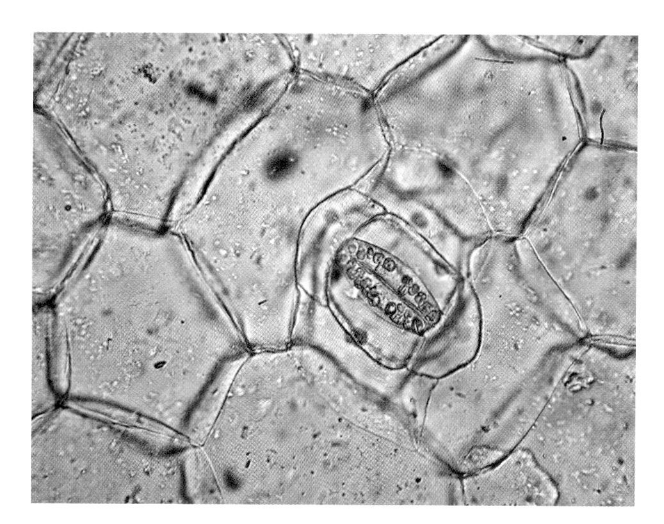

그림 4.14 x450 배율의 현미경으로 관찰한 잎 표면,
하나의 기공(stoma)과 이것의 개폐를 조절하는 공변세포,
그림은 기공이 닫혀있고, 구멍처럼 생겼다.

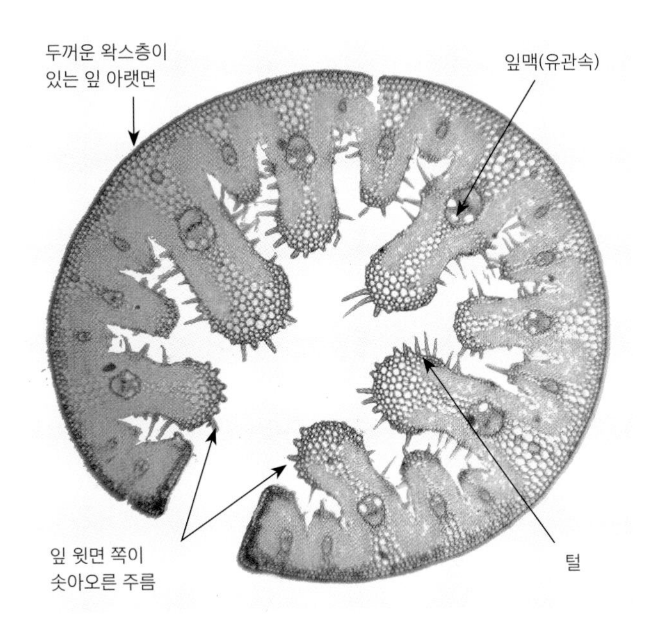

그림 4.15 마람풀(*Ammophila arenaria*)의 횡단면.
이 풀은 바람이 부는 모래언덕에서 흔히 볼 수 있다. 모든 기공은 잎 윗면에 있다. 잎 위쪽 표면의 주름과 털은 기공을 통한 수분 손실을 늦추는 데 도움이 된다. 증산율이 높을 때는 특수한 경첩 세포가 잎을 굴려 기공이 있는 상면이 습한 공간에 둘러싸이게 하여 증산 속도를 늦춘다. 잎의 아래쪽 표면으로부터의 수분 손실은 두꺼운 왁스층에 의해 제어된다.

그림 4.16 화단용 화초인 금어초(*Antirrhinum majus*).
a) 윗부분이 절단되지 않은 식물
b) 심기 전에 윗부분을 절단한 식물이 강한 부피 생장을 보였다.

생장

식물이 자라면서 생장점이나 분열조직의 세포(예: 뿌리와 새싹의 끝부분)들은 분열하여 세포 수가 증가하며, 다양한 종류의 세포로 분화한다.

하지만 무엇이 세포의 종류를 결정하며, 어떻게 그것들이 합쳐져서 관다발 조직과 같은 조직을 만들고, 결국에는 작품으로 표현하고자 하는 모든 특징을 가지고 있는 식물체처럼 알아볼 수 있는 조직을 형성하는가? 이 매혹적인 주제는 몇몇 복잡하고 상호 작용하는 요소들이 포함되어 여전히 명확하게 이해되지 않고 있다.

유전정보

세포 분열 동안 식물의 주요 종 특성을 결정하는 유전정보가 전달되어, 예를 들어 디기탈리스처럼 분명하게 인식할 수 있는 종이 만들어진다.

식물 생장 물질(식물 호르몬이라고도 함)

이 화학물질들은 생장 및 발달과 관련된 많은 활동을 조절하고 통제한다. 그들은 단독으로 또는 서로 결합하여 작업하는 특정 과정을 촉진하거나 억제할 수 있다. 예를 들면 다음과 같다:

- 끝눈의 옥신은 곁눈(액아)의 생장에 억제 효과가 있다. 끝눈이 제거되면, 곁눈이 생장할 수 있다. 정원식물을 가꿀 때 '적심' 즉, 새 줄기 끝을 자르는 일의 배경이 바로 이것이다. 이렇게 하면 식물이 옆으로 퍼져서 자라고 가지와 꽃을 많이 만들게 할 수 있다.

그림 4.17 덜 익은 녹색 바나나의 익는 속도를 높이기 위해 익은 바나나를 녹색 바나나 사이에 놓아둔다.

그림 4.18 한련화(Tropaeolum majus) 잎들이 가능한 한 많은 빛을 받기 위해 태양 전지판처럼 배열되어 있다.

- 에틸렌은 과일의 숙성에 관여하는 것으로 알려져 있다. 슈퍼마켓에서 산 익지 않은 과일은 에틸렌을 발산하는 익은 과일과 함께 넣으면 더 빨리 익게 된다.
- 정원사는 식물을 삽목할 때 뿌리의 생장을 촉진하는 '호르몬 발근 촉진제'와 같은 합성 생장 물질을 자주 사용한다.

식물 습성

식물 내 화학물질은 외부 자극에 대한 반응도 조절한다. 작가들은 그리려고 하는 식물의 움직임을 잘 알 것이다; 식물들이 비록 느릴지라도 움직임을 보여준다. 새싹은 보통 빛을 향해 자란다. 잠깐 그리기를 멈추고 휴식 중일 때, 가능하다면 식물을 직사광선이 들지 않는 밝은 곳에 두는 것이 좋다.

어떤 식물은 발달 단계에 따라 다양한 반응을 보인다. 만약 그림에 그러한 특징들을 포함할 수 있다면 예술작품을 더 흥미롭게 할 것이다.

그림 4.19 꽃과 잎은 하루에도 다른 시간대에 열리고 닫힐 수 있다. 그림 그리기 시간을 식물에 맞게 조정하여야 할 수도 있다. 애기괭이밥(*Oxalis acetosella*)은 밤이 깊어지거나 날씨가 흐려지면 잎과 꽃을 오므린다.

그림 4.20 덩굴해란초(*Cymbalaria hederifolia*)은 벽에 붙어 자라는 흔한 식물이다. 이 식물은 꽃이 필 때 줄기가 빛을 향해 자란다. 수정 후에는 줄기가 빛으로부터 멀어지는 방향으로 자라 벽 틈새에 씨앗을 심는다.

CHAPTER 5

잎

대부분의 현화식물에서 잎은 광합성 과정을 통해 식량 생산의 주요 장소를 제공한다. 진화과정에서의 변화는 이 과정을 더 효율적으로 만드는 데 도움이 되는 많고 다양한 전략의 발달을 초래했고, 다양한 잎 모양, 크기, 그리고 다른 특성들을 만들었다. 이 정보는 식물학자들이 종종 사용하기 때문에, 잎의 전체적인 크기와 모양을 관찰하는 것뿐만 아니라 세부 사항을 정확하게 파악하는 데도 중요하다. 이러한 특징을 설명하기 위해 식물학 문헌, 특히 식물지나 식물도감에서 접할 수 있는 많은 전문 용어가 있다. 이것들은 다소 어렵지만, 그것들을 공부하는 것을 미루지 말아야 한다. 도표에는 가장 일반적으로 사용되고, 자세한 내용을 이해하는 데 도움을 주는 용어 중 일부가 포함되어 있다. 도표에서 설명하지 않은 모양과 형태를 접할 수 있으므로, 더 다양한 용어들은 Bebbington(2007)과 Hickey & King(2000)을 참조한다.

< 그림 5.1 유럽너도밤나무(*Fagus sylvatica*)의 수관 모습.
가능한 많은 잎에 햇빛이 최대한 비칠 수 있도록 잎이 배열되어 있다.

잎의 기본구조

잎의 일부

잎의 주요 부분은 그림 5.2에 나와 있다. 관련된 식물 용어는 괄호로 되어 있다.

잎의 방향

겉모습이 매우 다르므로 잎의 양쪽 면을 모두 보여줄 계획이다. 그러나 어떤 식물들의 엽병이나 엽신이 꼬이거나 뒤집히기도 하므로, 잎사귀의 어느 쪽이 어느 쪽인지 반드시 알아야 한다. 이에 관련된 혼동을 피하고자 식물학 본문에서는 향축[adaxial-축(줄기)을 향한 쪽]과 배축[abaxial-축(줄기)의 반대쪽]이라는 용어를 사용할 수도 있다.

엽병

엽병은 줄기로부터 잎맥으로 이어져 있고, 잎이 가능한 한 빛을 받을 수 있도록 지탱하는 데 도움을 준다. 엽병(petiole)이 있으면 유병(petiolate)이라고 표현된다. 줄기는 매우 짧거나 아예 없을 수 있는데, 이 경우 잎은 무병(sessile)이라고 표현한다.

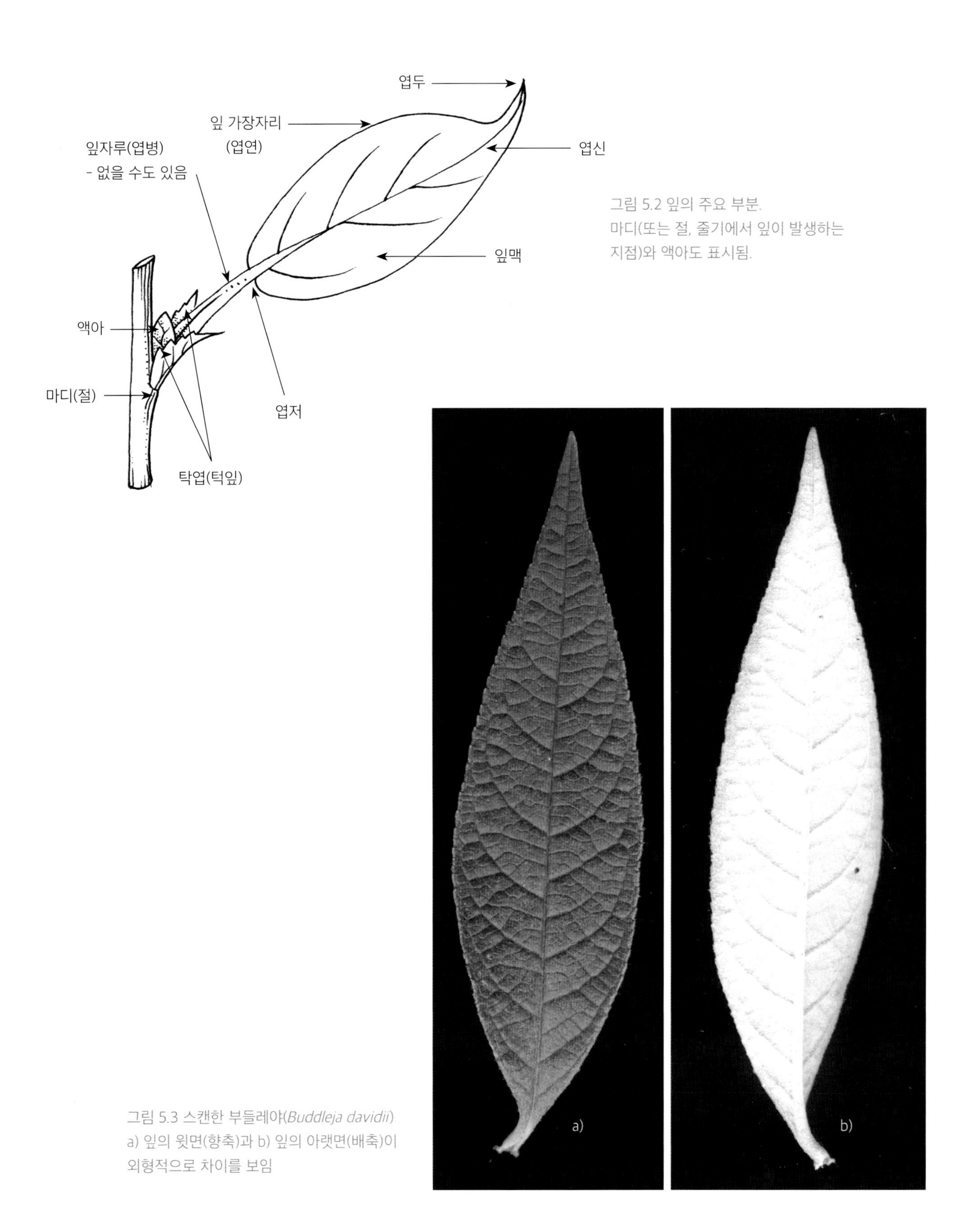

그림 5.2 잎의 주요 부분.
마디(또는 절, 줄기에서 잎이 발생하는 지점)와 액아도 표시됨.

그림 5.3 스캔한 부들레야(*Buddleja davidii*) a) 잎의 윗면(향축)과 b) 잎의 아랫면(배축)이 외형적으로 차이를 보임

그림 5.4 알스트로메리아 품종(페루백합 품종, *Alstroemeria* cv.)의 잎 일부가 꼬여서 잎의 향축이 배축으로 뒤집혔다.

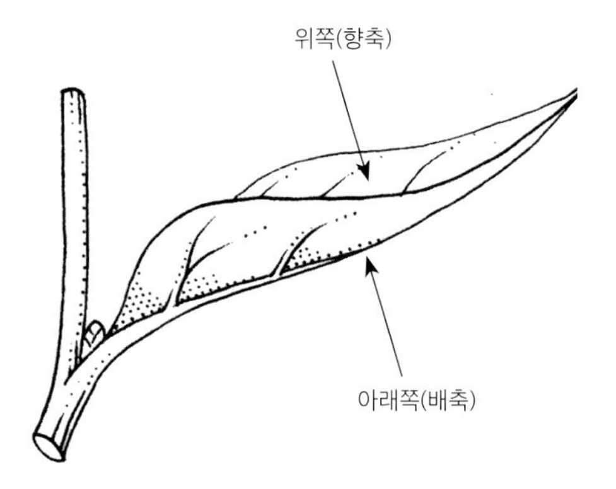

그림 5.5 잎의 방향 확인. 엽병이 꼬이지 않도록 하고, 엽신을 누른다.

a) 무병(sessile)인 물레나물속 식물(*Hypericum* sp.).

b) 유병(petiolate)인 왕쥐똥나무 (*Ligustrum ovale*).

그림 5.6 엽병이 있거나 없는 잎의 예.

화외밀선

화외밀선은 꽃 밖에서 발견되는 꿀 분비샘이다. 엽병뿐만 아니라 줄기, 탁엽, 엽신에서도 흔히 볼 수 있다. 그들의 주된 기능은 개미같이 꿀을 먹이로 하는 포식자들을 유인하는 것이지만, 초식동물의 공격에 대응하는 기능도 있다.

그림 5.7 벚나무류(*Prunus* sp.)의 엽병에 있는 컵 모양 밀선.

그림 5.8 살갈퀴(*Vicia sativa*)의 밀선 위에서 즙액을 먹고 있는 흑개미(*Lasius* sp.). 탁엽 위에 있는 이 밀선들은 엽병의 아래에 있다.

엽병의 색은 녹색 또는 다양한 색일 수 있다. 다른 특징들에는 홈, 능선, 털 그리고 꿀을 생산하는 분비샘이 있는데, 이것들은 모두 주의 깊게 관찰되어야 한다.

탁엽

탁엽은 몇몇 식물 잎의 밑 부분에서 발견되는 부속기관이다. 모두 그렇지는 않지만, 종종 엽질이다. 그들의 존재는 외적인 특징일 뿐만 아니라 식별에 있어 동정 특징이 될 수 있다. 만약 탁엽이 있다면, 대부분의 쌍자엽식물 종들은 탁엽이 쌍으로 있고, 거의 모든 단자엽식물 종들은 하나만 가지고 있다.

포도담쟁이덩굴(*Parthenocissus vitacea*) 과 같은 일부 식물에서는 잎이 자라기 시작하면 곧 떨어지기 때문에 다 자란 잎뿐만 아니라 어린잎을 검사하는 것이 중요하다.

그림 5.9 토끼발클로버(*Trifolium arvense*)의 엽병들 아래 달린 붉은색 탁엽들.

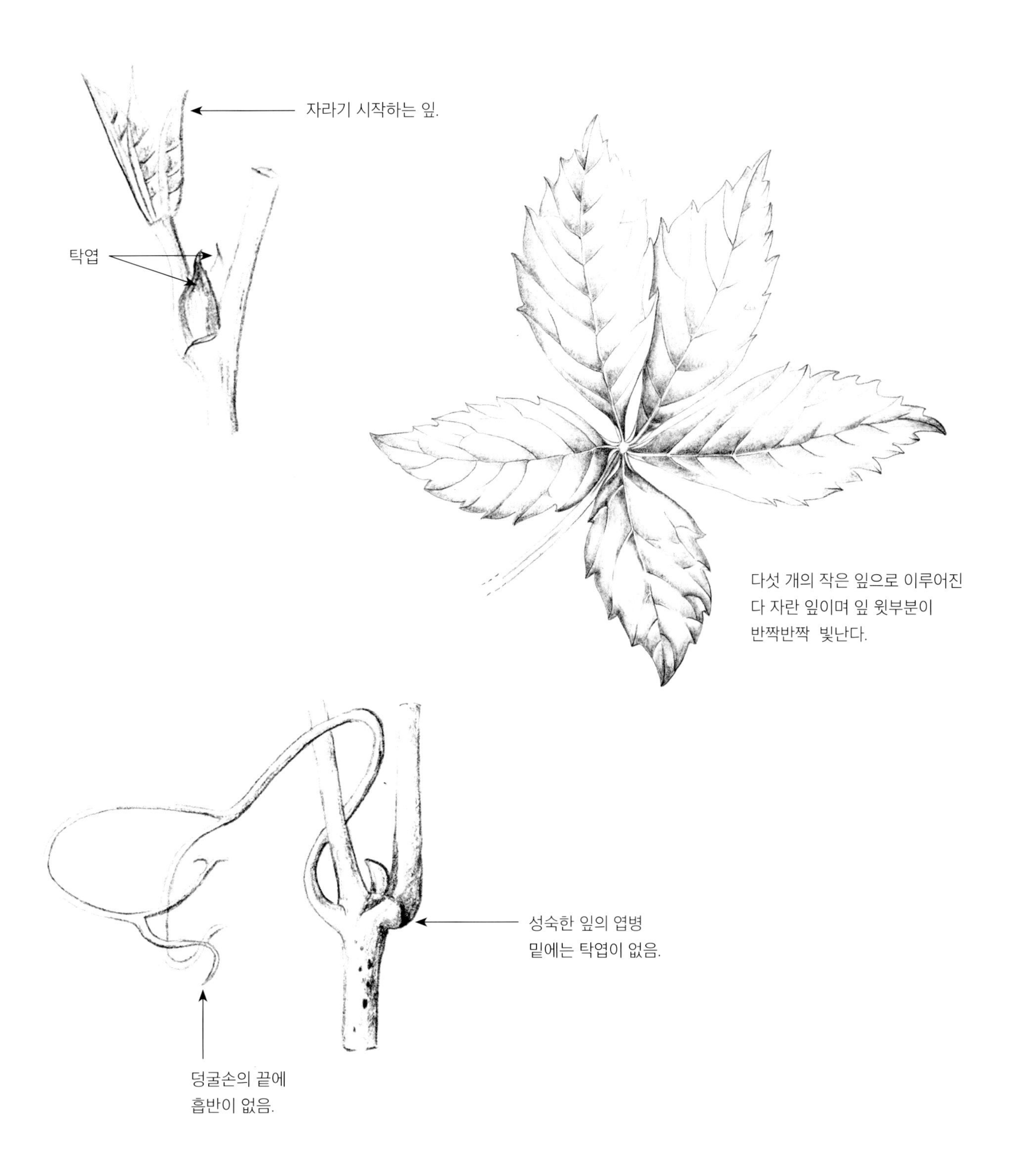

그림 5.10 연필로 그린 가짜 미국담쟁이덩굴(포도담쟁이덩굴, *Parthenocissus vitacea*),
자라고 있는 어린잎에는 탁엽이 있지만, 다 자란 잎에는 탁엽이 없음을 보여준다.
반짝이는 잎을 가진 다 자란 잎과 흡반이 없는 덩굴손으로 진짜
미국담쟁이덩굴(*Parthenocissus quinquefolia*)과 구별을 할 수 있음.

엽신(lamina)

형태와 비례

그림의 비율이 올바른지 확인하려면 눈금자 또는 비례 분할자를 사용해라. 잎의 가장 넓은 점을 측정하고, 가운데, 위 또는 아래에 있는지 기록한다. 부드러운 연필과 기름종이를 사용한 나뭇잎 문지르기나 사진 또는 컴퓨터 스캔은 매우 유용하다. 그러나 이것은 잎의 2차원 그림만을 보여주며 최종 작품까지 이어져서는 안 된다. 나뭇잎이 완전히 평평한 경우는 드물기 때문이다! 잎이 무성한 사진을 그릴 때, 사진은 특히 3차원 형태를 분류하는 데 도움이 된다. 예를 들어, 왜곡이 발생하는 곳을 보여주는 것이다. 그들은 또한 잎 색의 채도 차이를 보는 데 도움이 된다.

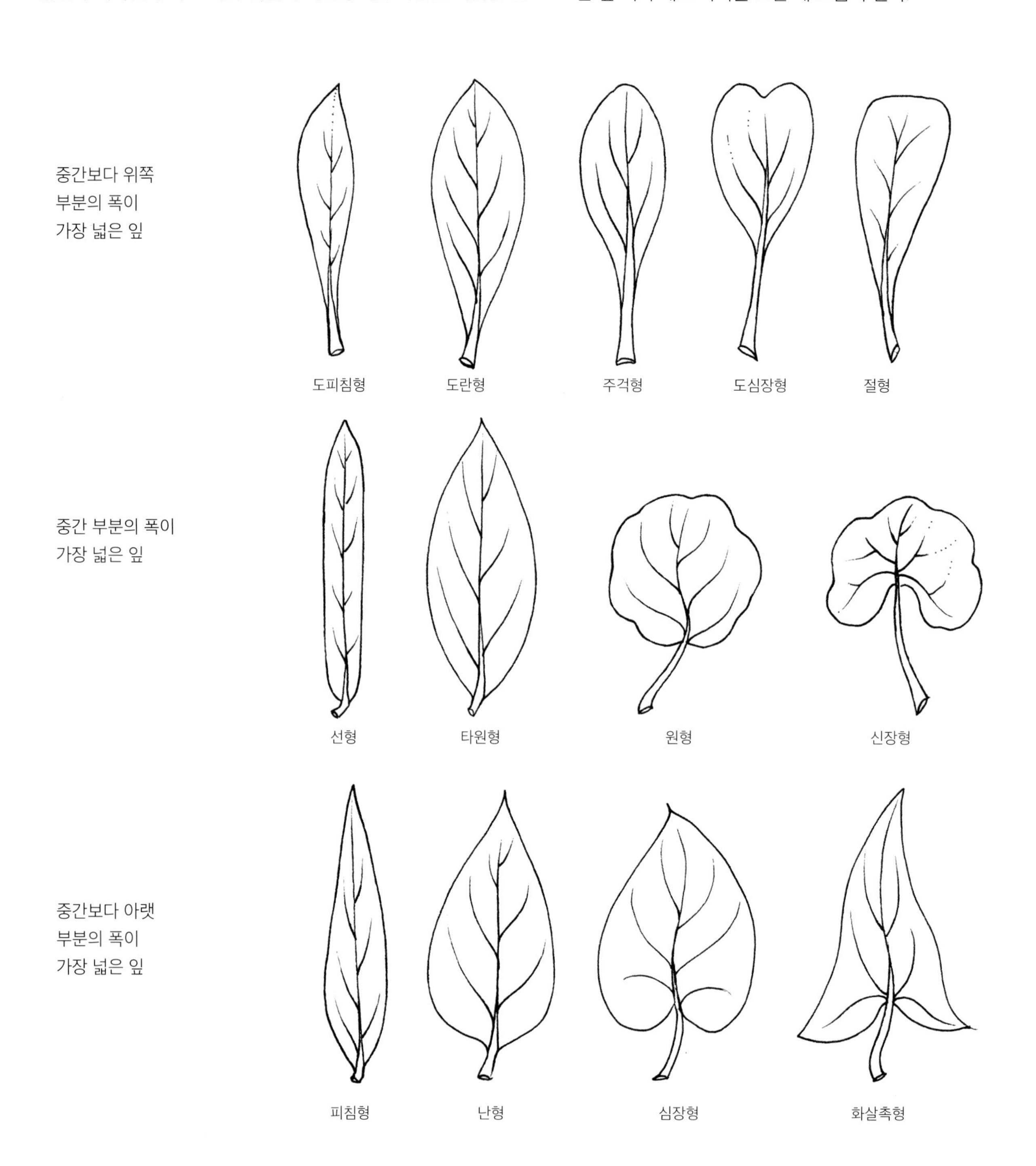

그림 5.11 다양한 잎 모양을 설명하기 위해 일반적으로 사용하는 용어. 그림은 잎의 가장 넓은 지점이 중앙보다 위, 중앙 또는 중앙보다 아래에 있는지에 따라 세 그룹으로 나뉨.

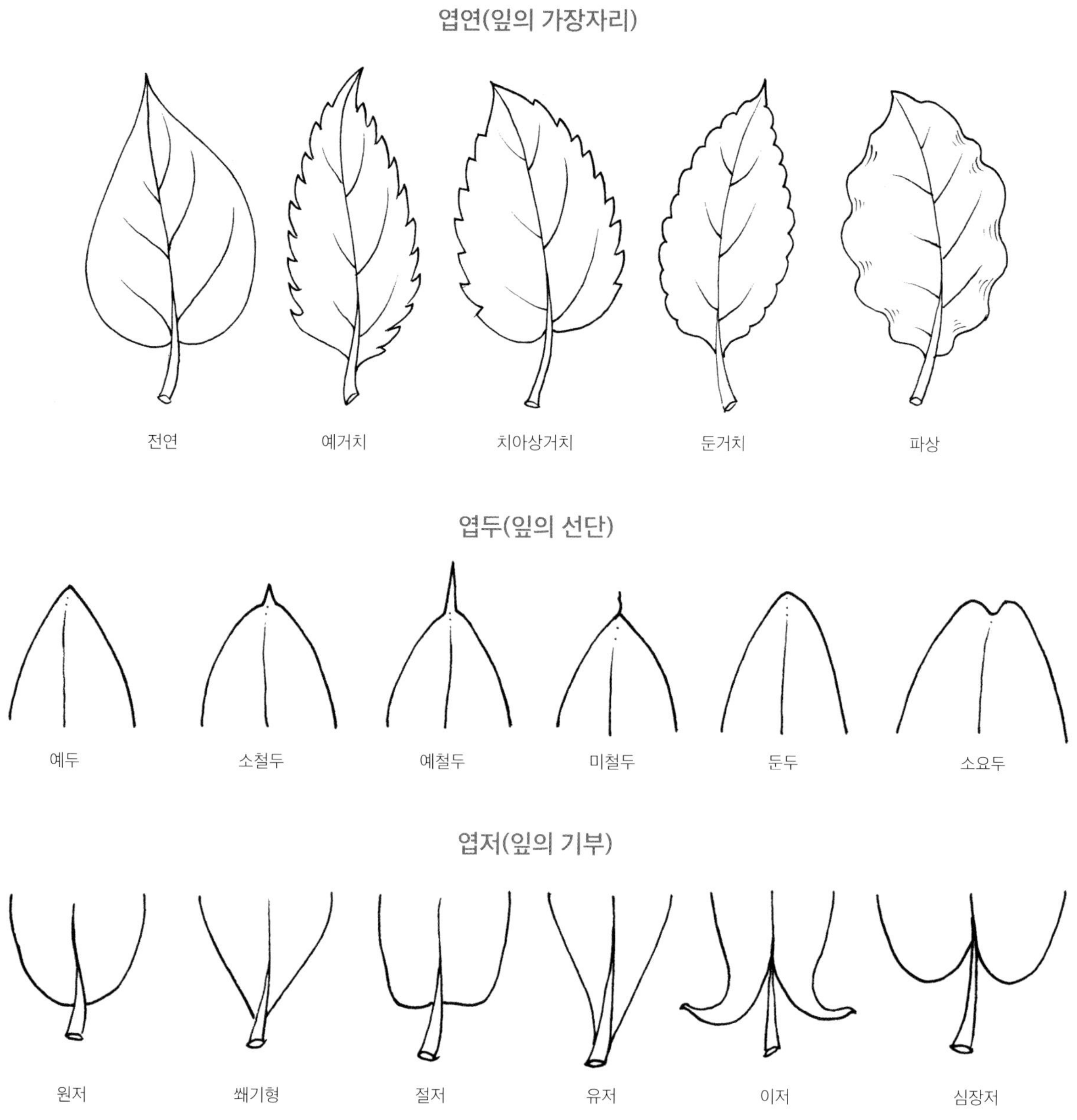

엽연(잎의 가장자리)

전연 예거치 치아상거치 둔거치 파상

엽두(잎의 선단)

예두 소철두 예철두 미철두 둔두 소요두

엽저(잎의 기부)

원저 쐐기형 절저 유저 이저 심장저

그림 5.12 잎의 형태를 설명하는 데 사용되는 용어.

잎 비율이 왜곡 없이 바르게 되었으면 엽두(잎의 끝), 엽연(잎의 가장자리), 엽저(잎의 기부) 부분의 어디부터 엽병이 시작되는지 자세히 관찰한다.

잎맥

엽병 속에 있는 잎맥이 엽신으로 뻗어나간다. 크게 세 가지 패턴으로 구분된다. 뚜렷이 보이는 잎맥이 모두 표현되어야 한다. 특히 확대경 아래에서는 더 작은 잎맥으로 이루어진 그물맥이 보일 수 있지만, 너무 세밀한 부분 때문에 혼동하지 않도록 주의해야 한다. 잎의 양쪽에 있는 모든 잎맥의 모양과 색에 유의한다(흔히 잎의 아래쪽 잎맥이 더 두드러진다). 잎맥은 잎 표면보다 연한 색일 수 있으며 밝은 색상일 수도 있다. 잎 가장자리에서 무슨 일이 일어났는지 관심을 기울여야 한다. 예를 들어, 잎맥이 잎 가장자리에 도달하는가, 그렇지 않은가? 잎 가장자리에서 잎맥이 서로 맞물리는가? 만약 이것들이 존재한다면 잎맥이 결각이나 귀 모양으로 이어질까? 잎맥은 보통, 잎 가장자리에 가까워질수록 얇아진다는 것을 기억해야 한다.

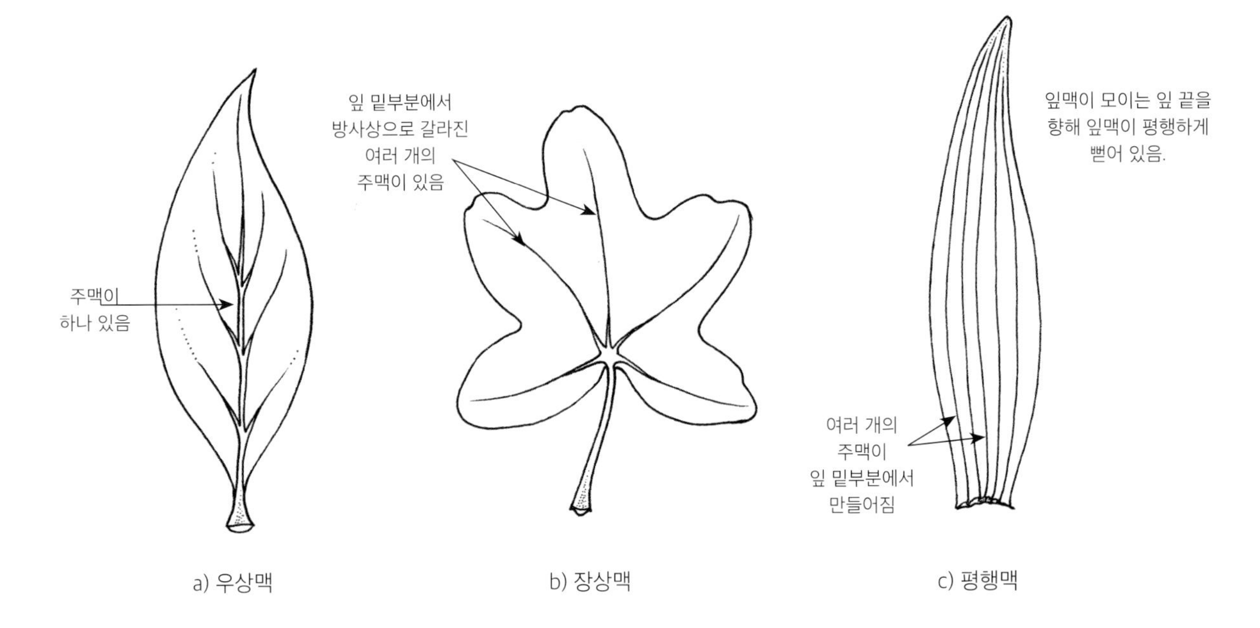

그림 5.13 잎맥의 세 가지 주요 유형.
세 가지 모두 도표 a)와 같이 일반적으로 잎맥에서 더 작은 측맥이 발생하는 것을 볼 수 있다.

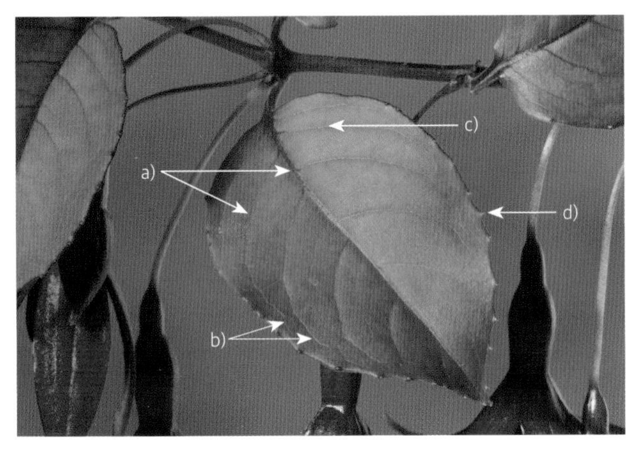

그림 5.14 날개 모양으로 분지한 잎맥(우상맥)과 잎맥의 상세한 모양을 보여주는 후크시아류 잎의 윗면. 잎의 가장자리를 따라 분포하는 밀선, a) 붉은 주맥과 측맥, b) 잎 가장자리와 연결된 잎맥, c) 잎 가장자리에 가까워질수록 잎맥이 가늘어진다, d)밀선.

그림 5.15 유럽너도밤나무 '푸르푸레아' 잎의 색상
(*Fagus sylvatica* 'Purpurea').

색상 및 표면 질감

엽신의 양쪽 표면을 모두 관찰한다. 표면의 불규칙성, 잎맥, 다른 털들, 그리고 분비샘의 존재는 모두 잎의 질감과 색깔에 영향을 미칠 수 있다.

엽록소가 존재하기 때문에, 대부분 잎은 초록색으로 보이지만, 녹색의 미묘한 차이가 있다. 사진, 필름 또는 디지털 사진은 녹색을 올바르게 재현하는 경우가 거의 없으므로 색상 매칭 시 항상 신선한 시료를 사용하는 것이 좋다.

예를 들어 유럽너도밤나무 같은 일부 식물의 잎은 생장기에 걸쳐 빨갛거나 보라색이다. 이 잎들은 여전히 엽록소를 가지고 있지만, 이것은 어린잎에서 싹이 틀 때 볼 수 있을 뿐, 곧 잎들이 성숙함에 따라 다른 색소들에 의해 가려진다.

변이가 있는 잎

변이는 바이러스 감염과 같은 다양한 원인이 있지만, 종종 자연적인 유전변이에 의해 생긴다. 흰색, 노란색 또는 연한 녹색 영역은 대부분 엽록소가 부족하기 때문이다. 빨강, 분홍, 보라색 또한 흔하며, 보통 초록색을 가리는 다른 색소(안토시아닌)가 존재하기 때문이다.

예를 들어 시클라멘에서 볼 수 있는 잎의 은빛 무늬는 세포의 표면층 아래에 있는 공기주머니에 의해 발생하며 수포 변이(blister variegation)라고 불린다.

그림 5.18. 헤데리폴리움시클라멘(*Cyclamen hederifolium*)의 수포 변이(blister variegation).

그림 5.16 엽록소가 없는 부분이 넓은 잎 변이를 보여주는 줄사철나무(*Euonymus fortunei*) 품종.

그림 5.17 여러 가지 색소가 추가된 잎 변이를 보여주는 제라늄류(*Pelagonium*) 품종.

야생에서, 특히 엽록소가 부족해서 색이 연한 부분이 많고 잎에 무늬가 있는 식물들은 생육이 덜 왕성하고 다른 식물들과 경쟁을 잘하지 못한다. 그러나 나뭇잎에 무늬가 있는 식물은 원예 계에서 인기가 많다. 종자로 번식하면 잎의 무늬가 없는 상태로 되돌아가기 때문에 식물번식에서 이러한 변이 형태를 유지하는 것이 중요하다.

털과 분비선

엽신의 털과 분비선을 주의 깊게 보아야 한다. 색깔뿐만 아니라 위치, 구조 및 형태도 모두 중요한 특징이 될 수 있으므로 주의하여 표현해야 한다. 분석적인 그림의 경우에는 줄기와 함께 잎의 확대된 부분을 그려 세부 정보를 표시해야 할 수도 있다. 다양한 털의 그림은 Hickey & King(2000)에서 찾을 수 있다.

털과 분비선 모두 식물의 삶에서 다양한 역할을 할 수 있다. 알려진 몇 가지 중요한 기능은 다음과 같다:

- 잎이 곤충과 더 큰 초식동물을 포함한 다른 동물에 의해 먹히는 것을 방지한다.
- 과도한 수분 손실을 방지한다.
- 물, 무기양분 및 기타 물질의 손실을 방지한다.

잎에는 털뿐만 아니라 가시도 있을 수 있다(12장 참조).

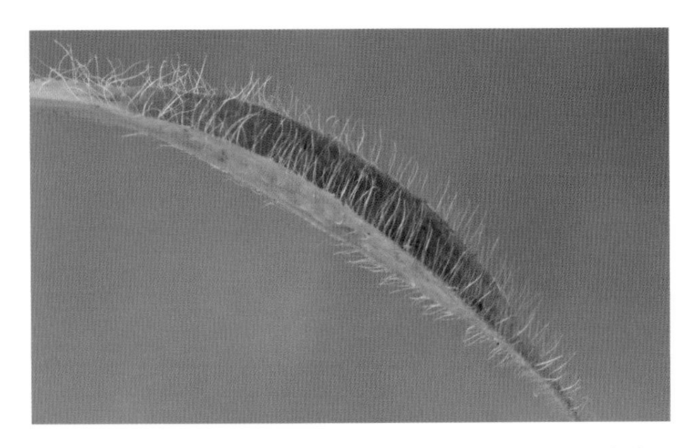

그림 5.19 포식 되는 것을 막는 데 도움을 주는 뻣뻣하게 곤두선 짧은 털을 가진 홍화민들레(*Pilosella aurantiacum*).

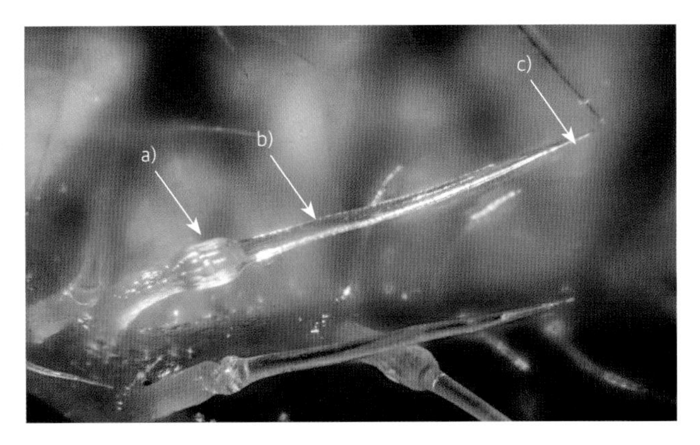

그림 5.20 잎을 보호하는 서양쐐기풀(*Urtica dioica*)의 뾰족한 털.
a) 쏘는 액체로 가득 차서 부어오른 아랫부분, b) 속이 빈 털,
c) 부러지기 쉬운 끝부분. 털의 끝부분은 무엇인가가 닿으면 끝이 쉽게 부러져 박히게 된다. 건드리는 압력이 부풀어 오른 털의 아랫부분으로 전달되어 액체가 털 밖으로 밀려 나와 잎을 건드린 생물을 쏘게 한다.

그림 5.21 유럽긴병꽃풀(*Glechoma hederacea*). 이 식물이 속한 꿀풀과의 많은 종은 냄새가 강한 기름을 만들어내는 분비선을 가지고 있어 동물들이 입맛을 잃게 한다.

a) 수많은 유선이 있는 잎의 밑면.

b) 이 토끼굴은 유럽긴병꽃풀과 서양쐐기풀로 둘러싸여 있다. 그들의 유선과 쏘는 털은 토끼가 자신들을 못 먹게 만들어서 이 종들이 다른 식물들보다 우점하게 된다.

그림 5.22 은색 털로 뒤덮인 램스이어(*Stachys byzantina*)의 상세한 모습. 공기로 가득 찬 이 죽은 털은 잎 위에 촘촘한 덮개를 형성할 뿐만 아니라 햇빛을 반사하는데, 이 두 가지 특징은 모두 잎의 과도한 수분 손실을 조절하는 데 도움이 된다.

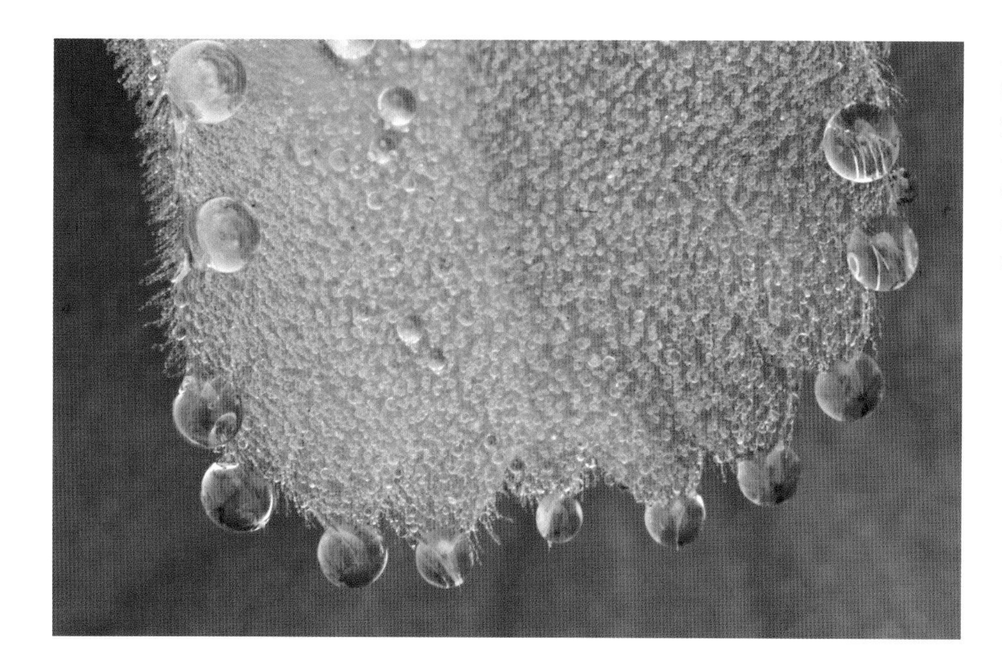

그림 5.23 알케밀라 몰리스(Lady's Mantle, *Alchemilla mollis*) 잎에 있는 수밀 분비선. 습도가 높고 토양수분이 풍부한 조건에서, 많은 식물은 일액현상(guttation)이라고 알려지는 과정인 수공(배수선)에서 여분의 물을 분비한다.

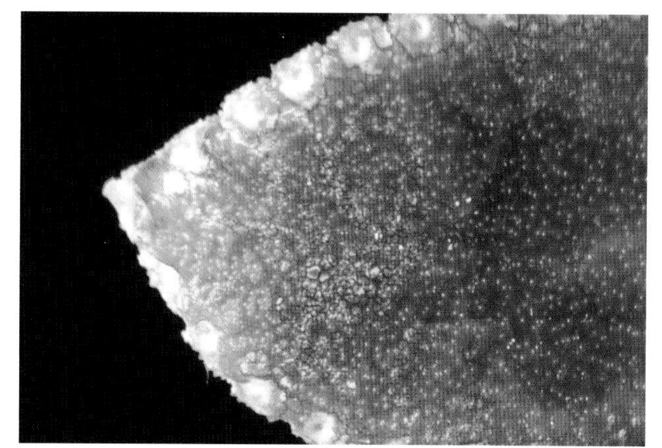

그림 5.24 a) 잎 가장자리에 칼슘 침전물이 분비된 석회바위취(*Saxifraga paniculata*)
b) 칼로사바위취(*Saxifraga callosa*)의 두꺼운 잎에서 나오는 칼슘 침전물을 자세하게 보여준다.

단엽과 복엽

단엽은 하나의 잎사귀가 여러 개의 작은 잎사귀들로 나뉘지 않는 것을 말한다. 단엽은 깊은 갈래나 결각이 있을 수도 있지만 분열 부분이 주맥에 도달하지는 못한다. 복엽은 분열 부분이 작은 잎으로 갈라진 것이다.

복엽은 우상복엽과 장상복엽으로 나뉜다. 토끼풀류처럼 삼출엽인 경우는 우상복엽인지 장상복엽인지 확실하게 말하기 어려워서 삼출엽이나 삼출 복엽이라고 말한다. 복엽을 구성하는 소엽들은 또다시 더 나뉠 수도 있다.

때로는 큰 복엽과 가지에 잎이 많이 달린 경우를 구별하기 어려울 수도 있다. 액아는 보통 잎겨드랑이(잎이 줄기와 결합하는 곳)에 보이는데, 복엽의 소엽들은 잎겨드랑이에 액아를 가지고 있지 않다는 것을 알면 좋다.

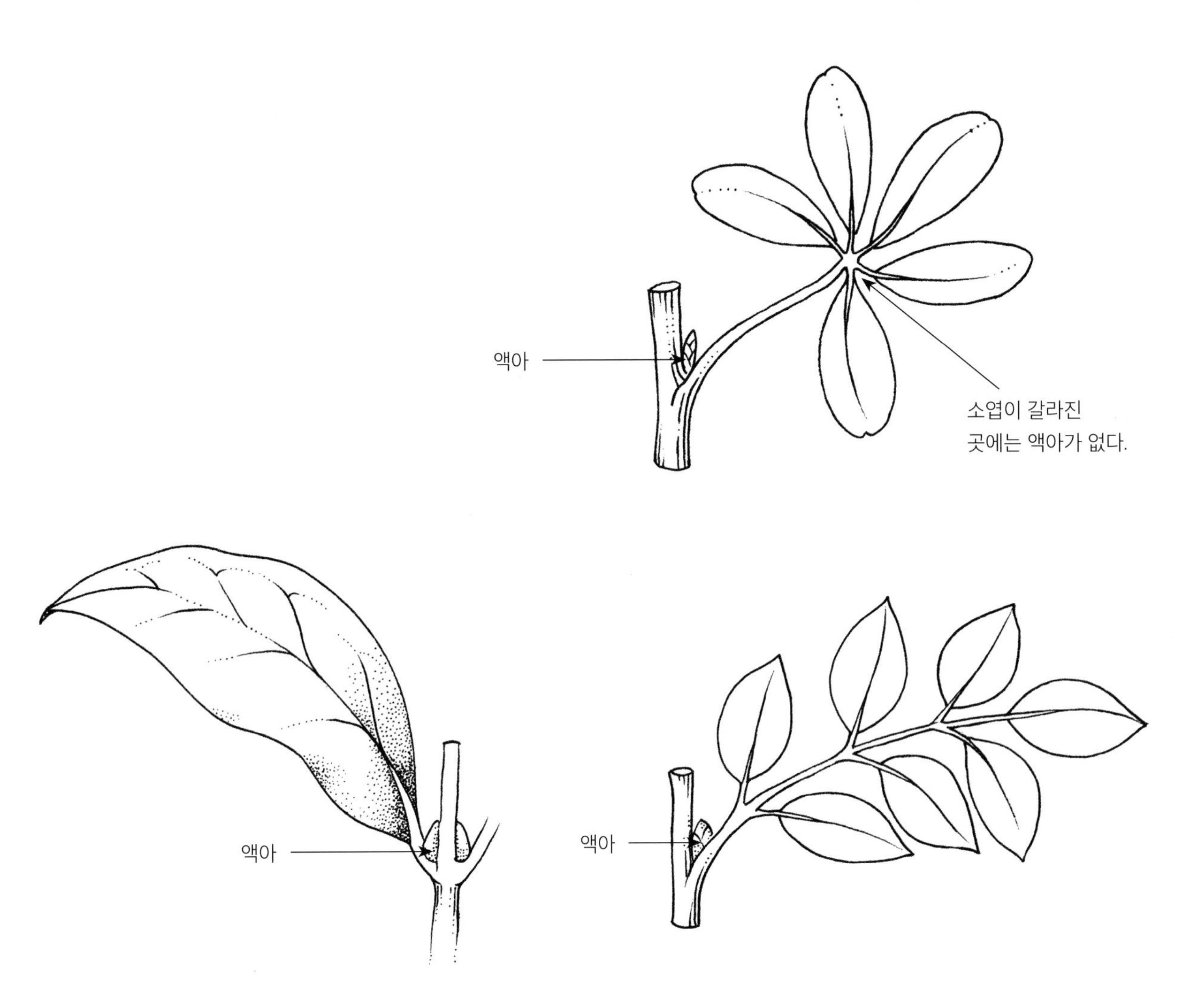

그림 5.25 단엽과 복엽의 구분.

자작나무(*Betula pendula*)-우상맥이 있는 단엽

플라타너스단풍(*Acer pseudoplatanus*)-결각이 진 장상엽(단엽)

서양딱총나무(*Sambucus nigra*)-우상복엽

가시칠엽수(*Aesculus hippocastanum*)-장상복엽

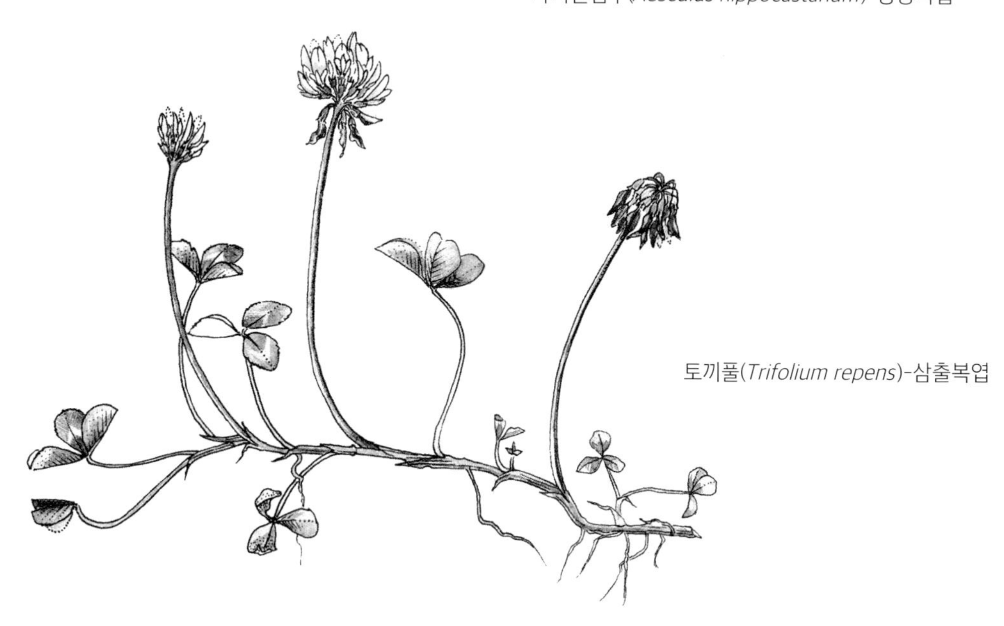
토끼풀(*Trifolium repens*)-삼출복엽

그림 5.26 단엽과 복엽의 사례.

잎의 부착

잎이 줄기의 마디와 결합 하는 방법은 중요하다. 잎맥의 각도를 정확히 파악하기 위해 건강한 표본을 보고, 액아를 찾는다. 액아는 꽃이나 잎으로 자랄 수도 있고 휴면 상태로 남아 있을 수도 있는데, 정아가 손상되었을 때만 자극을 받아 생장한다.

어떤 식물에서는 싹이 발달 초기에 쇠퇴하여 없어지거나, 버즘나무처럼 엽병 밑부분에 숨겨져 있을 수 있다.

엽병과 줄기가 연결되는 방식을 살펴본다. 다양한 종류의 잎 부착 방식을 설명하는 데 사용되는 식물 용어는 도표에 설명되어 있다.

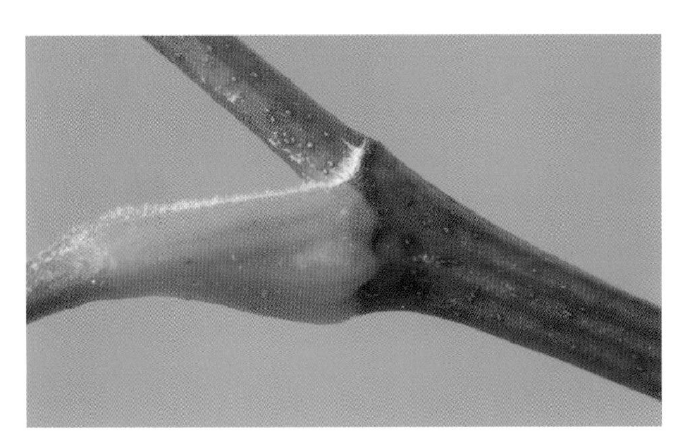

a) 엽병에 둘러싸인 액아(엽병내아).

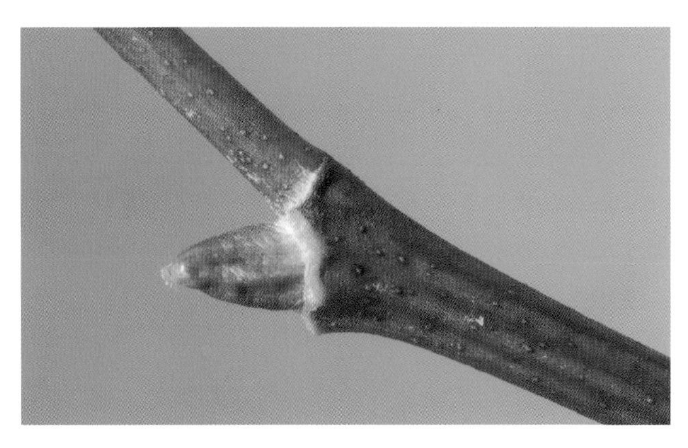

b) 엽병을 제거하면 액아가 드러난다.

그림 5.27 단풍버즘나무(*Plantanus x hispanica*).

그림 5.28
도깨비산토끼꽃(*Dipsacus fullonum*).

a) 관천엽.

도깨비산토끼꽃(*Dipsacus fullonum*)의 관천엽

도깨비산토끼꽃(Teasel)의 학명인 '*Dipsacus*'는 목마른 이라는 뜻을 가진 그리스어'dipsa'에서 유래되었다. (관천엽에 의해 만들어진 물웅덩이를 가리키며,) 이러한 것들이 다양한 동물들에게 식수의 원천을 제공한다는 주장이 제기되어 왔지만, 식물에 어떤 이점이 있을까? 그것들 안에는 종종 죽은 곤충과 다른 작은 무척추동물이 갇혀 있으며, 줄기를 기어오르는 동물들을 가두어 꽃을 보호하는 데 도움을 줄 수도 있다. 보다 최근에는 식물들이 갇힌 동물들로부터 영양분을 얻을 수 있고 완전히 또는 부분적으로 식충성이라는 주장이 제기되었다.

b) 도깨비산토끼꽃의 관천엽에 모인 물과 잡힌 동물들.

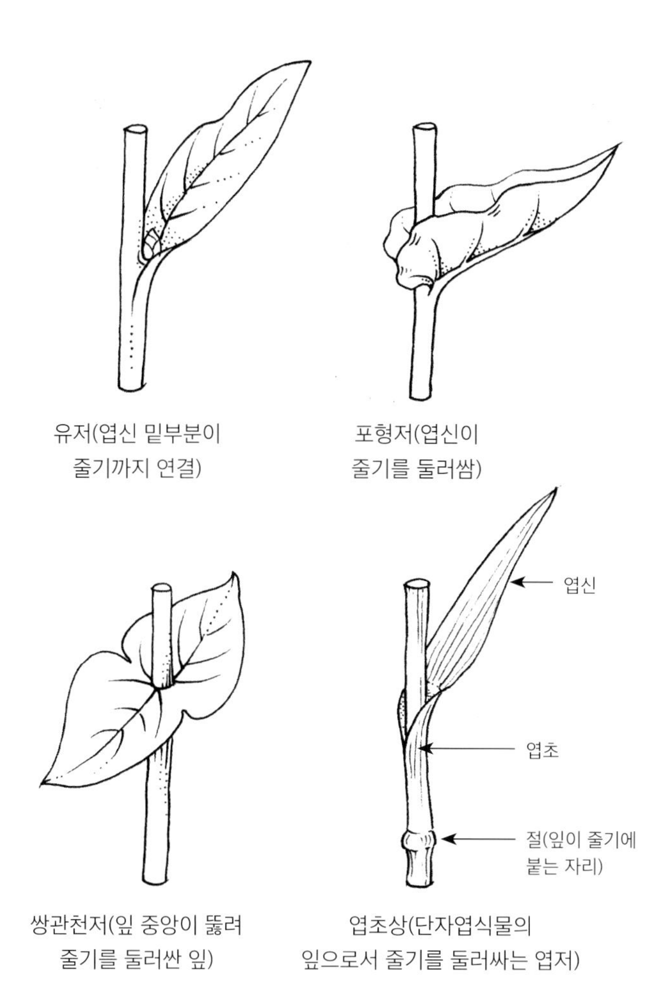

그림 5.29 다양한 잎의 엽저 형태를 설명하는 데
사용되는 식물 용어.

그림 5.30 전호(*Anthriscus sylvestris*),
잎 밑부분이 줄기를 감싸는 엽초.

그림 5.31 몬타나수레국화(*Centaurea montana*)는 엽신이
줄기까지 흘러내린 유저를 보여준다.

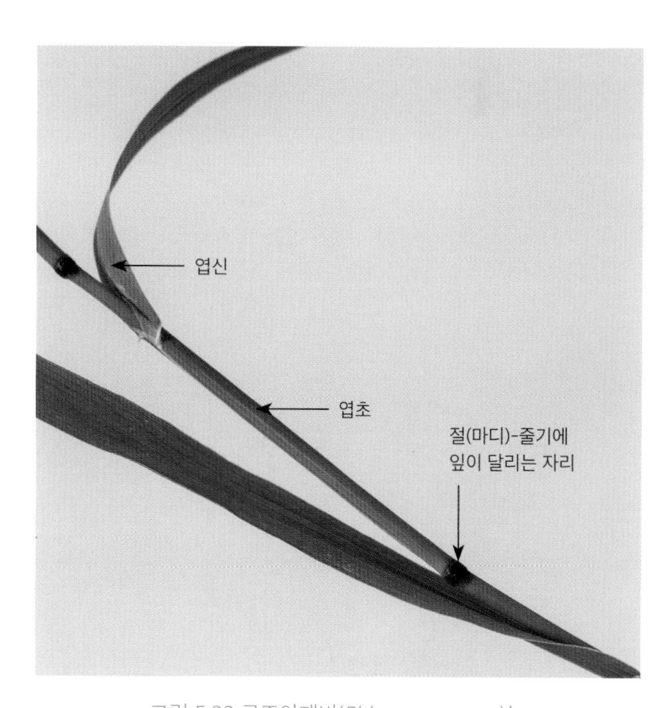

그림 5.32 큰조아재비(*Phleum pratense*)는
벼과(Poaceae)의 전형적인 엽초를 보여준다.

a) 건드리기 전.

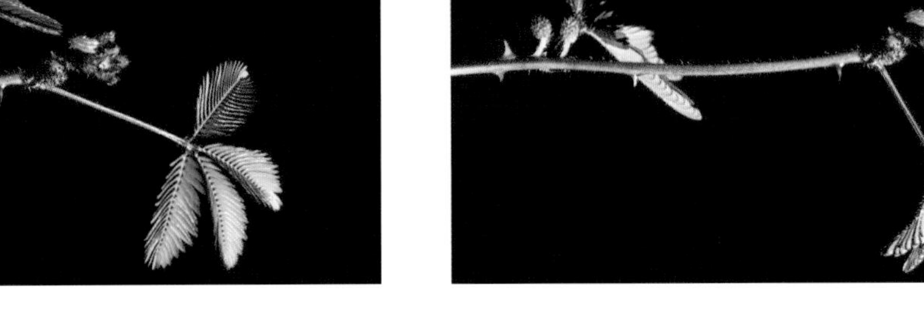

b) 건드린 후.

그림 5.33 미모사(*Mimosa pudica*).

잎이 줄기와 결합하는 부분이나 엽신이 엽병과 결합하는 부분이 팽창할 수 있으며, 엽병이나 잎이 떨어질 지점을 표시한다. 이러한 팽창 부위는 또한 경첩 점이 될 수 있어 밤에 토끼풀이 소엽들을 접거나 미모사의 접촉 반응과 같은 부분적 움직임이 가능하다. 이 식물에는 각 소엽의 하단과 엽병의 하단에 팽창된 작은 부위가 있다. 잎에 촉각이나 진동 같은 자극이 주어지면 소엽과 엽병을 따라 전기 신호가 전달되어 팽창된 양쪽의 수압이 변하게 된다. 소엽들이 즉각적으로 접히기 시작하고 엽병이 갑자기 아래로 휘어진다. 가시가 돋은 줄기가 있는 식물이 처져있는 모습은 그들을 먹으려고 했을지도 모르는 동물들의 관심을 끌지 못한다.

잎차례

잎차례(잎의 배열)는 각 잎이 받는 빛의 양을 최대화하는 데 도움이 되며 또한 중요한 식별 특징이다. 배열의 주요 유형은 다음 그림에 설명되어 있다. 잎사귀 배열이 몇몇 종에서는 가변적일 수 있으므로, 항상 한 개 이상의 가지나 줄기를 살펴보아야 한다.

그림 5.34 여러 가지 잎의 배열(잎차례)을 설명하는 식물 용어.

a) 아대생 잎차례를 보이는 성숙한 줄기.

b) 호생 하는 잎차례를 보이는 도장지.

그림 5.35 아마갈매나무(*Rhamnus catharticus*).

묘사할 잎 정하기

잎은 종간뿐만 아니라 하나의 식물에서도 유전적으로 다르다는 것을 이해하는 것이 중요하다. 따라서 식물 연구에서는 근생엽, 경생엽, 그리고 어린 잎과 같은 식물의 여러 부분에서 나온 잎을 보여주는 것이 필요할 수 있다. 예를 들어, 스코틀랜드블루벨(*Campanula rotundifolia*)은 근생엽과 경생엽의 차이가 있다.

꽃이 피는 줄기의 잎은 꽃이 피지 않는 줄기의 잎과는 매우 다르다. 꽃이나 화서와 관련된 잎을 포엽(bracts)이라고 한다(8장 참고).

환경 조건에 따른 변이를 주의한다. 환경 조건은 잎의 모양에 큰 영향을 미칠 수 있다. 예를 들어, 완전한 햇빛에 노출된 잎들은 그늘에서 자라는 잎들과 매우 다를 수 있다. 그늘에 사는 식물들은 양지식물만큼의 빛을 포착하기 위해 넓은 표면적을 가진 잎을 가질 필요가 있다. 급속한 성장은 더 많은 빛을 받는 데 도움이 될 수 있다.

그림 5.36 스코틀랜드블루벨(*Campanula rotundifolia*), 근생엽과 경생엽 사이의 변화.

양지에 있는 식물이 많은 빛을 포착할 수 있지만, 태양에 직접 노출된 잎에서 높은 호흡률(4장 참조)과 같은 다른 문제에 직면할 수도 있다. 게다가, 너무 많은 자외선은 엽록소를 훼손할 수 있다.

양엽과 음엽의 형태적 차이점 요약

양엽(양지 잎)	음엽(음지 잎)
작은 잎	큰 잎
짧은 절간(각각의 잎 사이에 있는 줄기 부분)	빠른 생장으로 인한 긴 절간
잎과 줄기에 과다한 자외선으로부터 엽록소를 보호하는 것을 돕는 붉은 색소가 있다.	붉은 색소는 보통 없음
더 발달한 큐티클(왁스층, 잎 외부의 방수층)과 광합성 조직 때문에 잎이 두껍고 색이 더 어둡다.	잎이 얇다.
잎이 천천히 시든다.	잎이 빨리 시든다.

a) 작고 어두운 녹색 잎과 짧은 절간을 가진 양지에 사는 서양쐐기풀.

b) 큰 연두색 잎사귀와 긴 절간을 가진 음지에 사는 서양쐐기풀.

그림 5.37 서양쐐기풀(*Urtica dioica*)의 양엽과 음엽.

특별한 형태로 변형된 잎

잎의 주요 역할, 특히 엽신은 대개 양분 생산이지만, 어떤 식물에서는 고도로 변형되어 다른 주요 기능을 수행한다.

그림 5.38 재배 중인 클레마티스 몬타나(*Clematis montana*), 잎은 복엽이며 잎자루가 지주대를 휘감고 있는 것을 보여준다.

그림 5.39 살갈퀴(*Vicia sativa*). 복엽의 끝에 덩굴손이 있다.

등반 잎

등반 식물은 위로 올라가 빛에 도달하기 위해 줄기를 크게 키우는데 에너지를 소비하기 보다는 다른 식물과 같은 지지대를 기어오른다. 기어오르는데 잎을 사용하는 식물의 좋은 예는 으아리류(*Clematis* spp.)와 콩과의 갈퀴덩굴과 식물이 있다.

그림 5.40 쌍부채완두(*Lathyrus aphaca*), 이 종에서는 잎 전체가 변형되어 하나의 등반경을 형성한다. 큰 방패 모양의 탁엽이 잎을 대신하여 광합성을 한다.

그림 5.41 가네파니매자나무(*Berberis gagnepanii*)의 경우는 긴 가지(장지)에 달리는 잎과 탁엽이 변형되어 가시가 된다. 광합성을 하는 잎을 가진 짧은 가지(단지)는 이 가시들 사이에서 볼 수 있다.

식물을 수분 손실과 초식동물로부터 보호하는 잎

잎이 변형되어 가시를 형성하는 것은 초식동물로부터 보호하는 것뿐만 아니라 물 손실을 줄이는 데 도움이 될 수 있다(6장 참조). 매자나무류(*Berberis* spp.)와 같은 식물들에서는 초식동물로부터 방어가 주 기능인 것으로 보인다. 이것들은 두 종류의 가지를 가지고 있다. 긴 가지(장지)에 있는 잎과 탁엽들은 가시로 변형되었다. 이 가시들 사이에는 광합성을 하는 잎과 탁엽이 있는 짧은 가지(단지)가 생긴다. 엽신이 변형되거나 크기가 줄어든 경우, 잎자루 또는 식물 줄기가 변형되어 광합성의 주 장소가 될 수 있다(6장 참조).

식충식물

이렇게 신기하고 아름다운 식물들은 그림의 소재로 매우 인기 있는 대상들이기 때문에 세밀하게 고려된다. 변형된 잎으로 동물을 잡는 방법은 매우 다양하고 매혹적이다. 식충식물들이 잡은 동물 먹이로부터 얻은 영양소는 그들이 광물 영양소가 부족한 토양에서 살아남을 수 있게 해준다.

그림 5.42 미국사라세니아(*Sarracenia hybrid*). 작은 동물들은 포충엽들이 내는 즙액과 색깔에 의해 유혹된다.

그림 5.43 파리는 사라세니아류 포충엽 입구에 있는 즙액을 먹는다. 사라세니아류의 종에 따라, 환각성 즙액, 왁스 층으로 되어 미끄러운 입구 표면, 아래로 향한 털 등이 있어 곤충을 '낙상'시켜 덫에 가두는 역할을 한다. 일단 갇히면 동물들은 보통 포충엽이 분비하는 효소에 의해 소화된다.

그림 5.44 코브라백합(*Darlingtonia californica*).
곤충들은 종종 불그스름한 뱀 같은 혀 모양의 포충엽에 유혹된다. 혀가 분비하는 즙액을 먹으면서 곤충들은 혀 밑의 비교적 작은 개구부를 통해 후드로 들어가는데, 거기에는 대부분 즙액이 있는 것 같다.
포충엽을 떠나려 할 때, 곤충들은 후드에 있는 투명한 '창'에 의해 혼란스러워진다. 결국 출구를 찾으려는 중에 지쳐서 포충엽 안으로 떨어진다.

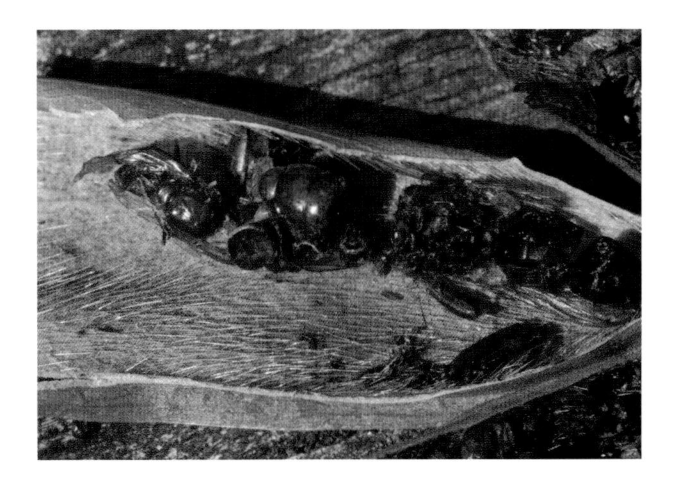

그림 5.45 코브라백합 포충엽의 안쪽.
아래로 향하는 털은 갇힌 곤충들의 탈출이 불가능하게 만든다. 그들은 포충엽이 분비하는 물에 빠져 죽었고 몸의 부드러운 부분은 액체에 있는 미생물들과 다른 생물들에 의해 분해된다. 여기서 볼 수 있듯이 단단하게 분해되지 않은 유해가 포충엽에 남는다.

그림 5.46 포충엽이 있는 네펜테스(*Nepenthes* sp.) 잎처럼 넓은 것은 튼튼한 주맥을 가지고 있는데, 이것은 덩굴손으로 확장되며, 일부는 포충엽으로 끝난다. 덩굴손을 포함한 전체 식물은 분비샘으로 덮여 있는데, 포충엽들은 개구부를 중심으로 특히 즙액 분비량이 많다. 곤충과 다른 작은 동물들은 그것의 색깔과 즙액에 의해 포충엽에 이끌려 함정에 빠지며, 세라세니아류 종에서처럼 주로 포충엽이 분비하는 화학물질에 의해 분해된다.

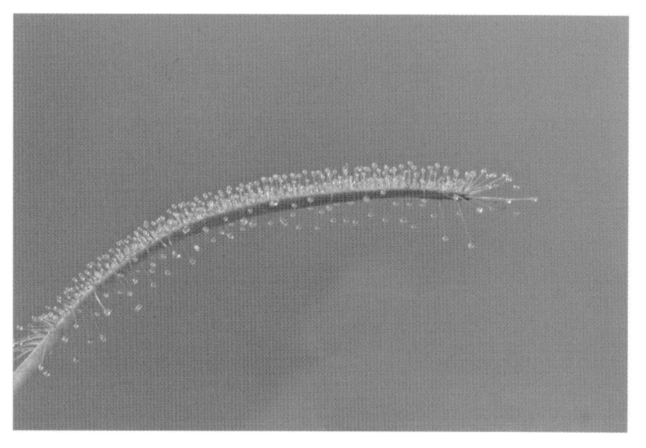

a) 긴 선모(샘털)로 덮인 잎. 이 분비선은 곤충이 즙액으로 착각하는 반짝거리고 매우 끈적끈적한 액체 방울을 분비한다. 잎 위에 앉은 어떤 곤충이든 그들이 도망치려고 할 때 점액으로 뒤덮이게 된다.

b) 털 자체가 빠르게 움직이기 시작하여 안쪽으로 몸을 웅크리고 곤충을 더 세게 가둔다. 이와 같은 종에서는 잎 전체가 갇힌 동물을 둘러싼다.

그림 5.47 케이프끈끈이주걱(*Drosera capensis*).

그림 5.48 벌레잡이제비꽃속의 식물(*Pinguicula* sp.).

a) 가장자리가 위로 말린 납작한 난형의 잎은 두 종류의 선모로 덮여 있다. 짧은 대가 달린 분비샘은 반짝이는 표면에 끌리는 나뭇잎에 모험하는 작은 동물들을 가두어 버리는 끈적끈적한 접착제를 작은 방울로 분비한다. 여기 보이는 것과 같이, 벌레잡이제비꽃속 식물의 가장자리도 안쪽으로 말려 곤충을 더 가두어 둘 수도 있다.

b) 먹이를 잡은 벌레잡이제비꽃속 식물의 잎 확대 사진. 동물을 잡자마자 대가 달리지 않은 분비선이 동물을 죽이고 소화하는 산과 효소의 혼합물을 분비하기 시작한다.

그림 5.49 파리지옥(*Dionaea muscipula*).

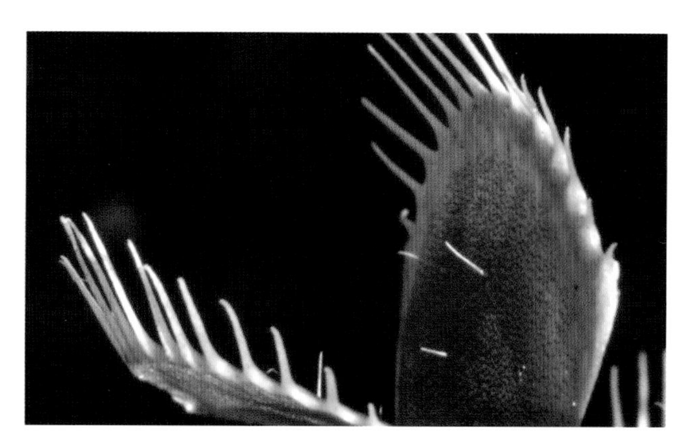

a) 잎의 반쪽 두 개가 덫을 형성하고, 각 잎의 가장자리에는 무서운 이빨 세트와 여기에 보이는 작은 방아쇠 털로 무장되어 있다.

b) 이 한국숲모기는 즙액을 먹기 위해 덫으로 들어가지만, 파리지옥 포충엽의 방아쇠 털을 한 번 이상 건드리면 덫이 잽싸게 닫힌다. 잎의 안쪽 표면에 있는 분비샘이 자극되어 소화효소를 분비하고, 덫이 다시 열리면 동물의 마른 잔해만 남게 된다.

자기 평가 과제

1. 광합성 이외의 기능을 수행하도록 변형된 잎을 가진 식물을 선택한다. 그림 및 메모를 사용하여 변형된 내용과 작동 방식을 설명한다. 자연 서식지에서, 이러한 변화들이 어떻게 식물이 생존하는 데 도움이 될까?

2. 대조적인 잎의 특징을 가진 두 종의 잎을 비교한다. 잎의 배열을 보고 각 식물의 전형적인 잎의 특징을 표현하고 두 종간의 주요 차이점을 찾아본다.

CHAPTER 6

뿌리와 줄기

주요 기능

뿌리는 식물의 삶에 필수적이다. 그들의 주요 기능은 토양에서 흡수한 물과 무기양분을 식물에 공급하고, 식물을 땅에 고정하는 것이다. 줄기는 식물의 뿌리와 다른 부분들 간을 연결하는 운송통로를 제공한다. 또한 잎과 꽃 그리고 열매의 기능을 최대한 효율적으로 수행할 수 있도록 지지하고 배치하는 데 큰 역할을 한다.

뿌리와 줄기의 구분

구조가 지하에 있다고 해서 반드시 뿌리가 되는 것은 아니다. 어떤 식물의 모든 부분은 토양 표면 아래에서 발견될 수도 있다. 심지어 땅 밑에서 꽃을 피우는 호주산 난초인 서부지하란(*Rhizanthella gardneri*)도 있다. 지하의 줄기와 뿌리를 구별하는 것은 때때로 어려울 수 있다. 일반적인 오해는 눈이 뿌리의 특징이 아니라 줄기의 특징이라는 것이다. 그러나 많은 종의 뿌리가, 예를 들어 라즈베리(*Rubus idaeus*)의 경우에는 눈을 형성할 수 있다는 것이다. 그러나 땅속줄기는 뿌리와는 대조적으로 대개 꽃눈뿐만 아니라 비늘잎도 가지고 있다. 만약 식물의 어떤 부위를 다루고 있는지 파악하는 데 어려움을 겪고 있다면, 횡단면을 관찰하여 관다발 조직의 분포를 검사하는 것이 종종 도움이 될 수 있다. 아주 얇게 잘라내야 하는지 걱정할 필요는 없다. 세포의 상세 구조를 보려고 하는 것이 아니라 단지 관다발 조직의 분포를 보려고 하는 것이다. 나무가 아닌 줄기에서는 관다발이 줄기 바깥쪽에서 원을 그리며 배열되는 반면, 뿌리에서는 관다발이 중심핵을 형성한다(4장 참조).

뿌리의 외형적인 특징과 근계

뿌리의 상세 구조

뿌리 끝에는 근관이라고 알려진 성숙한 세포로 된 보호 조직이 있다. 이것은 뿌리가 길어지고 흙을 밀어낼 때 그 뒤에 있는 활발하게 자라는 세포들을 보호하는데, 이 신장부 바로 너머는 아주 작은 뿌리털들이 토양으로부터 물과 무기양분을 흡수하는 주요 부위를 형성한다.

근계

위에 설명된 뿌리의 특징은 현미경 없이 보기 어렵고 흙으로부터 제거될 때 손상되는 경우가 많다. 예술가인 식물세밀화가에게 더 중요한 것은 식물이 가지고 있는 근계의 유형이다.

< 그림 6.1 가시자리(자좌, areole)의 패턴을 보여주는 선인장의 광합성을 하는 다육성 줄기. 각 가시자리는 결절 위에 위치하고 짧고 뻣뻣한 털에 의해 둘러싸인 수직 방향의 가시와 사방으로 퍼지는 가시를 가지고 있다.

a) 홍화민들레(*Pilosella aurantiaca*) 지하부의 일부. 인엽의 존재는 두꺼운 수평 부분이 줄기라는 것을 시사한다.
이것을 확인하기 위해서, 그림 3.12에서 보여주듯 당근 사이에 넣어 얇게 가로로 잘라 조각 1번과 2번을 준비하여 관찰하였다.

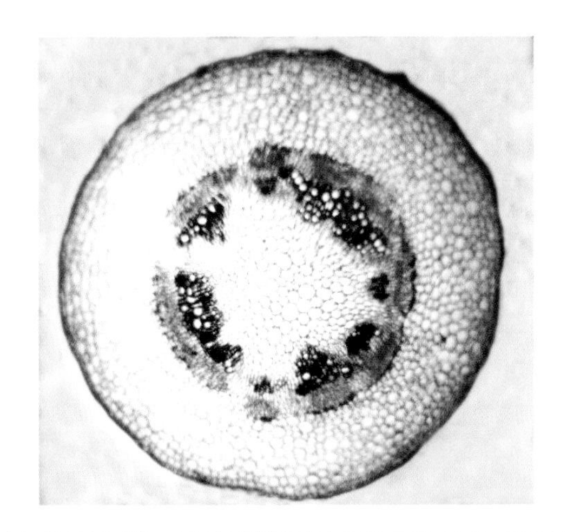

b) 1번은 관다발 조직이 바깥쪽에서 원을 그리고 있는 특징을 보여주어 이것이 지하경이라는 것을 확인시켜준다.

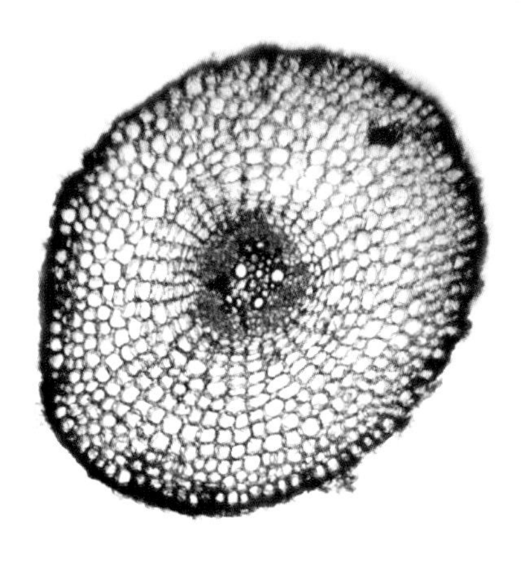

c) 2번은 중앙에 모여있는 관다발 조직을 보여주므로 이것은 뿌리이다.

그림 6.2 횡단면 관찰을 통해 지하의 줄기와 뿌리를 구분한다.

근계는 두 가지 유형이다.

직근계(곧은뿌리계)

종자에서부터 발달한 유근은 자라면서 곁뿌리를 발달시키고, 주근인 곧은뿌리와 분지하는 측근을 볼 수 있는 근계를 형성한다. 이러한 유형의 근계는 많은 쌍자엽식물의 전형적인 특징이다.

수근계(수염뿌리계)

이러한 유형의 근계에서는 유근의 생장 기간이 짧다. 모든 뿌리는 부정근으로 줄기 조직 내의 세포로부터 발달하며, 보통 지하부에서 발달하며, 전형적으로 사방으로 분지하는 작은 뿌리들의 덩어리를 형성한다. 이 수염뿌리계는 단자엽식물뿐만 아니라 쌍자엽식물에서도 발견된다.

근계 묘사하기

식물의 직근계는 매우 광범위할 수 있다. 2년 된 구주개밀(*Elytrigia repens*)은 뿌리 길이가 총 3마일(Gibbons, 1990)인 것으로 추정되었다. 이 식물이 정원에서 왕성한 잡초인 것은 당연하다. 그러므로 놀랄 것도 없이, 실용적이며 식물을 보존하기 위한 목적으로, 아주 어린 식물을 제외한 식물의 주요 지하 근계 전체를 묘사하는 것은 사실상 불가능하다.

식물을 그리는 중에 뿌리를 포함해야 하는 경우, 어떤 유형의 근계를 다루고 있는지 확인하고, 모든 것을 보여주려고 시도하기보다는 해당 근계의 고유한 특징(예: 뿌리혹의 존재 - 그림 4.4 참조)을 식별하고 가능한 한 정확하게 대표적인 부분만 묘사하는 것을 고려하는 것이 좋다.

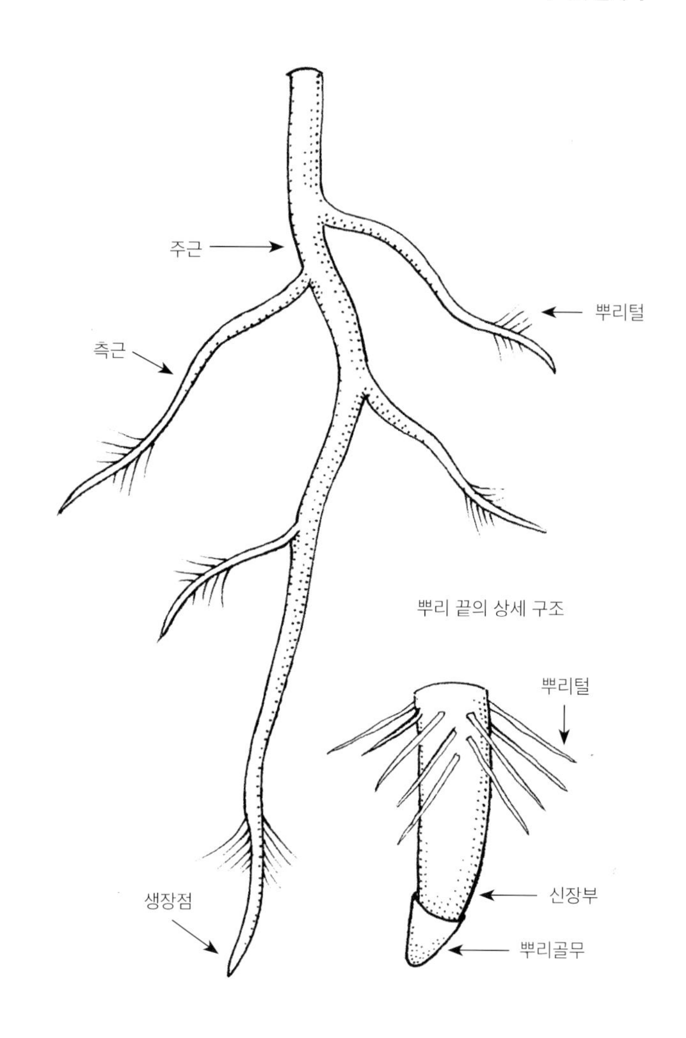

그림 6.3 뿌리의 각 부분.

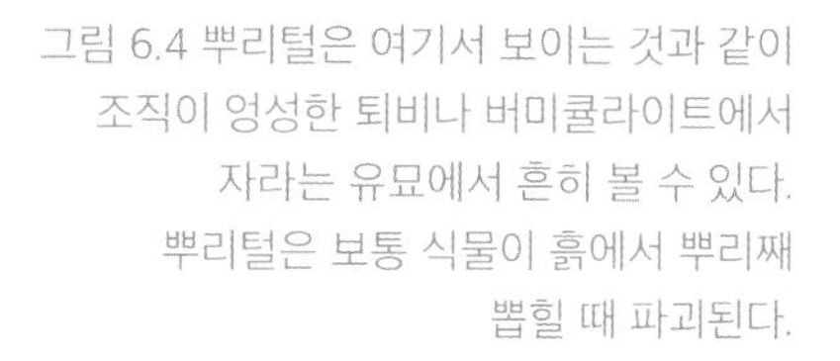
그림 6.4 뿌리털은 여기서 보이는 것과 같이 조직이 엉성한 퇴비나 버미큘라이트에서 자라는 유묘에서 흔히 볼 수 있다. 뿌리털은 보통 식물이 흙에서 뿌리째 뽑힐 때 파괴된다.

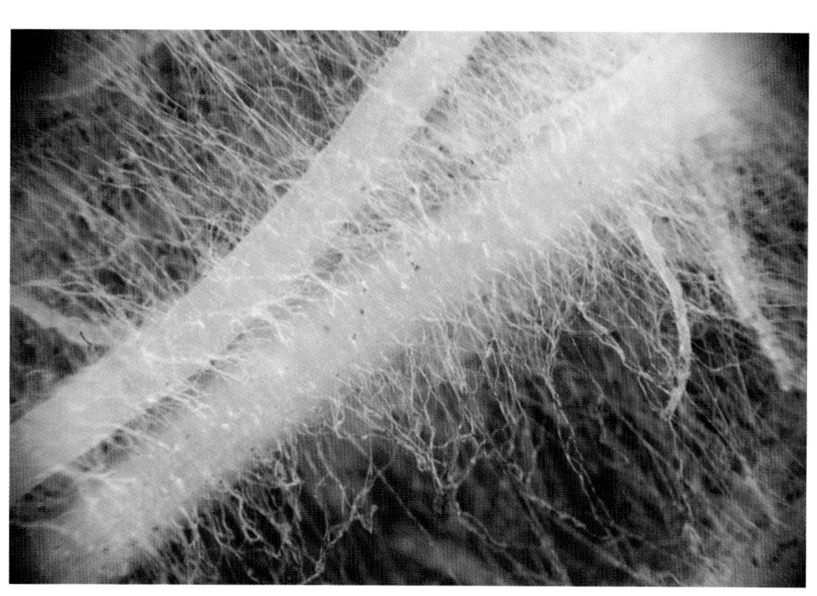

그림 6.5 녹색지치(*Pentaglottis sempervirens*) 어린 개체, 유근의 지속적인 발달로 인해 형성된 직근계를 보여준다.

그림 6.6 수염뿌리계를 형성하는 부정근을 보여주는 벼과 식물.

부정근

수염뿌리계를 형성하는 것 외에, 부정근은 뿌리 부위로부터 멀리 떨어진 식물의 다른 부분에서 발견되는 경우도 많다. 그들은 줄기뿐만 아니라 잎 세포로부터도 발달할 수 있으며, 영양번식에서 중요한 역할을 한다. 그들은 또한 지면 위나 아래에 추가적인 근계를 형성할 수 있고 심지어 원래의 뿌리를 대체할 수도 있다.

줄기에서 관찰할 수 있는 외형적인 특징

줄기를 자세히 관찰할 만한 가치가 있다. 줄기의 많은 특징은 식별에 중요하기 때문에 정확하게 표현되어야 한다. 목질의 줄기는 12장에서 자세하게 논한다.

절과 절간

줄기는 잎이 생기는 곳에 일련의 부분(절)으로 구성되어 있으며, 이 점들 사이의 줄기는 절간을 형성한다. 이것들을 주의 깊게 보아야 한다. 절간의 길이와 절의 상세한 특징을 정확하게 파악하는 것이 중요하다(5장 참조). 절간은 보통 줄기 위로 올라갈수록 점점 더 짧아지고 얇아지지만, 그 길이는 생장하는 조건에 의해 영향을 받을 수 있다. 절은 대개 두꺼워지며 다른 특징을 나타낼 수 있다.

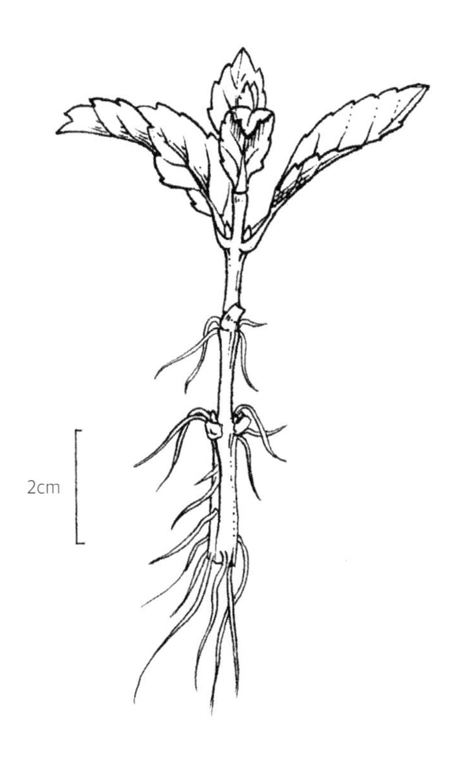

그림 6.7 민트 품종(*Mentha cultivar*)의 삽수, 절단된 줄기와 절에서 발달하는 부정근의 모습.

그림 6.8 절의 자세한 특징을 보여주는 붉은장구채(*Silene dioica*)의 줄기.

눈

자라나는 잎 또는 꽃이 들어 있는 정아(때로는 잎과 꽃 모두)는 줄기와 가지 끝에 있으며 주요 생장점을 이루지만, 액아는 대개 잎의 엽액에서 볼 수 있다.

우리에게 친숙한 채소 중에 많은 경우는 실제로는 변형된 눈이다. 야생 양배추(*Brassica oleracea*)의 원예 품종이 특히 좋은 예다.

주의해야 할 상세한 눈의 특징은 12장에 자세히 설명되어 있다.

그림 6.9 야생 양배추(*Brassica oleracea*)의 원예 품종들의 변형된 눈.

a) 붉은양배추, 확대된 정아.

b) 방울다다기양배추, 확대된 액아.

c) 콜리플라워, 발달하지 않은 화아가 촘촘하게 덩어리로 합쳐져 있음.

그림 6.10 청록색에 보라색 점이 있는 나도독미나리 (*Conium maculatum*)의 전형적인 줄기, 이 특징이 매우 독성이 강한 이 식물의 식별에 도움이 된다.

색상

줄기 색깔은 생장하는 조건에 따라 달라질 수 있다. 밝은 햇빛에서, 많은 줄기가 붉어지지만, 색깔은 색상의 유무와 함께 종종 종을 인식하는 데 도움을 줄 수 있다.

형태

많은 줄기가 거의 원통형이지만 그들의 형태는 식별 특징이 될 수 있다. 예를 들어, 꿀풀과(Lamiaceae) 식물들의 많은 종은 줄기가 사각형이지만, 사초류(*Carex* spp.)는 전형적으로 삼각형 줄기를 가지고 있다. 줄기는 매끄럽고, 홈이 파이거나, 이랑이 생길 수도 있다. 때로는 그 이랑들이 날개를 형성하며 편평해지기도 한다.

절단된 줄기를 그림에 포함하려면, 올바른 줄기 모양을 보여주기 위해 줄기 표현이 제대로 마무리되었는지 확인해야 한다.

그림 6.11 다양한 줄기 형태 예시.

a) 정원용 튤립의 원형 줄기. 단자엽 식물 줄기의 전형적인 관다발 조직.

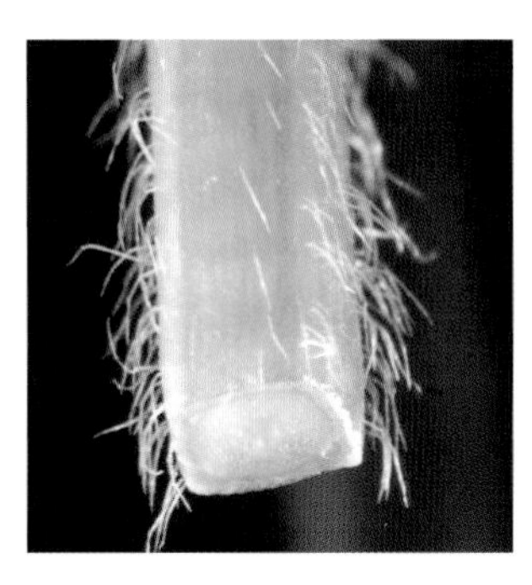

b) 털이 난 노랑광대수염 (*Lamiastrum galeobdolon*)의 사각형 줄기.

c) 큰연못사초(*Carex riparia*)의 삼각형 꽃줄기.

d) 좁은잎스위트피(*Lathyrus sylvestris*)의 날개가 형성된 원형 줄기.

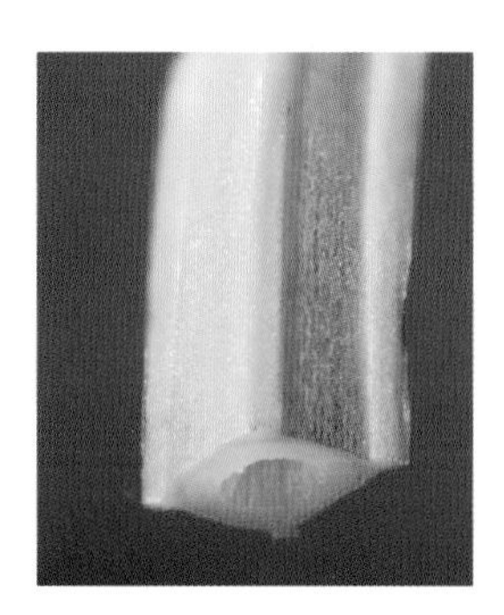

e) 모서리마다 날개를 가지고 있는 물현삼(*Scrophularia auriculata*)의 정사각형 줄기.

털

털의 유무와 줄기에서 그들의 위치는 중요한 식별 특징이 될 수 있다. 털의 유형 또한 중요하며, 돋보기나 간단한 해부용 현미경을 사용하여 볼 수 있는 세부 특징을 보여주기 위해 줄기의 확대된 부분을 그릴 수도 있을 것이다. 대부분은 x20 이상의 배율을 사용할 필요는 없다. 식물을 그리는 중에 줄기 부분의 털이 손상되지 않도록 주의하여야 한다; 특히 샘털은 파괴되기 쉽다. 줄기가 끈적끈적하면 샘털이 있을 수도 있다는 것을 의심해야 한다. 예를 들어 바늘꽃속 식물(*Epilobium* spp.)에서 털의 유무와 유형은 모두 중요한 식별 특징이다. 털은 줄기에 가까이 납작하게 붙어있거나 퍼져 있을 수 있으며, 퍼진다면 원래 그런 것일 수도 또는 그렇지 않을 수도 있다.

다양한 종류의 털에 대해 Hickey & King (2000)을 참조하면 이해하기 쉬운 작품들을 확인할 수 있다. 해당 자료에서 털 종류를 설명하기 위해 사용된 모든 식물 용어에 대해 걱정할 필요는 없지만, 그림들은 식물에서 관찰되는 털을 이해하는 데 도움을 줄 수 있다.

a) 별꽃(*Stellaria media*)의 원통형 줄기에 난 한 줄의 털.

b) 베로니카류(*Veronica chamaedrys*)의 꽃줄기에 양쪽으로 마주난 두 줄의 털.

그림 6.12 종 식별에 도움이 될 수 있는 줄기 털 배열의 두 가지 예.

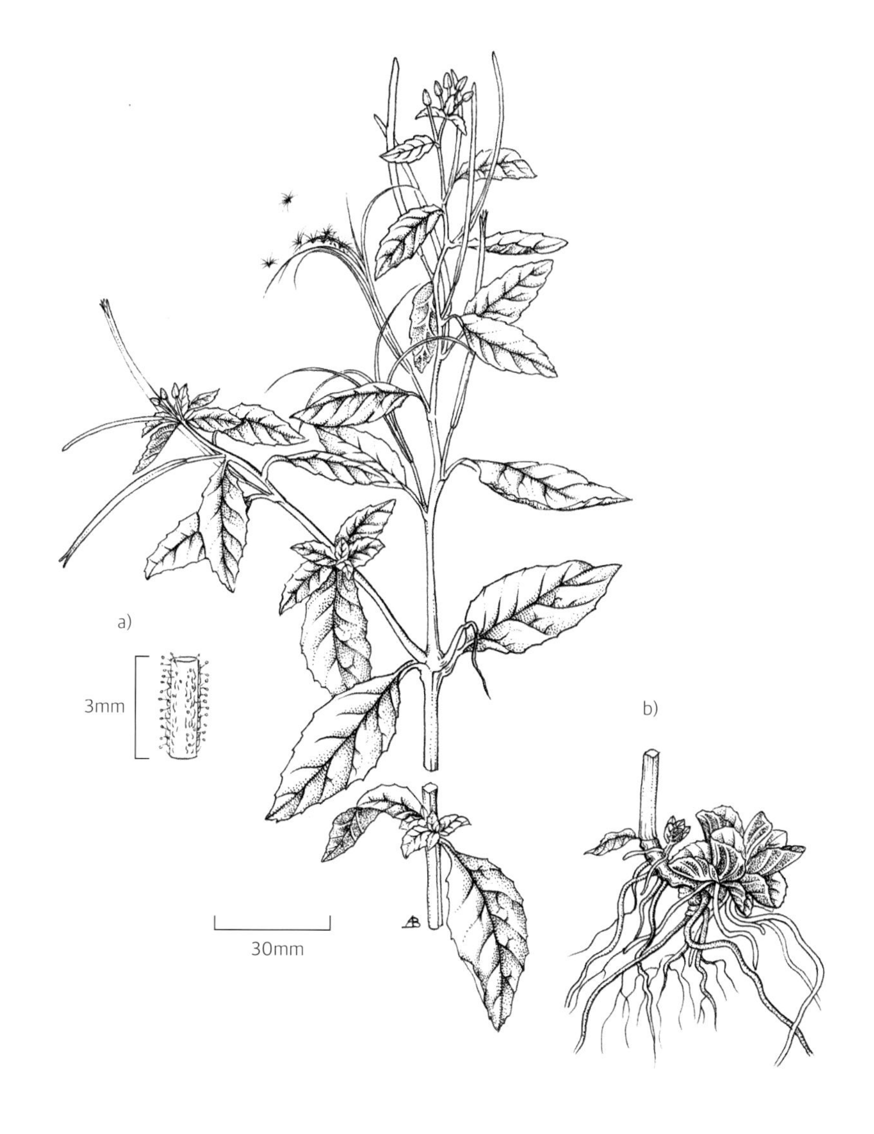

그림 6.13 바싹 달라붙은 털과 선형모가 퍼져 나는 줄기의 확대된 부분을 보여주는 펜과 잉크로 그린 연분홍바늘꽃(*Epilobium roseum*). 줄기 형태를 보여주는 절단된 줄기 밑부분도 참고.

특성화된 뿌리 및 줄기

많은 식물, 특히 극한 환경에 사는 식물들에서는 뿌리와 줄기 둘 다 주된 기능을 더 효율적으로 수행하거나 심지어 추가적인 기능을 수행할 수 있는 특별한 형태를 가지고 있을 수 있다. 이러한 특성화된 뿌리와 줄기는 지상부와 지하부에서 모두 발생할 수 있으며, 많은 경우에 이들이 겨울나기와 무성번식에 역할을 한다(7장 참조).

덩굴식물

줄기는 크기가 매우 다양하다. 빛이 풍부한 곳에서는, 식물이 작게 유지될 여유가 있지만, 밀도가 높은 식생에서는 빛을 얻기 위한 경쟁이 치열하다. 교목이나 관목과 같은 식물들은 다른 식물들 위로 잎들을 들어 올려줄 키가 크고 튼튼한 줄기를 생산하는 데 많은 에너지와 물질을 사용한다.

덩굴식물은 단단하고 키가 큰 줄기를 만들기 위해 에너지와 자원을 투자하는 대신 다른 식물이나 수직 물체를 지주대로 사용하여 기어오르는 방법을 발전시켜 왔다. 줄기와 뿌리를 포함하여 식물의 거의 모든 부분이 등반을 위해 변형될 수 있다.

감는줄기

어떤 식물들은 그들의 지주대를 휘감기 위해 줄기를 사용한다. 어떤 것들은 시계 반대 방향으로 일관되게 빙글빙글 돌기도 하고, 어떤 것들은 시계 방향으로 돌기도 한다. 휘감는 방향에 대해서는 언제나 상당한 관심이 있었다. 연구 결과 세포벽 내의 단백질에서 두 가지 다른 돌연변이가 등반 식물의 진화과정에서 나타났다고 하며, 이것이 휘감는 방향에서 차이를 보이는 것으로 설명하고 있다.

덩굴손

식물의 어느 부분이 관여하는지 알기 어렵지만, 덩굴손은 흔히 잎뿐만 아니라 줄기에서도 형성된다(5장 참조).

덩굴손은 자라면서 천천히 회전한다. 지주대와 접촉할 경우, 지주대와 떨어진 쪽의 생장이 빨라져 지주대를 빙글빙글 감는다. 덩굴손이 단단히 고정되면, 대부분 꼬인 부분을 짧게 만들고 지주대 쪽으로 식물체를 밀면서 계속하여 꼬인다. 하나의 덩굴손에서 꼬이는 방향은 한 부위에서는 시계 방향으로 꼬이고 또 다른 부위에서는 반시계 방향으로 꼬이기도 한다. 덩굴손은 분지하여 흡착판 같은 또 다른 구조물들을 발달시킬 수도 있다.

그림 6.14 왼쪽으로 감는 큰메꽃과 오른쪽으로 감는 Flanders and Swann의 유명한 노래 'Misalliance'에 등장하는 더치인동.

a) 큰메꽃(*Calystegia sepium*).

b) 더치인동(*Lonicera periclymenum*).

그림 6.15 지주를 향해 식물을 밀면서 두 방향으로 꼬이는 화이트브리오니아(*Bryonia dioica*)의 덩굴손.

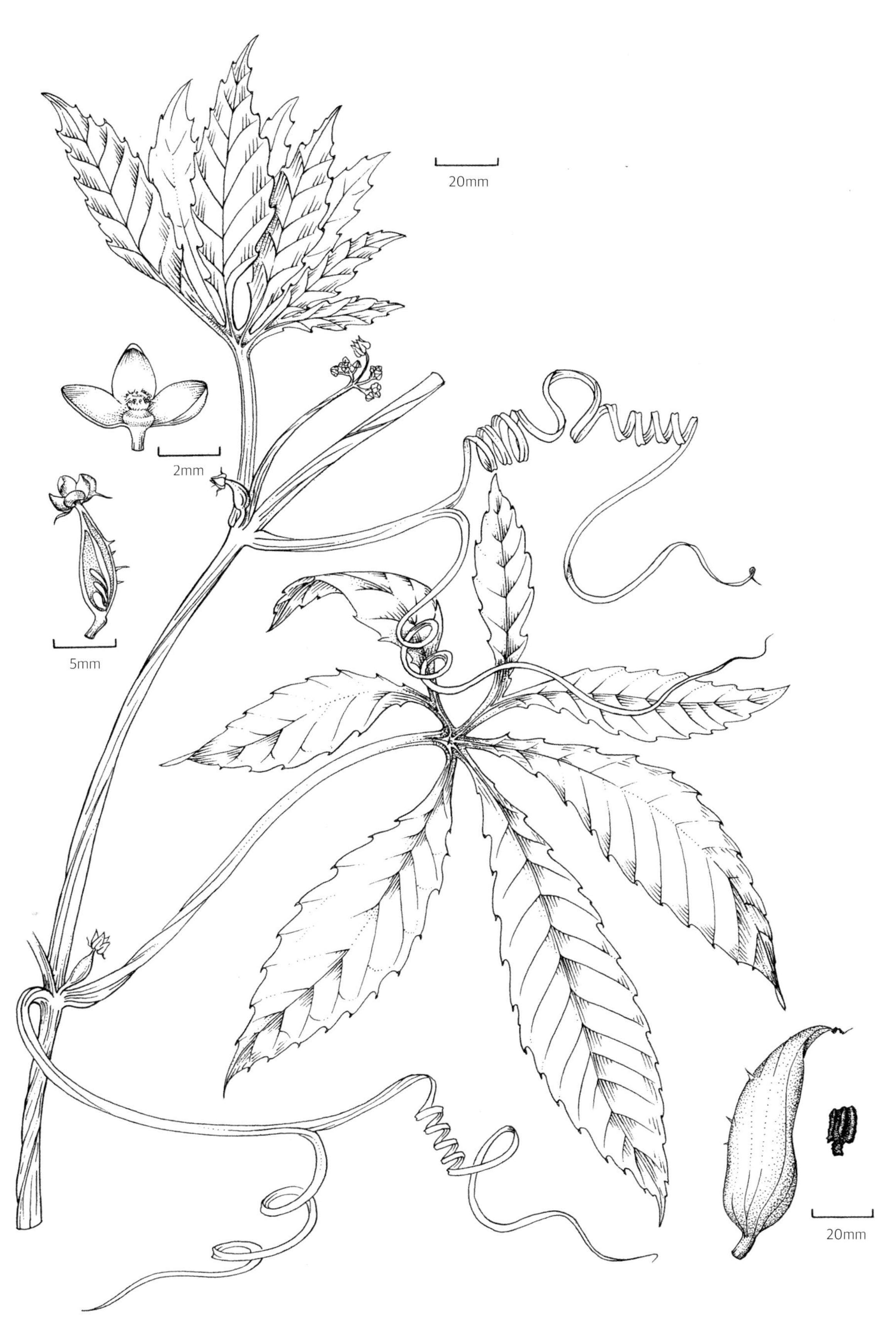

그림 6.16 펜과 잉크를 사용하여 그린 박과에 속하는 식물인 키클란테라(*Cyclanthera pedata*).
휘감으며 지주를 찾는 덩굴손을 보여줌.

그림 6.17 분지한 덩굴손 끝에 흡착판을 가진 담쟁이덩굴 (*Parthenocissus tricuspidata*).

a) 지주대와 접촉한 줄기 위에서 자라는 부정근.

덩굴뿌리

덩굴뿌리의 익숙한 예는 아이비(*Hedera helix*)에서 볼 수 있다. 이 식물의 어린줄기는 수직면에 닿으면 기어 올라가기 시작한다. 작은 부정근은 줄기 위에서 발달한다. 이들은 스스로 표면의 모양에 맞게 변형되고 최대 표면적을 덮도록 배열을 바꾼다. 끈적끈적한 접착제가 분비되고 뿌리털이 기질에 있는 작은 구멍들 안으로 자라나 줄기들을 제자리에 단단히 고정한다.

기는줄기(스크램블러; scrambler)

이렇게 제멋대로 뻗어나가는 식물들은 그들의 줄기를 이용해 다른 식물들을 찾으려고 이리저리 뒤적거리고 그 식물을 타고 올라간다. 갈고리가 될 수 있는 엽침(spines), 가시(prickles) 또는 경침(thorns)은 줄기가 올라갈 때 그들을 지탱하는 데 도움이 된다(12장 참조).

난초의 기근 및 그 외 착생식물

어떤 식물들은 등반하는 대신에 다른 식물들을 이용하여 그 위에서 생장한다. 이러한 식물은 착생식물이라고 알려져 있다. 나무 위에 사는 열대 난초와 그 외 다른 착생식물의 경우, 경쟁을 피할 수 있고 숲 바닥에 있는 것보다 더 많은 빛을 받을 수 있다는 장점이 있다. 기생식물과는 달리 숙주로부터 영양분을 섭취하지 않고 단지 생장 장소로 이용할 뿐이다. "기근"이라고 알려진 특별한 뿌리는 주변의 공기로부터 수분과 유기양분을 얻을 수 있게 해준다.

b) 지주대를 파고 들어간 덩굴뿌리.

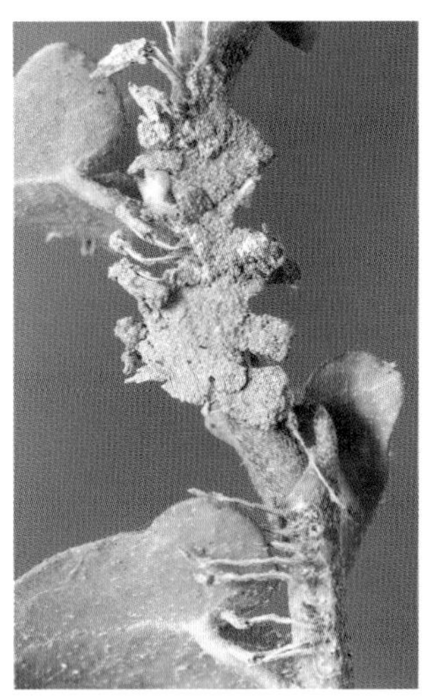

c) 벽돌담에서 뽑아낸 뿌리를 클로즈업하여 부착근의 견고함을 보여준다. 벽의 조각들이 뿌리와 함께 떨어져 나갔다.

그림 6.18 아이비(*Hedera helix*)의 기어오르는 부정근(덩굴뿌리).

a) 호프(*Humulus lupulus*)의 등반 줄기에 모루 모양의 가시(prickles)가 있다.

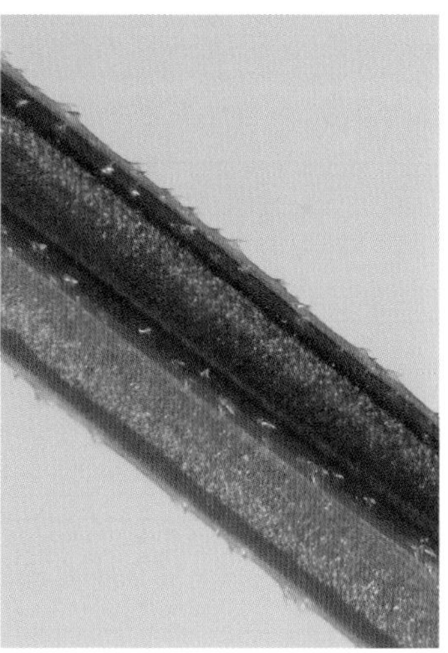

b) 유럽꼭두서니(*Rubia peregrina*) 줄기에 따끔거리는 가시(prickles).

그림 6.19 서로 다른 형태의 등반 가시를 보여주는 두 종류의 기는줄기.

많은 열대 기생란은 재배할 때 화분에 심기고 그들의 기근이 주로 화분 위로 뚜렷하게 보인다. 이 은빛의 회녹색 뿌리는 해면조직으로 이루어져 공기 중으로부터 수분을 흡수할 수 있는 근피(velamen)라는 특별한 표면층을 가지고 있다. 이러한 뿌리의 내층 또한 광합성을 한다(이 난초들을 투명한 화분에 심는 이유). 이 특징은 광도가 낮은 울창한 숲 속 환경에서, 심지어 높은 나무 줄기 위와 같은 자연 서식지에서도 중요하다. 이러한 뿌리가 물로 가득 차면 엽록소의 녹색은 특히 뿌리 끝에서 더욱 잘 보이게 된다.

그림 6.20 기근.

a) 투명한 화분 안에서 생장하는 재배 중인 나도풍란속 식물(*Phalaenopsis* sp.)의 기근.

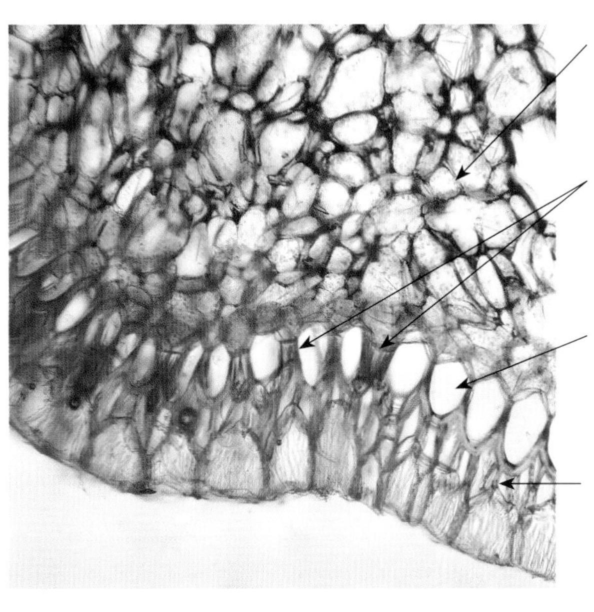

b) 구조를 보여주는 뿌리 단면의 일부.

감는 뿌리

착생식물은 달라붙는 뿌리가 식물을 제자리에 고정하지만 숙주를 해치지 않으며, 수많은 긴 기근이 식물에 매달려 있는 경우가 많다. 그러나 어떤 유형에서는 이러한 기근이 숙주의 줄기에서부터 아래로 자라나 결국 땅에 닿아 뿌리째 그 줄기를 파고든다. 뿌리는 계속 자라고 함께 융합되어 지주 식물을 중심으로 네트워크를 형성하는데, 결국 지주 식물은 그들로 대체된다. 이러한 '감는 뿌리'의 좋은 예로는 북뉴질랜드라타(*Metrosideros robusta*)와 덩굴성 무화과속(*Ficus* spp.) 식물이 있다.

지주근 및 판근

지주(혹은 기둥)근은 목본식물과 목본식물이 아닌 식물 모두의 기저 부위에 자라는 부정근으로서, 식물의 지상 부위를 추가로 지지한다. 이것은 옥수수(*Zea mays*)에서 볼 수 있다. 이러한 뿌리는 나뭇가지의 아래에도 발달하여 지주 역할을 하기도 한다.

특히 얕은 토양에서 자라는 몇몇 키 큰 나무들의 경우, 수간에 가까이 위치한 지주근이 크게 형성되기도 한다. 나무줄기 가까이에 있는 지주근은 거대하고, 때로는 납작하며, 나무줄기로부터 멀어지는 방향으로 구조물들을 형성하여 '판근'으로 알려진 뿌리를 형성하기도 한다.

그림 6.21 기근이 잘 발달한 착생란.

그림 6.22 감는 뿌리로 지주 나무를 뒤덮고 있는 무화과나무류. 이 이미지는 20세기 초의 식물학 서적(Kerner & Oliver, 1904년)에 등장하는데, 이 책은 2,000개가 넘는 목판화 원본 삽화를 담고 있다. 고도로 숙련된 장인들이 예술가들의 그림을 목판으로 만들어 책으로 재현할 수 있도록 했다. 이 무화과는 19세기 화가 Selleny가 들판에서 그린 독창적인 그림인데, 그는 그리는 속도와 강하고 선명한 그림으로 유명했고 식물학에 대한 실용적인 지식을 가지고 있었다.

그림 6.23 히말리야물봉선(*Impatiens glandulifera*)의 지주근 발달 모습.

그림 6.24 얕은 토양에서 자라는 유럽너도밤나무(*Fagus sylvatica*). 판근이 형성되어, 큰 수관을 가진 나무를 지지하는 데 도움을 준다.

그림 6.25 어린나무 개체로부터 뻗어져 가는 말뚝처럼 보이는 호흡근을 가진 맹그로브(*Avicennia marina*). (사진: Robert Sharrad)

호흡근

물에 잠기거나 조수간만이 있는 지역에서 사는 목본식물들은 충분한 공기를 얻는 데 어려움이 있어서 '호흡근'을 특성화시킨다. 이 뿌리들은 수면 위로 보이고 많은 피목을 가지고 있어 공기가 근계의 안과 밖을 드나들 수 있게 해준다. 정근(막대기 모양으로 길게 나온 호흡근, peg root)과 슬근(수면 바로 위로 얕게 나온 호흡근, knee root) 등의 다양한 형태를 가진다.

수축근

이 뿌리는 보통 구경, 구근, 근경에서 발견된다. 그들은 발달하면서 수축하고, 저장 기관을 흙 속으로 끌어당기는 것을 돕는다.

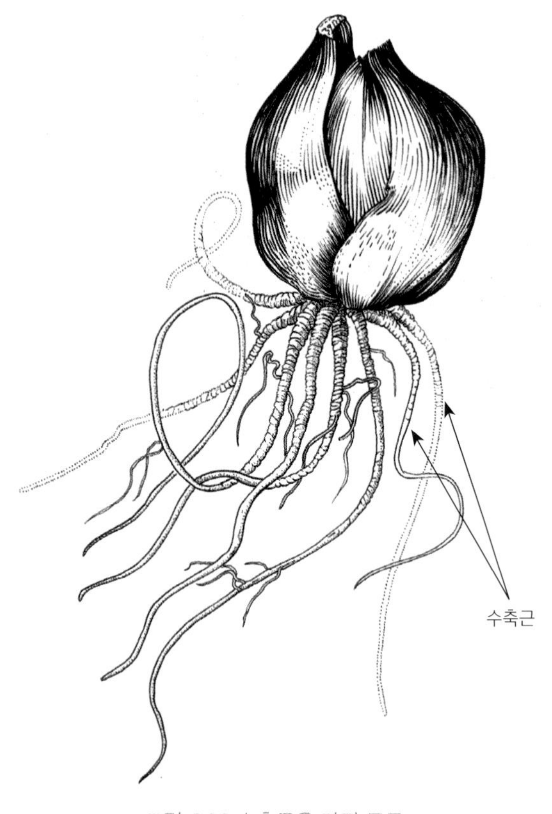

그림 6.26 수축근을 가진 구근.

매우 건조한 곳에서 사는 - 선인장, 다육식물 등

이 식물들은 과학적으로 건생식물로 알려져 있다. 그들이 보여주는 변형은 종종 잎뿐만 아니라 줄기와 뿌리도 모두 포함한다.

관찰할 수 있는 변형된 특징:

1. 사용 가능한 물을 식물이 흡수하도록 돕는 특성화된 근계:
   - 땅속 깊이까지 도달하는 긴 수염뿌리.
   - 간헐적인 강우로부터 가능한 많은 양의 물을 흡수할 수 있는 넓게 퍼진 부정근.
2. 식물과 특히 특정 잎의 과도한 수분 손실을 방지하는 적응:
   - 특화된 잎 구조 및 잎의 변형(4장 및 5장 참조). 또한 많은 잎이 특별한 형태의 광합성을 수행할 수 있다(4장 참조). 부분적으로 열린 기공으로 이산화탄소를 흡수하거나, 증산이 적은 밤에 흡수하여 화학적으로 저장할 수 있다. 그 후에 이산화탄소를 너무 많이 흡수할 필요가 없으므로 기공을 부분적으로만 열어놓고 낮에 광합성을 함으로써 물 손실을 줄일 수 있다.
   - 잎 크기가 매우 감소하거나 인식할 수 있는 잎이 없는 경우
3. 잎이 하는 광합성 역할을 대신하는 특성화된 줄기의 존재. 이것들은 익숙한 줄기의 형태를 유지할 수도 있지만 납작해지고 잎처럼 되기도 하며, 엽상경이라고 알려져 있다(그림 6.27 참조). 엽신의 형태와 기능을 담당하는 엽병은 '가엽' 또는 '의엽'이라고 알려져 있다(그림 6.28 참조).
4. 물 저장 조직의 존재. 물은 보통, 잎과 줄기에 저장되지만, 일부 뿌리에 의해서 저장될 수도 있다.

만약 이러한 적응 형태를 보여주는 것 같은 식물을 묘사한다면, 자생지의 환경 조건에 대해 좀 더 알아볼 필요가 있다. 이것은 구조를 이해하는 데 도움이 될 것이다. 여기서 건생식물의 몇 가지 예를 더 자세히 살펴본다.

가엽수(*Ruscus aculeatus*)

이 작은 상록 관목은 산림지대의 배수가 잘되는 토양에서 자란다. 끝이 가시처럼 뾰족한 잎 모양의 구조는 사실 인엽의 액아에서 발생하는 납작한 줄기(엽상경)다. 그들은 광합성을 위한 주요 장소가 되며 물을 저장하는 세포를 가지고 있다. 엽상경을 자세히 보면, 가운데에서 꽃눈을 가진 작은 인편 잎을 볼 수 있다. 이 꽃눈은 작고 흰녹색의 꽃으로 발달하고, 암그루에서는 수정 후 하나의 큰 진홍색 장과로 발달한다.

a) 성숙한 열매가 달린 가엽수. 화아와 꽃도 볼 수 있다.

b) 엽상경에 있는 있는 광합성을 하는 잎처럼 생긴 줄기(엽상경).

c) 인엽의 액아에 있는 인엽의 액아에서 발달하는 꽃.

그림 6.27 가엽수(*Ruscus aculeatus*).

그림 6.28 호주산 아카시아 중 하나인, 호주흑목(*Acacia melanoxylon*)의 가엽(납작한 엽병).

그림 6.29 풍성한 털을 가진 선인장의 일종. 털은 동물에게 먹히지 않도록 보호해 줄 뿐만 아니라 줄기의 수분 손실(증산을 통한)을 늦추는 데에도 도움이 될 수 있다.

그림 6.30 선인장의 이랑에 있는 가시자리.

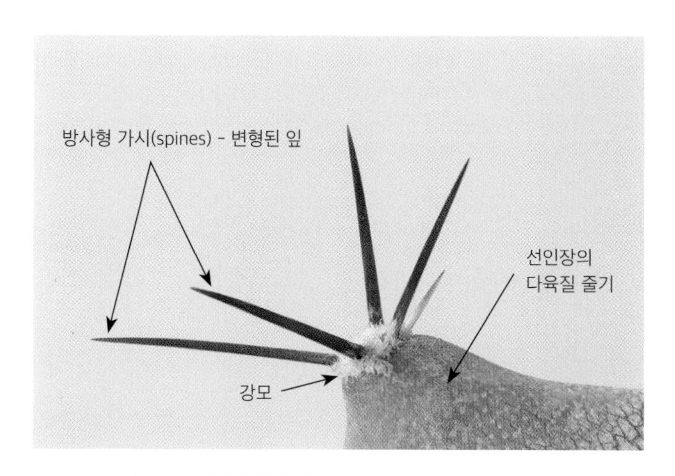

그림 6.31 가시자리의 자세한 특징 - 매우 단축된 측지.

아카시아(*Acacia* spp.)

아카시아 중 많은 식물은 가엽수처럼 매우 축소된 잎을 가졌다. 이 종들에서 엽신처럼 보이는 것은 엽상경을 형성하는 납작한 엽병이다.

선인장과 선인장처럼 생긴 것들

이 식물들은 주로 아메리카 대륙의 따뜻한 지역의 식물들이다. 특징적으로 그들의 자생지는 불규칙한 강우량과 오랜 가뭄 기간이 있다. 뿌리는 보통 떨어지는 모든 비를 빠르게 흡수할 수 있도록 크고 얕게 퍼지는 망을 형성한다. 또한, 많은 종류는 물을 저장하는 뿌리를 가지고 있다.

대부분의 선인장은 인식 불가능한 잎을 가지며 줄기가 광합성을 한다. 줄기는 다양한 모양을 하고 있을 수 있지만, 전형적으로 저장된 물로 부풀어 있다. 이러한 귀중한 물 저장소가 물을 찾는 동물들에 빼앗기는 것을 막기 위해서, 대부분의 선인장 줄기는 어마어마한 가시와 때로는 많은 털로 무장되어 있다. 일부 가시(구침, glochids)는 미늘이 있어 쉽게 분리될 수 있다. 변형된 잎으로 여겨지는 가시(spines)는 매우 단축된 측지로 해석되는 '가시자리'라고 불리는 작은 쿠션 같은 구조물에서 생긴다. 이들은 때때로 혹 또는 두드러진 능선에 위치한다. 가시자리와 가시가 형성하는 패턴은 복잡하고 매력적이다 - 식물세밀화가에게 있어 진정한 도전이다!

목질 조직은 식물의 모든 부분에 물을 공급하는 줄기에 존재하며, 특히 구상선인장(globose cacti)과 같은 경우처럼 구조를 지지하는 역할을 한다. 어떤 선인장은 물이 얼마나 있느냐에 따라 수축하거나 팽창하기도 한다.

가든 센터에서 선인장을 볼 때 주의할 점

어떤 종에서는 개화 전에 줄기 정상부의 형태에 갑작스러운 변화가 일어난다. 생장점에 있는 세포들은 독특하고 종종 색깔이 있는 구조(꽃자리)를 형성한다. 이것들은 가든 센터에서 흔히 볼 수 있는 화려한 접목 선인장으로 혼동해서는 안 된다.

또한, 꽃들이 풀로 붙어있는 것을 발견할지도 모른다. 이 뻣뻣한 종이질의 꽃은 보통 영원히 지속된다고 알려진 식물에서 나온 것으로, 부드럽고 살집이 많고 하루나 이틀밖에 지속하지 않는 진짜 선인장꽃과는 달리 몇 달 동안 지속할 수 있다(그림 6.35 참조).

그림 6.32 가뭄 동안에는 수축하는 선인장. 매우 탄력 있는 벽을 가진 특별한 목질 세포는 이 종류의 선인장을 줄기 조직이 손상되지 않은 채로 오랜 가뭄 동안 수축시킬 수 있게 한다. 쪼그라든 아코디언 같은 선인장의 주름도 그늘을 드리워 능선 사이의 줄기 표면에서 물이 증발하는 속도를 줄인다. 능선 사이의 각도가 작아지면 그늘의 양이 증가한다.

a) 정기적으로 물을 준 선인장.

b) 3개월 동안 물을 주지 않아서 수축하고 뒤틀린 동일한 선인장.

그림 6.33 엽록소가 없어 광합성을 할 수 없는 비모란선인장류(*Gymnocalycium* sp.)의 밝은 분홍색 품종. 이 변종 형태의 종을 개량하기 위해서는 다른 선인장 위에 접목해야 한다.

그림 6.34 선인장처럼 생겼으나 선인장이 아닌 두 식물 사례.

a) 유포르비아 애루기노사(*Euphorbia aeruginosa*).

b) 마다가스카르야자수(*Pachypodium lamerei*). 선인장도 야자수도 아닌 협죽도과(Apocynaceae)의 식물이다. 식물 꼭대기에 있는 잎은 진짜 선인장과 구분할 수 있는 특징이 된다.

선인장처럼 생긴 식물

진짜 선인장은 선인장과에 속한다. 그러나 선인장과 식물들처럼 가시가 있는 다육질의 줄기는 선인장과가 아닌 다른 많은 관련 없는 식물들에서도 독립적으로 진화해 왔다. 가시가 돋는 것은 선인장과 구별하기가 특히 어려울 수 있다. 그들을 식별하는 특징으로, 몇몇 선인장처럼 생긴 대극속 식물들에는 잎이 있는 것을 볼 수 있다. 많은 선인장이 물 같은 수액을 가지고 있는 데에 반해, 대극속 식물들은 자르면 끈적끈적한 흰 유액이 나온다(유액은 독이 있으므로 조심해야 한다: 제2장 참조). 선인장꽃의 구조는 독특하며, 만약 있다면, 꽃으로 식별할 수 있다. 가시자리에서 생기는 꽃들은 보통 크고 화려하다. 그들은 나선형으로 배열되며 색상이 있는 꽃잎과 꽃받침 및 수술을 가지고 있고 하위자방(다른 꽃 부분의 아래에 있는 자방)이 있다. 대극속꽃들은 비록 눈에 띄는 포엽들로 싸여있지만, 작고 단성화인 경향이 있다.

그림 6.35 몇 개의 비교적 작은 가시를 가진 선인장과 식물인 게발선인장류(*Schlumbergera* sp.)의 꽃.

a) 가시들 사이에 놓여 있는 화아를 가진 가시자리.
가시자리는 잎처럼 생긴 다육질의 납작한
줄기(엽상경)에 위치한다.

b) 개화 직후의 꽃 한 송이.
이 화려한 꽃은 보통 하루에서 이틀만 피어있다.

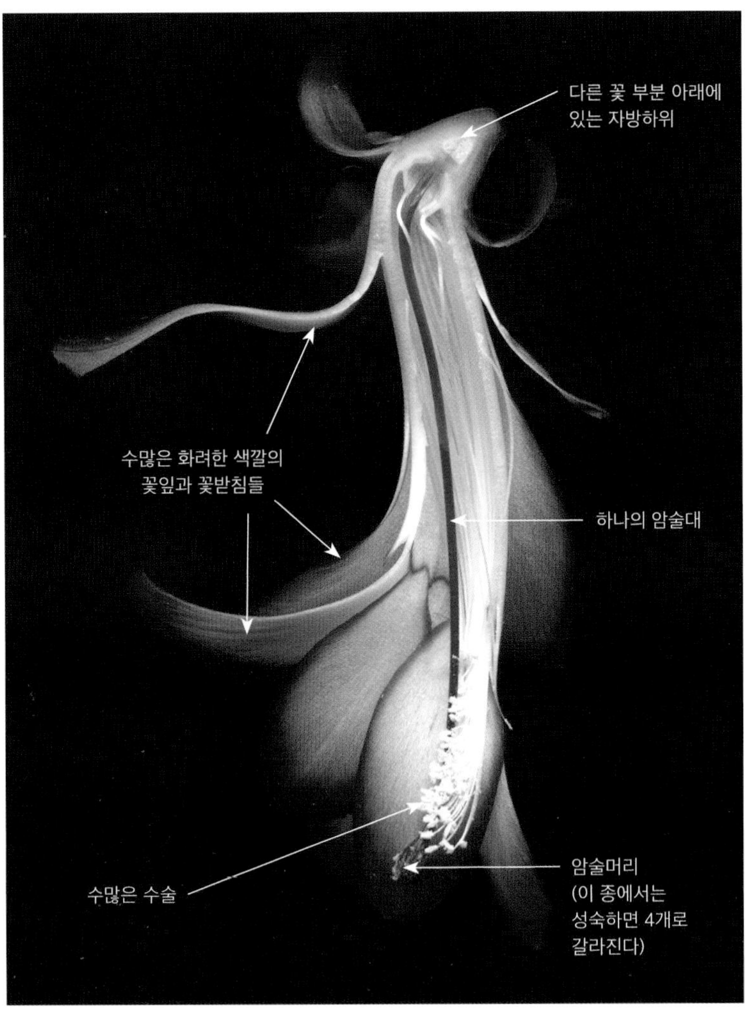

c) 전형적인 선인장꽃 구조를 보여주는 반쪽꽃.

그 외 다육식물류

가시가 없는 다육식물은 많은 과에 존재한다. 리톱스(*Lithops* spp.)가 좋은 예이다. 리톱스속 식물들은 대부분 남아프리카에 분포하는데, 돌이 많고 건조한 토양의 지표면에 반쯤 묻힌 채 살아간다. 그들의 자생지에서 각종은 자신들과 매우 유사한 특정한 종류의 암석과 섞여 있는 것으로 보인다. 이 위장술은 물을 찾는 동물들에 의해 잡아먹히는 것을 막아줄 수 있다.

다른 다육식물들은 여러 복합적인 환경 조건 때문에 식물들이 충분한 물을 얻기 어려울 수도 있는 자생지에서 산다. 줄기, 잎 그리고 뿌리는 모두 생존에 역할을 할 수 있다. 훼손되고 염분이 높은 지역인 호주 남부 같은 자생지에 사는 아이스플랜트(*Mesembryanthemum crystallinum*)는 가뭄과 독성이 있을 수 있는 높은 염분 조건 모두에 영향을 받는다.

고산지대에서 자라는 식물도 문제가 있을 수 있다. 강수량이 많을 수 있지만 매우 낮은 온도와 강하고 건조한 바람을 동반한다. 게다가 얕은 토양, 특히 가파른 경사에 있으면 물이 급격히 빠진다. 이곳의 많은 식물은 빽빽한 로제트 형태의 두꺼운 다육질 잎을 가진 다육식물이다.

그림 6.36 가뭄과 높은 염분 농도에 적응한 아이스플랜트(*Mesembryanthemum crystallinum*).

줄기와 잎에 수정같이 보이는 것은 염분이 집중된 특성화된 털인 염분 주머니이다. 이들이 파열되면 염분이 제거된다.

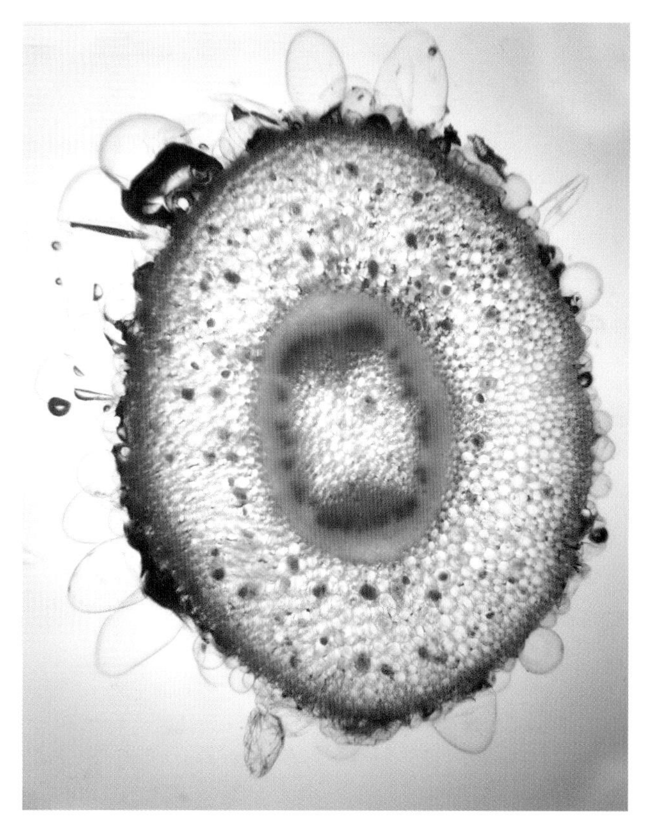

염분 주머니를 보여주는 현미경으로 본 줄기의 단면.

그림 6.37 화분에서 키운 리톱스(*Lithops* sp.). 사철채송화와 관련이 있는 이 식물들은 표면적으로 홈에 의해 분리되는 한 쌍 또는 두 쌍의 둥글고 두꺼운 다육질의 잎들을 생산하며, 홈 사이에서 데이지 같은 꽃이 나온다.

그림 6.38 스위스 알프스에 있는 쉬니게플라테의 2,000m쯤에 있는 바위에서 자라는 알프스세둠(*Sedum atratum*). 다육질의 잎을 가지고 있으며 이렇게 노출된 자생지에서는 낮고 촘촘한 형태의 생장을 보여준다.

자기 평가 과제

1. 목질의 줄기(나무나 관목이 아닌)를 가진 두 개의 다른 식물을 찾는다. 주석이 달린 그림을 사용하여 두 줄기 일부의 세부 특징을 비교한다. 절(잎이 생기는 지점) 주변의 자세한 특징을 살펴보아야 하지만 잎을 묘사할 필요는 없다. 예를 들어, 털이 난 네모난 줄기를 가진 식물을 둥근 가시나무와 비교할 수 있다.

2. 줄기 또는 근계에 변형이 있는 식물을 선택한다. 식물이 사는 자생지에 대한 정보를 찾아서 그 변형이 이 식물의 생존에 어떻게 도움이 될 수 있는지를 설명하는 스케치와 메모를 작성한다. 예를 들어, 등반 식물이나 매우 건조한 환경에서 정상적으로 사는 식물을 고려할 수 있다.

CHAPTER 7

수명과 무성생식

수명

어떤 현화식물들은 몇 달 안에 그들의 일생(생장, 개화, 종자생산)을 완료하는 반면, 다른 것들은 2년, 3년 또는 그 이상 계속 생장한다. 식물의 수명에 따라, 세 가지 그룹으로 알려져 있다: 일년생, 이년생 그리고 다년생. 그러나 기후 조건은 식물의 일반적인 수명에 변이를 일으킬 수 있다. 정원에서는 수명을 단축 또는 연장하고 개화를 최대화하기 위해 다양한 기법을 사용할 수도 있다.

일년생

일년생은 단 1년 안에 그들의 수명 주기를 끝마친다. 일년생 종의 지속성은 극심한 추위나 장기간의 열기와 가뭄과 같은 불리한 기후 조건이 있는 동안 씨앗이 성공적으로 생존하느냐에 달려 있다. 식물생존에 불리한 기간은 종종 계절 주기의 일부를 형성한다. 온대기후인 영국에서 추운 겨울 동안 살아남은 씨앗은 대개 다음 해 봄이나 초여름에 발아하여 가을에 새로운 씨앗을 생산한다.

특히 단명하는 일년생들은 매우 짧게 산다. 씨앗은 봄에 싹을 틔우고, 빠르게 자라고, 몇 달 안에 꽃과 새로운 씨앗을 생산하며, 종종 초여름까지 수명을 다한다.

그림 7.2 꽃무(*Erysimum cheiri*)는 정원에서는 이년생이고, 야생에서는 다년생으로 자라는 종이다.

< 그림 7.1 천손초(*Kalanchoe daigremontiana*)의 잎에서 자라는 어린 식물들의 모습.

a) 개양귀비(*Papaver rhoeas*)의 아름다운 재배 품종.

b) 미국 탐험가 윌리엄 클라크의 이름을 딴
클라키아(*Clarkia unguiculata*).

그림 7.3 정원의 일년초 식물들.

월동 일년생(가끔 원예학적으로 내한성 일년생 식물이라고 함)은 가을에 싹이 돋는 씨앗을 가지고 있으며, 작은 식물로 겨울을 버틸 수 있다. 이렇게 되면 이듬해 초 개화 단계에 일찍 도달하는 장점이 있어 봄에 생장 여건이 좋아질 때까지 씨앗이 싹트지 않는 다른 식물과의 경쟁을 피할 수 있다.

그림 7.4 단명하는 일년생 식물, 봄꽃다지(*Erophila verna*).
이 식물은 키가 5cm 미만이다.

a) 영국의 월동 일년생 식물인 얼룩에키움(*Echium plantagineum*). 호주에서는 이 식물을 소개한 제인 패터슨의 이름을 따서 'Salvation Jane'으로 알려져 있다. 이 식물은 내한성이 매우 좋고 가뭄에서 생존 가능하며, 소의 중요한 식량자원이었다. 그러나, 불행히도 과용하면 가축을 죽일 수도 있어서, 호주 농부들 사이에서 더 자주 쓰는 이름은 패터슨의 저주(Patterson's Curse)이다!

b) 많은 화장품이나 허브 제품생산에 사용되는
항아리금잔화(*Calendula officinalis*).

그림 7.5 월동 일년생 식물들.

a) 일년생 덩굴식물, 스위트피(*Lathyrus odoratus*).

b) 해바라기(*Helianthus annus*), 열매는 식물성 기름의 원료.

그림 7.6 크기가 큰 일년생 식물들.

일년생 식물을 그릴 때는, 특히 단명인 것들의 경우, 매우 작고 섬세한 식물들을 다루게 될 수도 있다. 이때는 시료를 특별히 관리해야 하고, 식물의 생장을 방해하지 않고 야외에서 예비 스케치를 하는 것조차 빠르게 작업해야 할 수도 있다. 모든 일년생 식물이 작은 것은 아니며 큰 식물도 많다.

이년생

이 식물들은 보통 첫해에는 잎만 생산하고, 두 번째 해에 꽃을 피우고 씨를 생산한다.

a) 생장 첫해에 형성되는
디기탈리스(*Digitalis purpurea*)의 로제트 잎.

b) 2년 차에 꽃이 피는 야생 디기탈리스.

그림 7.7 이년생 식물들.

다년생

이 식물들은 3년 또는 그 이상 살고, 일부는 개화 단계에 도달하는 데 몇 년이 걸린다. 예를 들어, 애기가시덤불란(*Neotinea ustulata*)은 꽃이 피기까지 15년 이상이 걸릴 수도 있다. 일단 꽃을 피우고 씨앗을 생산하면, 어떤 종의 식물들은 수명이 끝나게 되고 죽는다. 이들은 1회 결실성 식물이라고 부른다. 대부분의 다년생식물들은 매년 꽃을 피우지 않을 수도 있지만 꽃을 피운 후에도 계속 자라며, 이들을 다회결실성식물이라고 표현한다.

초본식물, 다년생 초본식물 및 다년생 목본식물

대부분의 일년생 식물은 초본이다. 식물학적으로 이것은 그 식물들이 요리 재료로서의 가치가 있다는 것을 나타내지는 않는다. 이는 식물의 하단에 비록 약간의 목질 조직이 있을 수 있지만, 그것들이 목질이 아닌 부드러운 조직으로 구성된 식물이라는 것을 의미한다.

다년생 초본식물은 땅속뿌리나 줄기(다년생 기관)에서 새싹이 여러 해 동안 해마다 올라오는 다년생식물이다. 그들은 생장기에는 잎이 무성한 줄기를 지상부에 펼쳐 놓았다가 겨울에는 휴면기에 들어가 지하부만 살아있는 상태로 되돌아간다. 이러한 식물을 정원 용어로 내한성 다년생식물이라고도 한다. 교목과 많은 관목 같은 다년생 목본식물은 엄청난 수의 목질 조직들을 만든다. 어떤 나무 종들은 수백 년을 살기도 한다. 이것은 검증하기 어렵지만, 천년이 훨씬 넘은 것으로 추정되는 나무도 몇 그루 있다. 예를 들어, 캘리포니아의 강털소나무(Bristlecone Pines)는 5,000년 가까이 살아 온 것으로 알려져 있다.

그림 7.8 애기가시덤불란(*Neotinea ustulata*)의 꽃.

그림 7.9 일회결실인 다년생 자이언트에키움(*Echium pininana*).

대형 다년생식물의 경우, 식물 세밀화의 과제는 종종 전체 식물 부위 중 얼마만큼을 묘사해야 할지를 결정하는 것이다. 그 식물의 모든 식별특징을 보여주기 위해 식물의 여러 부분을 묘사해야 할 수도 있다.

a) 야생에서 자라는 유럽금매화 (*Trollius europaeus*).

b) 아코니툼 나펠루스(*Aconitum napellus*).

그림 7.10 다년생 초본 식물들.

그림 7.11 유럽참나무(*Quercus robur*). 큰 다년생 목본식물. 들판에 있는 소와 비교하면 그 크기를 가늠할 수 있다.

생존 및 번식

1년 이상 사는 이년생식물과 다년생식물은 환경이 생장에 불리한 기간에도 생존할 수 있어야 한다. 많은 종이 지하경과 줄기(다년생 기관)에 양분을 저장하여 생존하고, 좋은 환경이 되면 빠르게 생장할 수 있다.

한 종이 계속 생존하기 위해서는, 식물이 불리한 조건에서도 살아남아야 할 뿐만 아니라 번식을 해야 한다. 번식은 영양번식(무성생식)이거나 유성생식일 수 있다.

영양번식

영양번식(무성생식)은 식물 일부가 분리되어 새로운 식물로 생장하여 모 식물과는 독립적으로 살아가는 경우이다. 줄기, 뿌리 그리고 잎 모두 영양번식이 가능하며, 비록 주된 기능은 겨울나기 같은 불리한 조건 동안 생존을 돕는 것이지만, 그들 역시 식물 생식에 흔히 관여한다. 겨울나기 및 영양번식이 이루어지는 많은 방법은 식물학적으로 흥미로울 뿐만 아니라 그림으로 묘사할 매력적인 주제를 제공한다.

그림 7.12 채소 연구 작품 - 비트 뿌리, 회향, 순무 그리고 마늘(Ken Victor).

영양번식 기관

이 용어들은 꽤 빈번히 사용된다. 자주 접하게 될 수도 있는 용어에 대한 식물학적 설명을 여기에 제시하였다.

a) 야생 당근의 흰 크림색 곧은 뿌리.

b) 오늘날 우리가 잘 알고 있는 밝은 오렌지색 재배종 당근을 만들기 위해 수백 년간 선발육종을 하였다.

그림 7.13 산당근(*Daucus carota*)의 뿌리, 겨울 저장 기관.

곧은 뿌리

a) 야생 당근의 흰 크림색 곧은 뿌리.

b) 오늘날 우리가 잘 알고 있는 밝은 오렌지색 재배종 당근을 만들기 위해 수백 년간 선발육종을 하였다.

특히 이년생식물인 산당근(*Daucus carota*)과 같은 뿌리식물은 생장기에 생산한 양분을 주근에 저장한다.

우리가 소위 뿌리채소와 샐러드 뿌리라고 부르는 것들은 줄기 조직 또는 줄기와 뿌리 사이의 배축(hypocotyl)이라 알려진 접점 부분을 포함한다(그림 11.9).

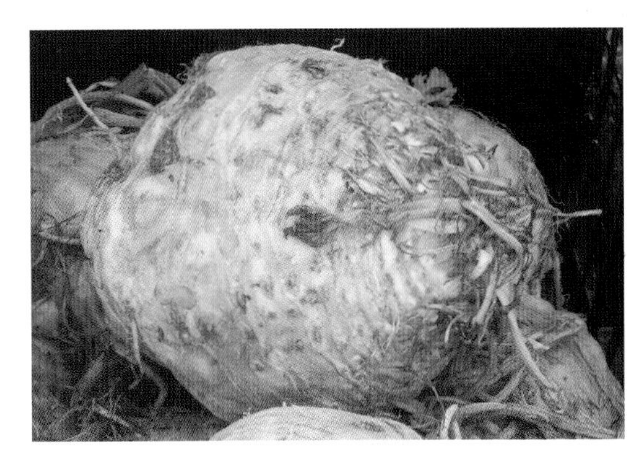

a) 셀러리의 '뿌리'는 부풀어 오른 줄기 기저부와 주근에서 형성된다.

b) 순무는 주로 뿌리와 줄기 사이의 배축에서 형성된다.

c) 비트 '뿌리'의 윗부분은 배축에서 된다.

그림 7.14 몇몇 '뿌리'채소들의 식물학적 구조.

덩이줄기(괴경)

이것들은 땅속줄기 또는 양분저장이 되어 있는 부정근들이다.

그림 7.15 줄기 및 괴경(덩이줄기).

a) 감자는 괴경(덩이줄기)의 좋은 예이다. 이것들은 주로 겨울을 나는 조직이지만 새로운 식물도 생산한다. 여기서 식물의 밑 부분에 있는 줄기에서 형성되는 새로운 괴경을 볼 수 있다.

b) 자라나기 시작하는 감자의 괴경('감자의 종자'). '눈(eyes)'은 액아이고, 싹의 시작점에서 찾아볼 수 있는 비늘 모양 잎의 엽액에 있다.

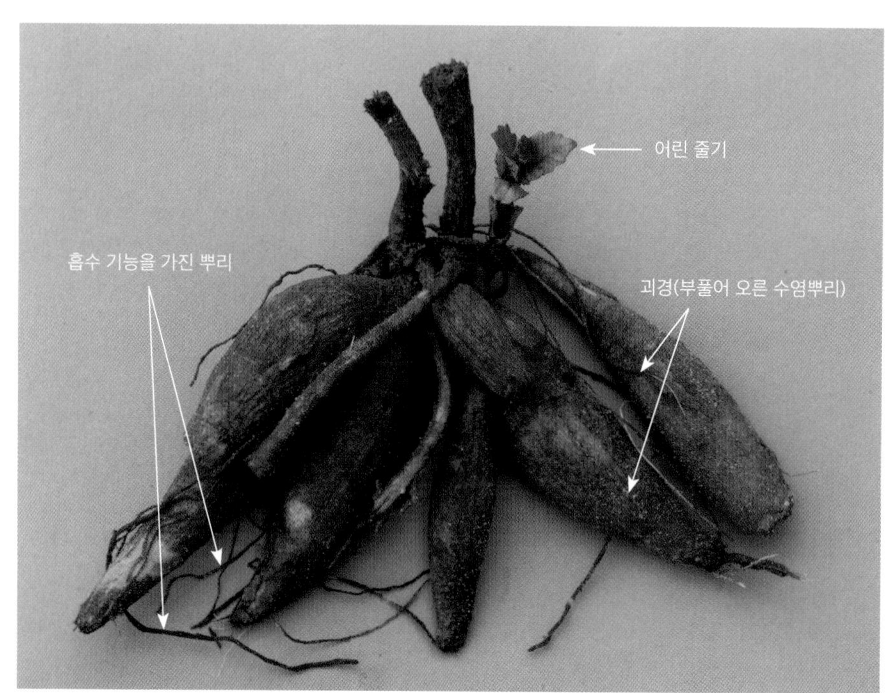

c) 품종개량 된 다알리아(Dahlia)의 괴경.

구경

이것들은 영양분 비축으로 부풀어 오르고 마른 종이 같은 비늘잎으로 둘러싸인 줄기의 밑동에 해당한다. 생장기가 끝나갈 무렵에는 비축된 영양분이 줄기를 타고 내려가서 이전의 구경 위에 새로운 구경을 발달시킨다. 비늘잎의 엽액에 있는 눈은 새로운 구경을 형성할 수 있는데, 만약 그것들이 분리되면 새로운 식물을 형성하게 될 것이다.

인경

인경에서 줄기는 평평한 원판과 같은 구조를 나타낸다. 양분은 줄기의 다육질 비늘잎이나 부푼 잎 하부 속에 저장된다. 외피가 있는 히아신스, 튤립, 수선화와 같은 인경의 전체 구조는 마른 종이 같은 비늘잎으로 둘러싸여 있다. 백합의 인경에는 겉에 종이처럼 얇은 덮개가 없다.

그림 7.16 외관적 특징을 보여주는 글라디올러스의 구경.

그림 7.17
다양한 유형의 인경.

a) 히아신스의 인경. 짧은 다육질 잎들이 종이 같은 비늘로 덮여있다.

b) 비늘 조각들로 뒤덮인 백합의 인경, 짧고 다육질인 잎들로 형성됨.

또한 인경은 그들의 생장 방식에 따라 내부 구조에 차이가 있다. 예를 들어, 튤립 인경은 양분을 저장하면서 부풀어 오른 눈 비늘이 가운데 줄기를 둘러싸고 있는데, 이 줄기는 정아에서 발달한다. 이 중앙의 주 줄기는 잎을 형성하고 결국 꽃을 피우지만, 꽃이 피면 생장이 끝난다. 비축된 영양분은 비늘잎의 엽액에 있는 눈으로 전달되는데, 이 중 하나 또는 그 이상이 다음 해의 인경을 형성한다. 따라서 이러한 유형의 인경은 근본적으로 얇은 비늘 같은 잎으로 둘러싸인 커다란 액아이다. 꽃줄기가 발달하면 생장을 멈춘다. 비축된 양분은 비늘잎의 엽액에 있는 눈으로 전해지는데, 이들 중 하나 이상이 다음 해의 인경을 형성하며 원래 있던 어미 인경의 시든 잔해로 둘러싸여 있는 것을 볼 수 있다.

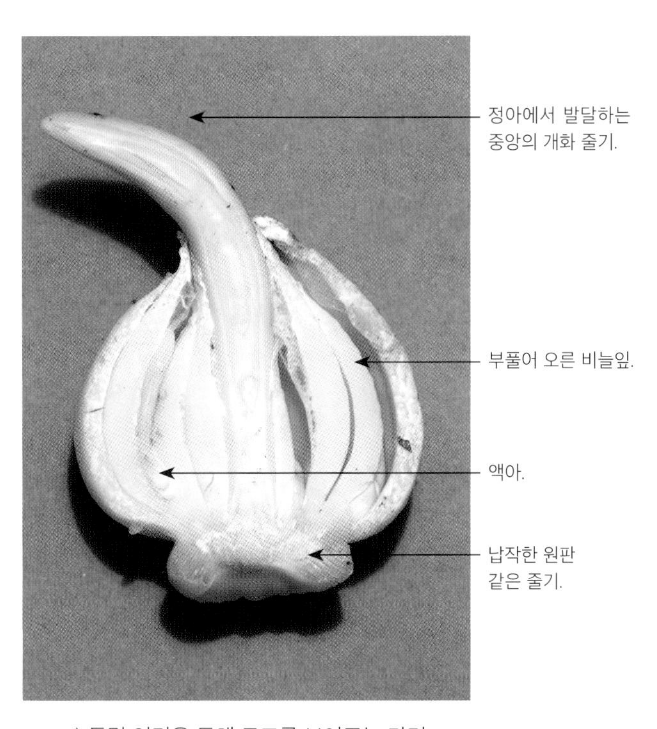

a) 튤립 인경을 통해 구조를 보여주는 단면.

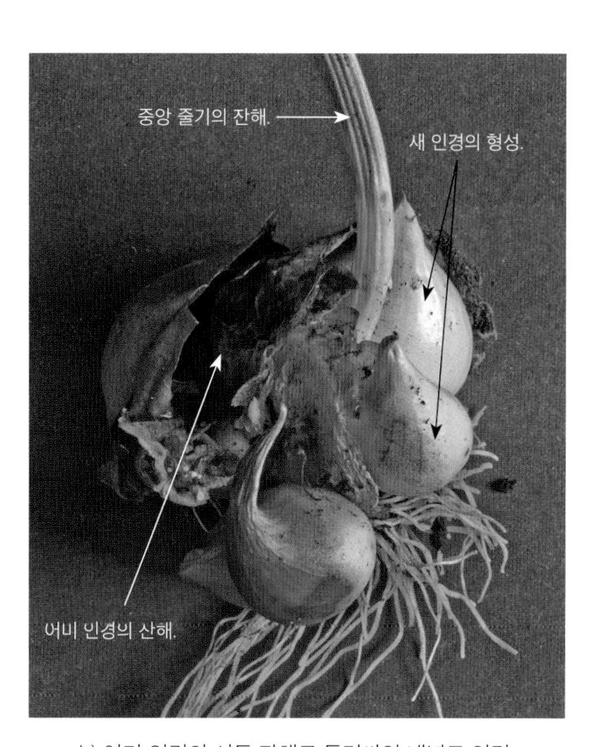

b) 어미 인경의 시든 잔해로 둘러싸인 내년도 인경.

그림 7.18 튤립 인경의 생장과 내부 구조.

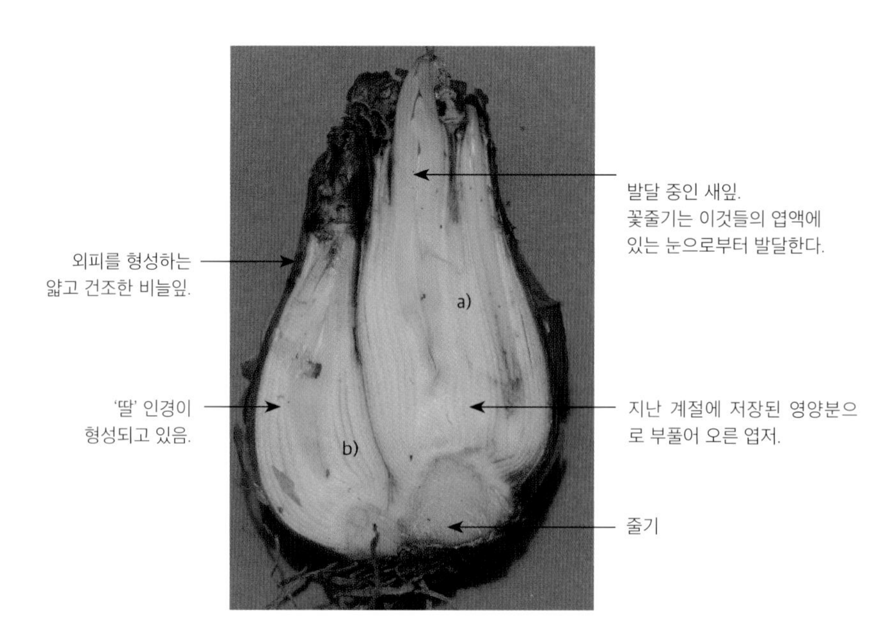

그림 7.19 수선화 인경의 생장과 내부 구조: a) '어미' 인경, b) '딸' 인경.

수선화와 같은 다른 인경은 종이 같은 비늘로 둘러싸인 지난해 잎의 다육질 밑동에서 형성된다. 끝눈 속의 줄기에서는 새잎이 돋아난다. 그러나 꽃은 이 잎들의 엽액에 있는 눈에서 생산되고 주 줄기는 계속 자란다. 시든 후에는, 비축된 양분이 잎의 밑 부분으로 내려가 내년 인경을 형성한다. '어미 인경'의 주요 줄기는 해마다 지속되어 계절마다 더 많은 잎을 생산한다.

'딸' 인경은 바깥쪽 비늘잎의 액아 내부에 있는 눈에서 형성된다. 마늘은 인기 있는 식물화 주제이다. 그것은 복합 인경이라고 설명할 수 있는데, 각 마늘 한 쪽은 새로운 마늘 인경 덩어리 또는 '왕관(crown)'을 형성할 수 있다:

가축 생장 및 단축 생장

튤립과 수선화는 두 가지 생장 패턴의 예를 보여주는데, 이것은 가축성(sympodial)과 단발성(monopodial)이라고 불린다. 이것은 인경을 볼 때뿐만 아니라 다른 화서의 구조와 순서를 알아내려고 할 때도 이러한 패턴의 차이를 이해하는 것이 도움이 된다(8장 참조).

- 가축성 생장을 하는 식물(예: 튤립)에서는 정아가 슈트를 형성하지만, 이는 결국 생장을 중단한다(예: 꽃이 피었을 때). 그다음에는 액아로부터 발달한 측지에서 생장이 지속된다.
- 단발성 생장을 하는 식물(예: 수선화)에서는 주 줄기가 계속 생장하며(정아 때문에 주기적으로 쉬더라도) 식물의 주축을 형성한다. 이것은 측지들을 형성하는(또는 형성할 잠재력을 가진) 액아를 가지고 있다.

a) 종이 같은 비늘잎의 외피로 둘러싸여 있는 마늘 인경 덩어리 또는 'crown'(여러 개의 마늘쪽으로 구성됨, 각각의 마늘쪽이 인경임, 역자 주).

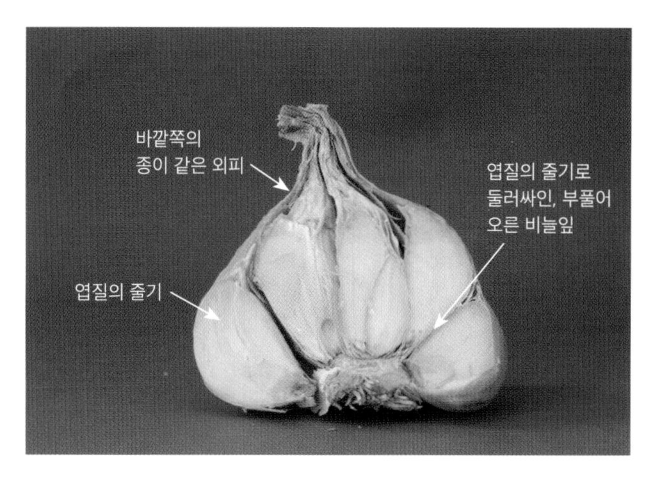

b) 액아 각각이 내부 비늘잎으로 덮이며 마늘쪽을 형성하고 이것들이 모여 마늘 인경 덩어리(crwon)를 형성하는 마늘의 내부 구조.

그림 7.20 마늘(*Allium sativum*). 그것의 외적인 특징과 구조.

주아

엄밀히 말하면, 이것들은 다육질 잎들과 짧은 줄기에 붙어있는 작은 눈으로, 대개 잎의 엽액에서 발생하거나 화서에서 꽃을 대체한다. 그들은 부정근을 생산하고 어미 식물로부터 분리되면 새로운 식물로 발달한다.

그림 7.21 꽃을 대신할 주아를 가진 알리움류.

가인경과 가주아

가인경 또는 주아라고 불리는 일부 구조들은 실제 인경이 아니다.

그림 7.22 회향(*Foeniculum vulgare* var. *dulce*).
엽병(petiole)이 부풀어 올라 인경 같은 구조를 형성한다.

그림 7.23 피카리아 베르나(*Ficaria verna* ssp. *verna*, 미나리아재비과의 식물)의 가주아. (색연필 연구 작품)

a) 흔히 '주아'라고 부르지만, 이것들은 줄기의 밑부분과 엽액에 조직을 형성하는 작은 괴경이다.

b) 엽액에 있는 주아.

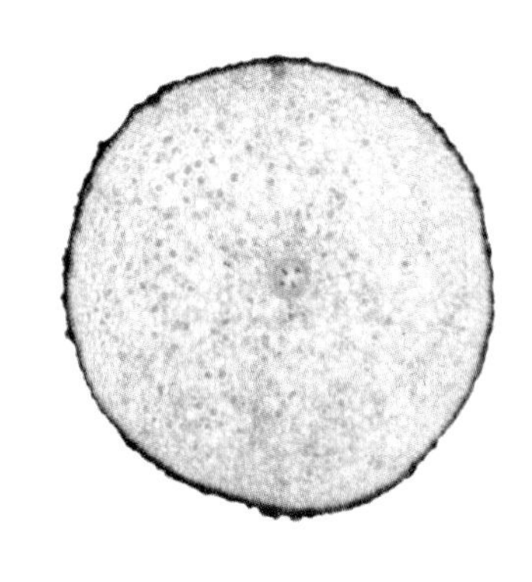

c) 작은 괴경의 단면은 관다발 조직이 가운데에 모여있는 뿌리의 전형적인 특징을 보여준다.

d) '작은 괴경'들은 어미 식물로부터 쉽게 분리되며, 생장에 유리한 환경 조건이 되면 쉽게 새로운 식물을 생산한다.

드로퍼(Sinkers)

이것들은 인경 안에 있는 잎의 엽액에서 형성되고 식물로부터 떨어져 긴 줄기처럼 생긴 구조 위에 있는 인경이다. 이 구조는 뿌리 또는 잎 조직으로부터 형성될 수 있다.

그림 7.24 드로퍼(sinker)가 달린 튤립 인경.

식아(Turion)

이 겨울눈은 많은 수생식물의 특징이다. 영양비축을 한 그들은 어미 식물로부터 분리되거나, 어미 식물이 죽었을 때도 계속해서 달려 있다. 생장에 유리한 환경이 돌아오면, 그들은 새로운 식물로 발달한다.

소식물체(Plantlets)

어떤 식물에서는 보통 꽃으로 발달하는 액아가 작은 식물을 형성하는데, 이것이 떨어져 땅에 닿으면 서서히 자랄 수 있다. 이를 수발아(vivipary)라고 한다. 다른 식물들에서는 부정아라고 알려진 엽액과 관련이 없는 눈들이 분리되는 작은 식물들을 형성한다.

a) 연못 바닥에 있는 유럽자라풀(Frogbit)의 식아.

b) 식아에서 자라는 어린 식물.

c) 유럽자라풀은 여름에 기는줄기(stolons)로 무성생식을 한다.

그림 7.25 유럽자라풀(*Hydrocharis morsus-ranae*). 이 식물의 식아(turions)는 식물이 겨울 동안 살아남을 진흙 아래로 가라앉는다. 봄에는 표면으로 떠올라서 새로운 식물을 형성한다.

a) 수발아 중인 식물.

b) 천손초(*Kalanchoe digremontiana*)의 소식물체(그림 7.1 참조)는 부정근을 생성하고 땅으로 떨어뜨려서 새로운 개체로 키운다.

그림 7.26 소식물체들.

a) 일부 마디에 새로운 소식물체들을 가진 꿀풀(*Prunella vulgaris*)의 잎이 많은 기는줄기.

b) 가늘고 긴 절간들과 비늘잎의 엽액의 눈에서 형성되는 새로운 소식물체들을 가진 유럽가락지나물(*Potentilla reptans*)의 포복경(runner).

c) 측생아(자구, offsets)를 가진 몬타눔상록바위솔(*Sempervivum montanum*). 측생아는 포복경과 비슷한 특징을 보이지만 매우 짧은 절간을 가지고 있다.

그림 7.27 기는줄기(포복지, 포복경, 측생아).

기는줄기(포복지, Stolons)

이것들은 가느다란 수평 줄기로, 대개 잎이 무성하고 지상에 있으며, 주된 영양번식 방법의 하나다. 부정근과 잎은 절(nodes)에서 발달한다. 절간(internodes)이 썩거나 잘리면, 이 줄기들은 새로운 식물을 형성할 수 있다. 포복경(runner)과 측생아(자구, offset)라는 용어는 원예학에서 특정 유형의 기는줄기를 가리킬 때 사용될 수 있다.

근경

기는줄기(stolon)와 근경(rhizomes)의 구별이 항상 명확한 것은 아니다. 그러나 근경은 때때로 토양 표면에서 발견되기도 하지만, 보통 두꺼운 다육질이거나 땅속에서 수평으로 자라는 목질의 줄기이다. 그것들은 주로 다년생의 조직으로 생장하지만 분리된 조각들은 새로운 식물을 형성할 수 있다.

그림 7.28 붓꽃 품종인 독일붓꽃(*Iris germanica*)의 도양 표면에 가까이 누워있는 근경.

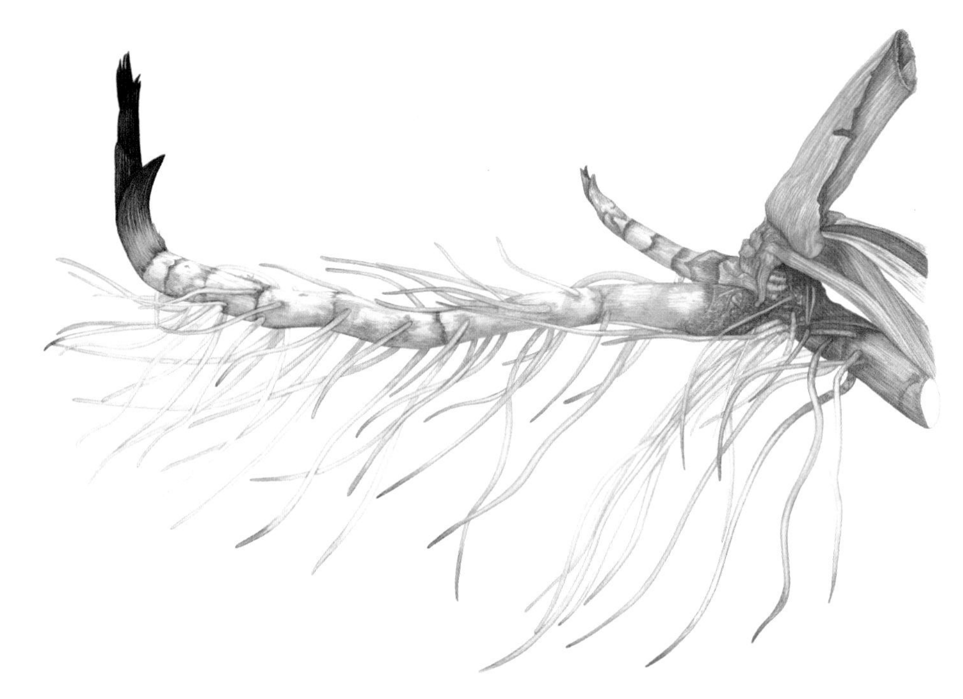

그림 7.29 갈대(*Pragmites australis*)의 근경. 진흙이나 얕은 물에서 자라는 이 풀은 광범위한 근경 계를 통해 무성번식으로 퍼진다. (Catherine Day)

삽수(Cuttings)

또한 부정근은 손상된 줄기, 분리된 새순, 줄기 그리고 심지어 잘라낸 잎들에서도 발달할 수 있다. 이것들은 모두 새로운 식물을 형성할 잠재력을 가지고 있다.

그림 7.30 삽수(cuttings)

a) 큰꿩의비름(*Sedum spectabile*)의 절단된 줄기에 형성된 부정근.

b) 케이프 프림로즈(*Streptocarpus* sp.) 품종에서 잘라낸 잎 중간 부분에 새잎이 형성된다.

c) 열대 나비를 전시하는 온실에 전시된 멋진 엽삽(잎 삽수). 큰 잎들은 온실 내 막대기에 매달려 있다. 부정근과 새잎이 막대기에 꽂힌 구멍 주변뿐만 아니라 잘린 잎의 끝부분에서도 형성되는 것을 볼 수 있다.

휘묻이

휘묻이는 땅에 닿는 가지와 가지 끝에서 부정근이 만들어지고 뿌리로 생장하는 것을 말한다. 이것은 서양오엽딸기(Bramble)과 같은 식물에서 자연적으로 발생한다. 하나의 식물은 아치형 가지를 이용하여 바깥으로 뻗어나가 거대한 무리를 형성할 수 있는데, 이 가지가 땅에 닿으면 뿌리를 내리고 새로운 줄기를 형성한다. 처음에는 이 과정이 생장으로 간주할 수 있지만, 원래 식물과의 연결이 끊어지면 새로운 개체가 형성된다.

식물이 단지 영양번식으로 크기만 확대되는 것인지 아니면 새로운 식물을 생산하는 것인지 판단하는 것은 때때로 어려울 수 있다. 어떤 종들은 중앙에 있는 원래의 식물이 죽어도 주변에서 계속 자란다. 예를 들어, 일부 사시나무류(*Populus* spp.)는 원래 나무의 지상계가 죽은 후에도 원래 있었던 뿌리로부터 흡지(suckers)를 통해 계속해서 자연적으로 퍼진다. 이런 기근에서 발생한 나무들은 그들 자체로 더 많은 나무를 생산한다. 그러한 오래 사는 뿌리와 나무의 군락은 수백 년 혹은 수천 년 동안 살아남을지도 모른다.

그림 7.31 휘묻이를 보여주는 서양오엽딸기 (*Rubus fruticosus* agg.). 지면에 닿아 있던 나뭇가지 끝에 부정근과 새로운 줄기가 발달했다.

그림 7.32 초원 가장자리에 있는 유럽사시나무(*Populus siddula*) 바깥쪽으로 발달하여 퍼져나간 흡지(sucker).

정원 가꾸기와 식물의 번식

정원사는 씨앗으로부터 많은 식물을 기르지만, 영양번식(무성번식)은 정원사와 원예가들에게 특히 흥미롭다. 영양번식으로 생산된 식물은 모본과 거의 같으므로, 가장 좋아하는 꽃이나 과일을 번식시키기를 원하는 정원사들은 씨앗부터 재배하는 것보다 영양번식을 사용할 것이다. 사용할 수 있는 원예 기술은 무수히 많다(왕립원예협회, 2013).

단기간에, 자연계에서 영양번식은 식물이 빠르게 퍼지도록 하는 데에도 유리할 수 있다. 가장 번식력이 뛰어난 잡초들은 무성생식을 할 수 있는 능력을 갖추고 있다(예를 들면, 서양쐐기풀과 산미나리). 심지어 어떤 식물들은 무성생식에만 의존하고 유성생식으로 번식하지 않는다. 왜 모든 식물은 이렇게 하지 않는가? - 단점은 무엇인가? 자손에게 변이가 거의 없는 상태에서, 만약 그 종에 적합하지 않거나 경쟁자에게 유리한 방식으로 환경이 변화한다면, 모든 자손이 죽을 수 있다. 변이가 없다면, 그 종은 환경 변화에 적응하고 그래서 생존을 위한 전투에서 승리할 수 있는 능력을 잃게 된다(그림 1.2 참조).

다음 몇 장에서 보게 될, 유성생식과 독자 생존 가능한 씨앗의 생산은 복잡하고 매우 위험한 사업이다. 유성생식이 끊임없이 변화하는 환경에서 종족의 장기적인 생존에 필수적인 것으로 여겨질 수 있음에도 불구하고, 그것의 단기적인 이익을 가진 무성번식은 많은 식물에서 끊임없이 지속된다.

자기 평가 과제

1. 다년생 지하조직에 관한 자세한 연구 작품을 그린다. 주석을 단 표를 사용하여 구조에 대해 이해한바, 그 구조가 어떻게 발달하는지 그리고 식물의 생애주기에서 수행하는 역할을 설명한다. 예를 들어, 그것은 무성생식에 중요한 역할을 하는지, 불리한 환경 조건에서도 식물이 생존하도록 돕는지 등등.
2. 두 가지 다른 형태의 무성생식을 비교하기 위해 그림과 표를 작성한다. 작성된 표는 포함된 여러 가지 특징을 설명해야 한다.

아래의 예시 중 선택해볼 수 있다:

- 인경과 구경
- 전형적인 근경과 전형적인 기는줄기
- 엽삽 및 삽수

이것이 근경으로 번식시키는 것이 좋다.
사진에서 볼 수 있듯이, 종자로 키우게 되면
자연형태로 되돌아가서 줄무늬가 없는
꽃잎들을 가진다.

줄무늬 꽃을 가진 식물에서 채취한 씨앗에서 자란 무늬가 없는 꽃을 가진 식물.

근경으로부터 번식된 식물에서 핀 줄무늬가 있는 꽃들.

그림 7.33 터키자반풀(Starry Eyes, *Omphalodes cappadocia*) 품종의 번식에 관한 연구 작품.

CHAPTER 8

꽃

꽃의 크기, 모양, 색깔의 놀라운 다양성은 성공적인 유성번식과 종자 생산을 촉진하기 위해 발전된 메커니즘을 반영한다. 서로 다른 꽃 구조가 작동하는 방식은 매혹적인 주제지만, 우선 보통 꽃을 구성하는 부분과 그것들을 묘사할 때 사용하는 용어에 익숙해지는 것이 유용하다.

꽃의 대칭성

꽃 검사하기

꽃을 자세히 보기 전에 중요한 식별 특징인 꽃의 대칭성을 살펴볼 필요가 있다. 어떤 꽃은 방사대칭형(actinomorphic)이며, 꽃 중심을 지나는 두 개 이상의 축을 기준으로 대칭이 되는 이미지를 만들 수 있다는 것을 의미한다. 다른 꽃들은 좌우대칭형(zygomorphic)이다-즉, 꽃을 잘라 거울에 비친 대칭 이미지를 만들 수 있는 축이 단 하나(손잡이를 통해 잘라내야 할 컵을 생각하면 된다)만 있다.

컵 받침 접시와 같이 방사대칭인 꽃

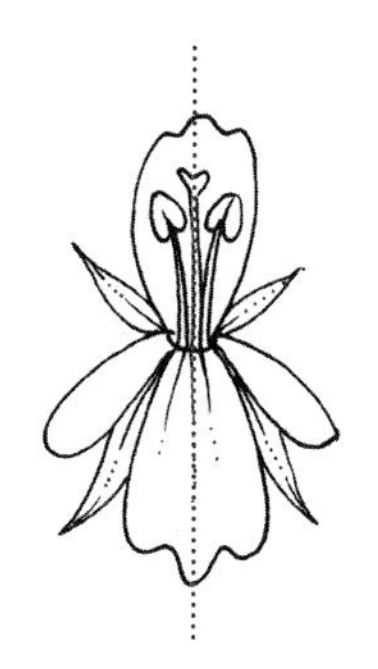

컵처럼 좌우대칭인 꽃

그림 8.2 방사대칭 꽃(actinomorphic)은 컵 받침 접시 같다. 좌우대칭 꽃(zygomorphic)은 컵과 같다(그림 8.3).

a) 방사대칭형 꽃인 동의나물(*Caltha palustris*).

b) 좌우대칭형 꽃인 양골담초(*Cytisus scoparius*).

그림 8.3 방사대칭과 좌우대칭 형 꽃의 예.

< 그림 8.1 구주꽃골(*Butomus umbellatus*). 산형화서로 불리는 꽃차례를 가진 단자엽식물. 꽃봉오리가 열리면서 화경이 길어지고, 모든 꽃이 같은 높이로 올라온다. 주축에서 화경이 생기는 부분을 주목해라.

꽃 분해하기

꽃 한 송이를 조심스럽게 떼어내면, 내부 구조를 세세하게 그려낼 생각은 없더라도, 꽃이 어떻게 뭉쳐져 있는지를 이해하는 데 큰 도움이 될 것이며, 꽃잎 한 둘레에서 각 꽃 부분의 수를 정확하게 알아내는 데 도움이 될 것이다. 가장 좋은 방법은 다음과 같으나, 만약 관찰하고자 하는 꽃이 매우 작다면 3장에 설명된 특별한 기술을 사용할 필요가 있을 것이다.

꽃줄기를 단단히 잡는다. 꽃의 바깥쪽에서 시작하여 손가락(또는 부분이 작으면 미세한 핀셋)을 사용하여 꽃의 한 부분을 잡고 천천히 아래쪽 및 뒤로 단단히 당긴다. 꽃 부분을 제거할 때 종이 위에 순서대로 놓는 것이 도움이 될 수 있다(양면이 끈적끈적한 테이프를 사용하여 고정할 수도 있다). 각각의 꽃잎 한 둘레에서 한 개씩 번호를 붙이면서 계속하여 떼어낸다.

각 꽃 부분의 특정한 수는 한 종의 전형적인 특징일 뿐만 아니라 종종 전체 과의 특징이 되기도 한다. 예를 들어 후크시아가 속한 바늘꽃과(Onagraceae)에서는 꽃 부분이 2 또는 2의 배수로 되어 있다. 일반적으로 진정쌍떡잎식물은 2나 5의 배수로 꽃 부분을 가지며, 단자엽식물은 3이나 6의 배수로 꽃 부분을 가지고 있다. 식물은 꽃잎이 여러 개 달린 이른바 '겹' 꽃을 피울 수 있다('겹꽃'). 재배 품종 육종에 의해 생기는 경우가 많으므로 이것들을 주의 깊게 볼 필요가 있다.

어떤 꽃 부분들은 서로 뚜렷이 결합 되어 있다. 이것은 또한 중요한 동성 특징이 될 수 있으므로 그것들을 분리하려고 하지 말고 전체를 하나로 떼 내기만 하면 된다. 또 겉으로 보기에 서로 떨어져 있는 꽃 부분이 실제로는 밑부분에서 서로 결합 되어 있는 것을 확인할 수 있을 것이며, 그 경우에 꽃 부분을 잡아당기면 찢어질 것이다. 꽃 부분들이 결합 되어 있는 경우에는 꽃 부분의 개수를 세기가 어렵지만, 톱니나 갈라진 결각을 세는 것이 도움이 될 수 있다.

그림 8.4 꽃의 분해. 꽃줄기를 단단히 잡고 각각의 꽃 부분을 천천히, 아래쪽 및 뒤로 단단히 당긴다.

그림 8.5 분해된 알스트로메리아 품종의 꽃.

a) 바깥쪽 세 개의 화피 조각
b) 아래쪽 내부 화피 조각
c) 상단 안쪽에 확실한 밀선 가이드와 밀선관을 가진 두 개의 화피 조각
d) 두 모둠의 수술, 다른 것보다 먼저 성숙한 수술 하나
e) 하위자방, 암술대와 암술머리

그림 8.6 꽃 부분 개수.

두 종류의 쌍자엽식물
a) 꽃 부분이 2 또는 2의 배수로 된 보라꼬리풀 (*Veronica bellidiodes*).

b) 꽃 부분이 5 또는 5의 배수인 쥐귀점나도나물(*Cerastium fontanum*).

c) 꽃 부분이 3 또는 3의 배수인, 전형적인 단자엽식물인 왜성 튤립(*Tulip* sp.).

그림 8.7 양귀비(Papaver sp.)의 겹꽃.

a) 꽃잎이 네 개 달린 보통의 단성화.

b) 겹꽃 - 꽃잎이 겹으로 피는 꽃.

그림 8.8 결합한 꽃잎(통꽃)과 꽃받침.

a) 5개의 꽃받침이 결합하여 형성된 숲석잠풀(*Stachys sylvatica*)의 꽃받침통.

까치수염속 식물(*Lysimachia* sp.).

보리지(*Borago officinalis*).

b) 꽃잎 밑부분이 결합한 것을 아래쪽에서 본 모습.

꽃의 기본구조

꽃은 폭이 좁은 엽질의 새순으로 생각될 수 있으며, 유성생식을 목적으로 특성화되고 변형되었다. 가장 바깥쪽은 여전히 잎과 같은 외관을 유지하고 있을 수 있지만, 생식 과정에 필수적인 안쪽 부분은 더욱 고도로 변형되었다.

꽃자루(화경)의 윗부분은 화탁으로 알려져 있다. 화탁은 꽃 부분이 붙은 곳에 짧은 중심축을 형성한다. 대부분 꽃은 세 부분으로 구분할 수 있다: 꽃잎과 꽃받침으로 이루어진 화피; 수술로 이루어진 꽃의 수컷 부분인 수술군; 그리고 심피로 구성된 꽃의 암컷 부분인 암술군. 좀 더 특별하게 분화된 꽃에서는 이러한 부분이 하나이거나 없을 수도 있다.

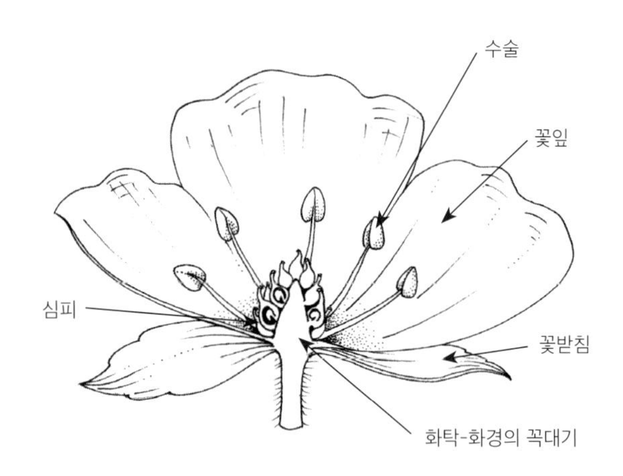

꽃의 세 부분

화피	꽃받침 - 꽃받침잎 화관 - 꽃잎	구분이 안될경우 - 화피조각
웅예(수술)	꽃의 남성부분 - 수술	
자예(암술)	꽃의 여성부분 - 심피	

그림 8.9 꽃의 기본 구조.

화피

꽃받침

화피의 바깥쪽 한 둘레는 일반적으로 꽃받침잎으로 형성되고, 집합적으로 꽃받침이라고 부른다. 꽃받침은 거의 초록색이고 분명히 잎처럼 생겼으며, 그 주된 기능은 발달하는 꽃을 보호하는 것이다. 양귀비와 같은 일부 식물에서는 꽃봉오리가 열리면서 떨어지는 예도 있으므로 항상 꽃봉오리를 조사하여 꽃받침이 존재하는지 확인하는 것이 좋다.

꽃받침은 결각이나 톱니를 가진 튜브를 형성하여 결합하여 있을 수도 있다. 중요한 동정 특징일 수 있으므로 이 모든 것이 유사하거나 크기가 다른지 확인하여야 한다.

꽃받침은 예를 들어 팬지(*Viola* spp.)처럼 열편(lobes)을 더 가질 수도 있고, 콘솔리다 아자키스(*Consolida ajacis*)처럼 거(spur)라고 불리는 주머니 모양의 구조를 가질 수도 있다.

꽃받침 모양의 구조물 모둠이 추가로 꽃받침 아래에 있을 수도 있다. 이것은 악상총포라고 부른다.

그림 8.10 기는미나리아재비(*Ranunculus repens*), 꽃잎과 꽃받침을 보여준다.

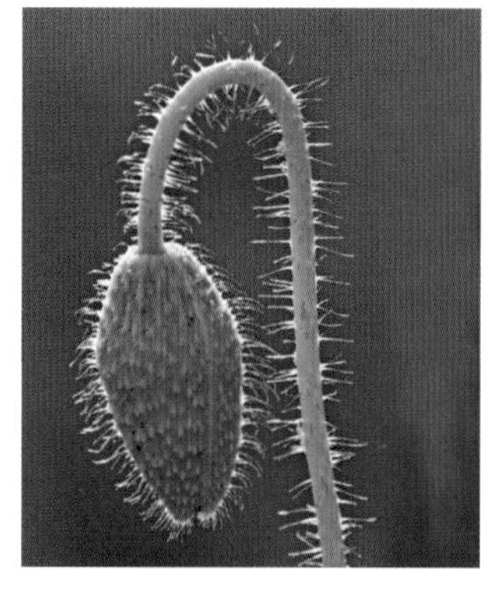

a) 꽃받침을 가진 닫혀있는 꽃봉우리.

b) 분리되었지만, 여전히 붙어있는 꽃받침을 보여주면서 열리고 있는 꽃봉우리.

그림 8.11 양귀비류(*Papaver* sp.), 꽃봉우리가 열리면서 떨어지는 꽃받침.

그림 8.12 구주갈퀴덩굴(*Vicia sepium*), 꽃의 하단에 긴 이빨을 가진 꽃받침통-식별에 사용되는 특징이다.

a) 꽃받침 부속체와 함께 꽃받침이 있는 팬지(*Viola* x *wittrockiana*).

b) 위쪽에 긴 거(spur)를 가진 꽃잎 같은 꽃받침을 보여주는 콘솔리다 아자키스(*Consolida ajacis*).

그림 8.13 추가적인 구조물이 있는 꽃받침.

a) 측면에서 본 악상총포.

b) 아래에서 본 악상총포.

그림 8.14 추가적인 꽃잎 둘레를 가진 선양지꽃(*Potentilla recta*) - 악상총포.

꽃잎

꽃잎은 꽃받침 안에 위치하고 모여서 화관을 형성한다. 꽃잎의 주요 기능은 동물 방문객을 끌어들이고 수분을 돕는 것이다. 종종 크고 밝은색이다. 톱니가 있거나 두 갈래로 깊이 분리될 수도 있다. 선옹초(*Agrostemma githago*)처럼 꽃받침이 직립한 일부 꽃에서는 꽃잎을 두 부분으로 구별할 수 있다: 화조(claw)와 판연(limb). 밀선은 종종 꽃잎과 연관되어 있으며, 꽃의 수분 작용을 해주는 동물들을 유인하는 데 중요한 역할을 한다. 이것들은 꽃잎의 밑부분에 있는 단순한 주머니와 같은 구조의 형태를 취할 수 있다. 색을 띤 무늬를 꽃잎에서 볼 수 있으며, 매개자를 밀선으로 안내하는 역할을 한다. 꽃잎에는 과즙이 저장되는 주머니나 거(spur)가 있을 수도 있고, 심지어 헬레보루스류(*Helleborus* spp.)처럼 매우 변형되어 꽃잎으로 거의 인식할 수 없는 예도 있다.

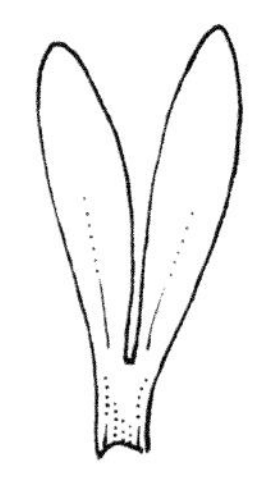

a) 갈라진 꽃잎.

b) 꽃잎이 깊이 갈라진 쇠별꽃 (*Myosoton aquaticum*).

그림 8.15 갈라진 꽃잎.

a) 꽃받침이 곧게 서있는 부분에 화조를 가진 꽃잎을 선옹초 (*Agrostemma githago*)와 같은 꽃에서 흔히 볼 수 있다.

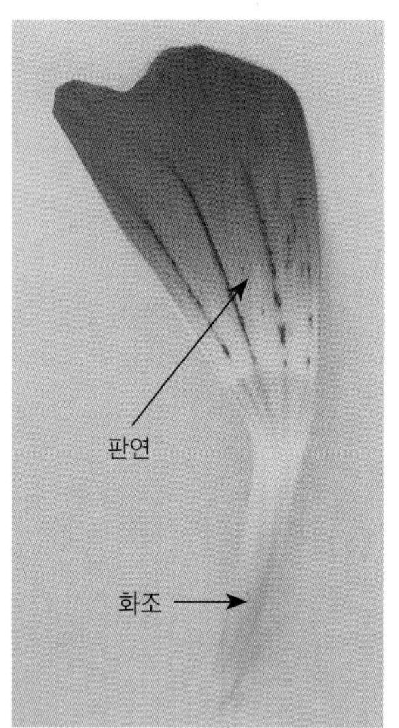

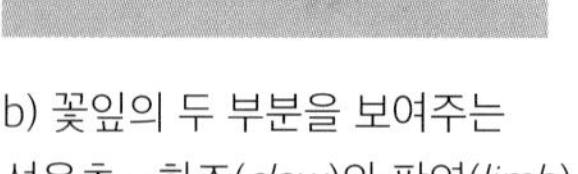

b) 꽃잎의 두 부분을 보여주는 선옹초 - 화조(*claw*)와 판연(*limb*).

그림 8.16 화조가 달린 꽃잎.

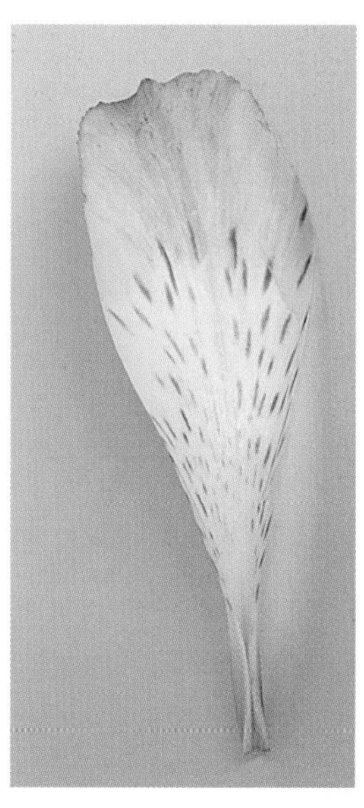

a) 밀선가이드는 곤충들을 꿀이 축적된 꽃잎의 관 아랫부분으로 이끈다.

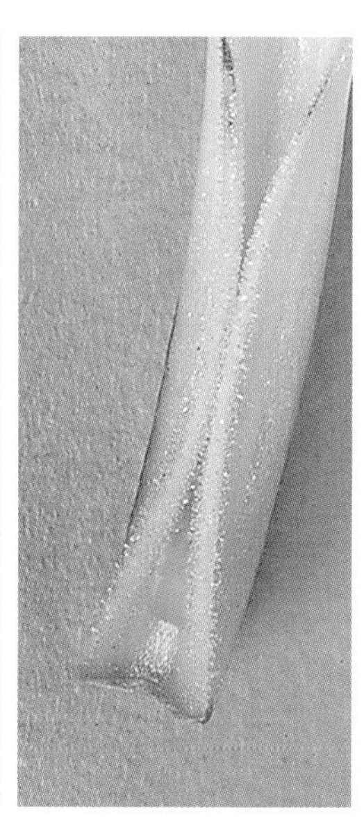

b) 화관 통부에 줄지어 있는 선모에 의해 꿀이 분비되는 관형 꽃잎 기부의 세부구조.

그림 8.17 품종 개량된 알스트로메리아 품종(페루백합 품종, *Alstroemeria* cv.)의 꿀을 분비하는 꽃잎.

그림 8.18 수술 주변부에 꿀샘 고리를 형성하는 변형된 꽃잎을 가진 헬레보루스 품종.

꽃받침과 꽃잎 구별하기

꽃잎이 매우 변형되거나(예: 꿀샘) 심지어 없는 경우, 꽃잎의 기능 일부 또는 전부를 꽃받침이 담당할 수 있다. 이와 같은 꽃을 보면, 꽃잎이 아닌 꽃받침을 보면서도 육안으로만 봐서는 꽃받침인지 구별하기가 불가능할 때도 있으며 이런 경우에 간단하게 화피라고 부른다.

두 개의 화피 모둠 모두 꽃받침이나 꽃잎처럼 비슷하게 생겼을 수 있으며, 특히 일부 단자엽식물이 그러하다. 이러한 화피의 각 부분은 화피 조각이라고 불린다.

a) 꽃잎 같은 꽃받침을 가진 베르날리스할미꽃(*Pulsatilla vernalis*). 잎같이 생긴 작은 포가 그 아래에 보인다.

b) 수국 품종의 아름다운 전시. 두상화는 작고 윤기 나는 꽃과 꽃잎처럼 색깔이 있는 커다란 무성화로 구성되어 있다.

그림 8.19 꽃받침 또는 꽃잎.

그림 8.20 6개의 화피 조각을 가진 크로커스류(*Crocus* sp.) - 모두 유사한 화피 조각의 바깥쪽 한 둘레(꽃받침)와 안쪽의 한 둘레(꽃잎).

수술군 - 수술

수술은 식물의 수컷 기관을 형성한다. 각 수술은 보통 수술대와 꽃가루 알갱이가 들어 있는 두 개의 주머니로 구성된 꽃밥이 있다. 수술대는 꽃밥 아래쪽(저착) 또는 가운데(측착)에 부착된다. 일부 측착된 꽃밥들은 자유롭게 움직일 수 있고 T자 모양으로 묘사된다.

성숙할 때, 꽃밥은 보통 구멍이나 갈라진 틈 또는 밸브로 열려 꽃가루를 방출한다. 일부 꽃들은 하나 또는 하나 이상의 불임성 수술(헛수술)을 가지기도 한다. 이것들은 꽃가루를 생산하지 않으며 다른 수술과는 매우 다르게 보일 수 있다.

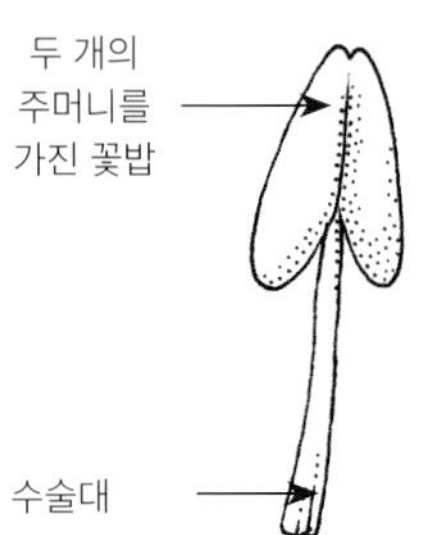

a) 기부에 부착된 수술(저착) - 수술대가 아랫부분에서 결합한다.

b) 옆쪽에 부착된 수술(측착) - 수술대가 뒤쪽에서 결합한다.

그림 8.21 기본적 수술 구조와 꽃밥의 부착.

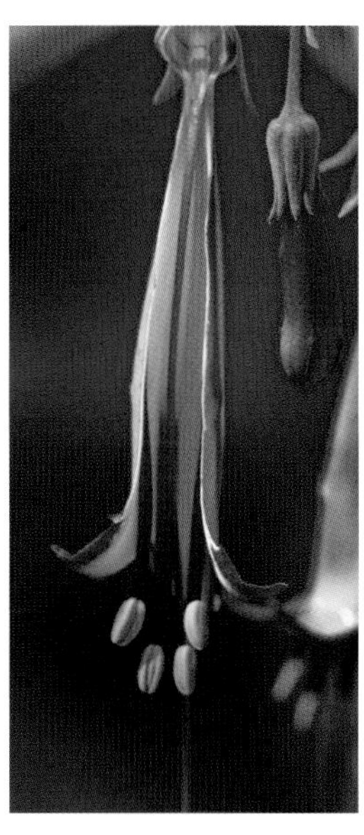

c) 밑부분에 부착된 수술대를 보여주는 피겔리우스류(*Phygelius* sp.)의 꽃.

d) 뒤쪽에 있는 수술대에 결합(측착)한 꽃밥을 보여주는 스타게이저백합 품종. 이 꽃 안에 있는 꽃밥들은 자유롭게 움직일 수 있다(T자착).

a) 틈으로 갈라져 꽃밥이 열리는 다년생 제라늄 품종.

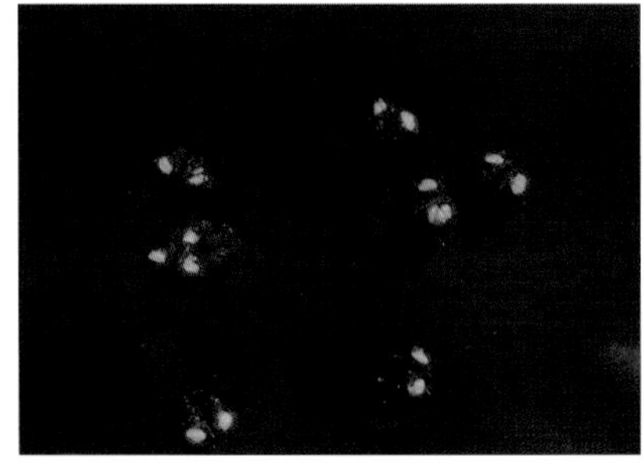

b) 구멍이 뚫려 꽃밥이 열리는 아잘레아류.

c) 정상부의 꽃잎 결각 아래에 덮개를 가지고 있는 물현삼(*Scrophularia auriculata*). 이것은 불임성 수술 또는 헛수술이다. 가임성 수술과 암술머리는 아래에서 볼 수 있다.

그림 8.22 꽃가루의 방출.

수술이 꽃의 중심을 향해서 안쪽(내향약)을 보고 열리는지 밖으로 (외향약) 열리는지 잘 살펴본다. 수술이 꽃잎과 마주나는지 그들과 번갈아 가면서 어긋나게 놓여있는지 확인한다. 수술이 두 개의 둘레로 나 있다면, 한 둘레의 수술은 꽃잎과 마주나고 다른 한 둘레의 수술은 꽃받침과 마주날 것이다.

한 송이의 꽃은 수술이 다른 시기에 성숙하는 경우가 많고 성숙한 것의 모양 및 색깔과 미성숙한 수술이 꽤 다를 수 있으므로 잘 살펴 보아야 한다.

다른 꽃 부분과 마찬가지로, 수술은 다양한 방법으로 결합할 수 있다. 예를 들어 여러 콩과(Fabaceae) 식물들과 아욱과(Malvaceae) 식물들의 수술대는 결합하여 있다. 목배풍등(*Solanum dulcamara*)과 같은 다른 식물에서는 꽃밥이 모여 원뿔을 형성하지만 실제로 결합하지는 않는다. 물레나물속 식물(*Hypericum* spp.)에서는 수술들이 느슨하게 그룹 지어 다발로 되어 있다. 또한, 꽃잎과 같은 꽃의 다른 부분에도 수술이 결합할 수 있다.

그림 8.23 사랑풍로초(*Geranium robertianum*), 두 개 둘레로 나 있는 수술을 보여준다. 내부에 있는 수술의 한 둘레는 꽃받침과 어긋나게 위치하며 더욱 성숙했다. 바깥에 있는 수술의 한 둘레는 꽃잎과 마주나게 위치한다.

a) 결합하지는 않았지만, 같이 모여있는(합생) 꽃밥을 가진 목배풍등(*Solanum dulcamara*).

b) 수술이 결합하여 관을 형성하는 것을 보여주는 라바테라(*Malva* sp.) 품종.

c) 느슨한 수술 다발을 가진 물레나물속 식물(*Hypericum* sp.). 각 다발의 수술대는 아래쪽에서 결합하여 있다.

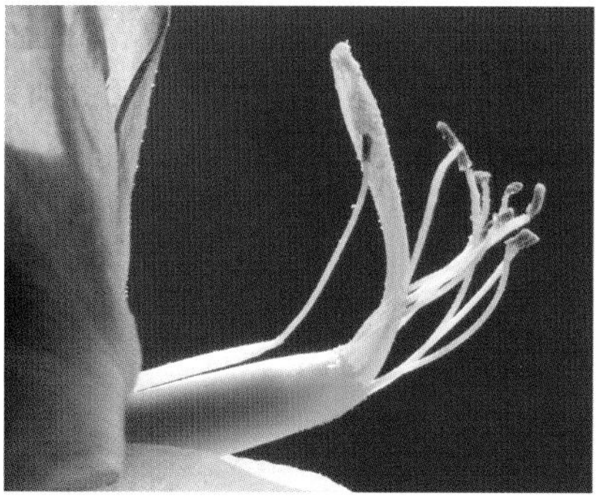

d) 한 개의 독립된 수술과 중간 아래에서 결합한 아홉 개의 수술을 가진 스위트피(*Lathyrus odoratus*).

e) 화피 조각에 결합한 수술을 가진 꽃부추속 식물(*Triteleia laxa*).

그림 8.24 수술이 어떤 방식으로 결합하고 함께 붙어있는지에 대한 몇 가지 예시.

암술군 - 심피

심피는 꽃의 암컷 부분이다. 심피는 난세포를 가지고 있는 밑씨를 둘러싸고 보호하는 자방(씨방)으로 구성된다. 길게 늘어진 심피의 윗부분은 그 정점에 암술머리가 있는 암술대를 이룬다. 암술대의 기능은 꽃가루를 모으기 위해 올바른 위치에 암술머리를 위치하는 것이다. 자방 바로 위에 놓인 암술머리는 길이가 매우 다양하여 어떤 꽃에서는 매우 짧거나 없을 수도 있다.

암술군은 하나에서 여러 개의 독립된 심피(이생심피 암술군)로 구성되거나, 더 일반적으로는 심피들이 결합할 수 있다(합생심피). 결합의 정도에는 차이가 있다. 때로는 자방들만 융합하고 암술대와 암술머리 또는 암술머리들만 자유롭게 남겨지기도 한다.

'암술(pistil)'(옛날 문헌에서 더 흔히 쓰임)과 '자방(ovary)'이라는 용어에 대해 혼동이 있을 때가 있다. 각 심피가 각각의 자방을 갖는 이생심피(독립된 심피들을 가진)에서는 암술대 또는 암술머리를 암술이라고 부르기도 한다. 합생심피(결합한 심피가 있는)에서는 전체 구조가 암술(pistil)이라고 불리기도 한다. 또한, 합생심피는 여러 개의 결합한 심피로 이루어져 있어서 여러 개의 자방으로 구성된, 즉, 수많은 밑씨를 포함한 암술군의 전체 부분이 종종 자방이라고 불리기도 한다.

심피들이 결합하면 얼마나 많은 심피가 암술군을 구성하는지 알아내기가 어려울 수 있다. 이를 위해서는 몇 가지 작업이 필요하며, 다음과 같은 직업이 도움이 될 것이다.

- 나머지 꽃 부분의 개수
- 암술대 또는 암술머리의 수
- 자방 벽에 있는 경계선의 개수; 그리고
- 자방의 단면 검사

잘 익은 열매는 심피의 개수가 더 잘 보인다는 것을 기억하는 것이 좋고, 열매가 있다면 관찰해보는 것이 좋다.

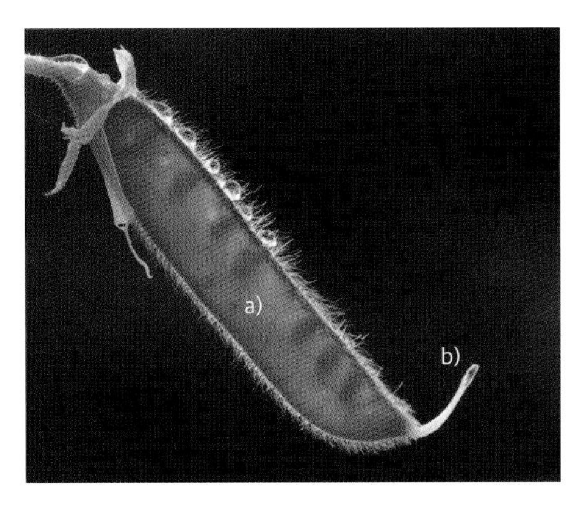

a) 한 개의 심피에서 형성된 스위트피(*Lathyrus odoratus*)의 암술군. 이것은 콩과(*Fagaceae*)의 전형적인 특징. 심피의 구조가 분명하게 보인다.
a) 내부에 밑씨를 가진 자방이 보임;
b) 암술대의 끝에 있는 암술머리.

b) 여러 개의 이생심피로 구성된 기는미나리아재비(*Ranunculus repens*)의 이생심피 암술군.

c) 세 개의 합생심피로 구성된 팬지(*Viola x wittrockiana*)의 합생심피 암술군.

그림 8.25 심피와 암술군.

자방의 단면

결합한 심피들로부터 형성된 자방의 단면에서 하나 또는 여러 개의 방을 볼 수 있다. 자방의 각 방(소실) 안에서 밑씨는 태좌라고 불리는 특정 부위에 생겨난다. 그림에서 볼 수 있듯이, 태좌의 유형은 크게 세 가지로 구분된다; 태좌는 때때로 암술군을 구성하는 심피의 수를 확인하는 데 도움이 된다. 독립중앙태좌는 심피의 수를 확인하는 데 별로 도움이 안 된다. 여기서 자방은 밑씨들이 중앙 원뿔이나 돔 위에 놓여있는 하나의 방을 가지고 있다.

그림 8.26 자방의 내부 구조와 서로 다른 태좌의 유형들.

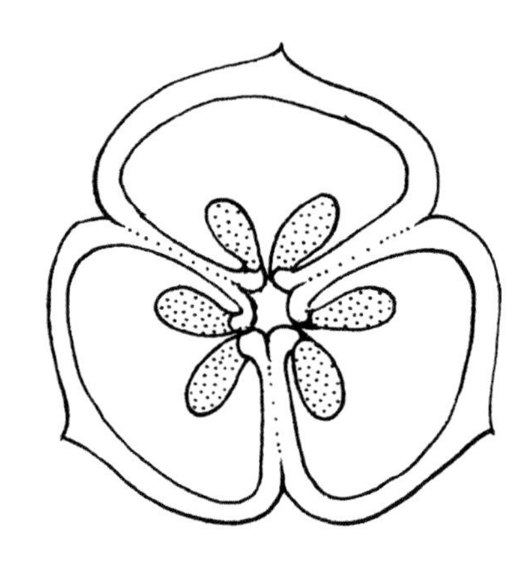

a) 중축태좌를 보여주는 3개의 방을 가진 자방.

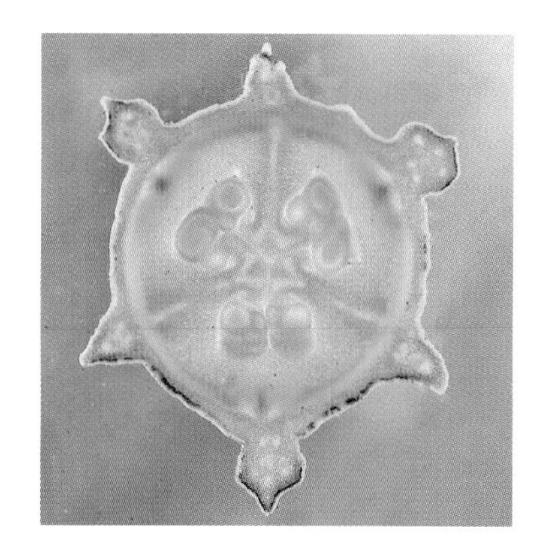

b) 중축태좌를 가진 알스트로메리아 품종의 자방.

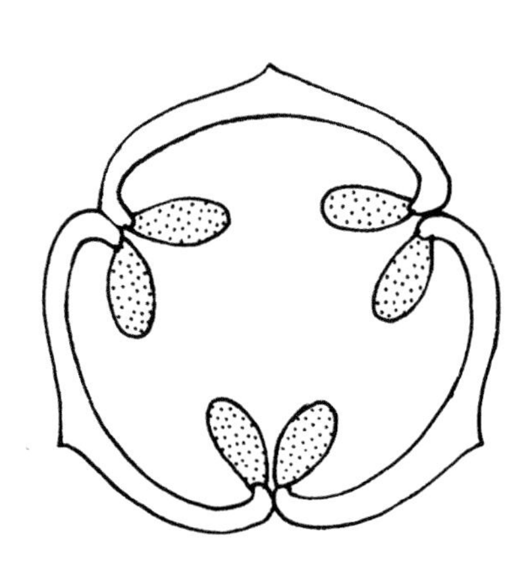

c) 측막태좌를 보여주는 하나의 방을 가진 자방.

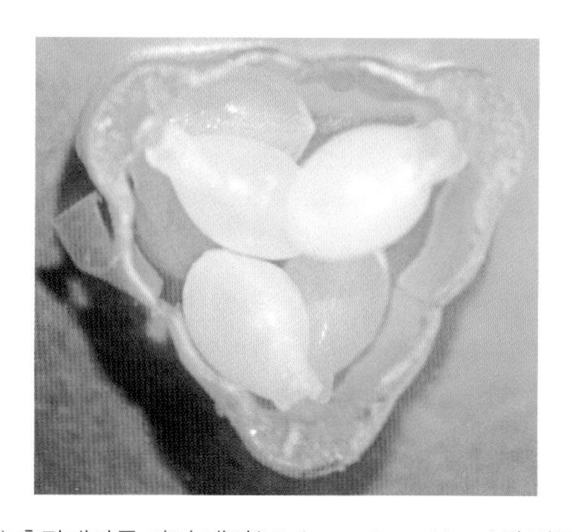

d) 측막태좌를 가진 팬지(*Viola x wittrockiana*)의 자방.

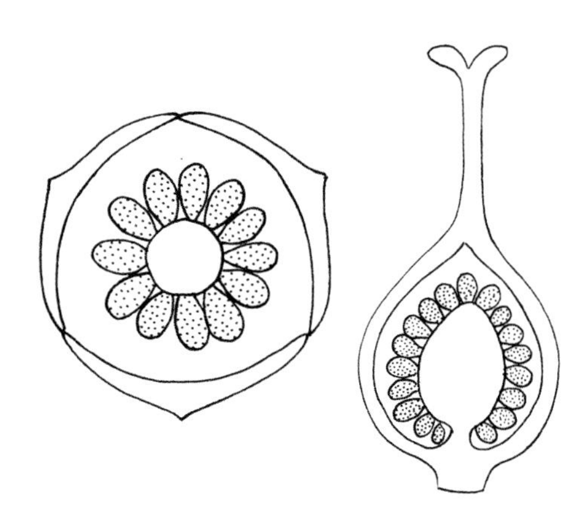

e) 독립중앙태좌를 가진 자방의 횡단면과 종단면.

f) 독립중앙태좌를 가진 붉은장구채(*Silene dioica*) 자방의 종단면.

가짜 격막(레플룸, replum)이 있으면 혼동이 될 수도 있다. 이것은 루나리아(*Lunaria annua*)와 로켓샐러드(*Eruca vesicaria*) 같은 배추과(Brassicaceae) 식물들의 특징이다(그림 10.18 참조).

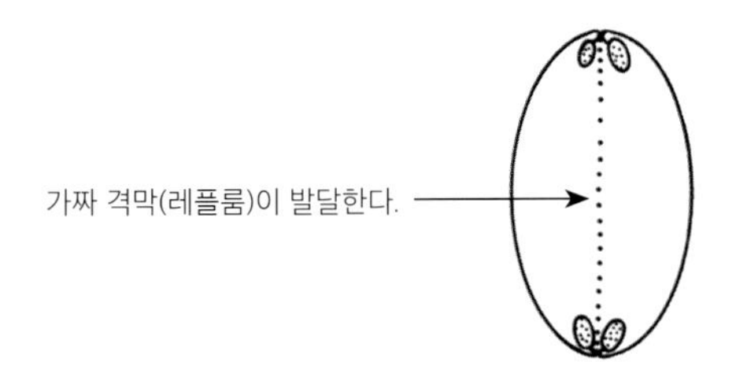

그림 8.27 가짜 격막(레플룸)의 발달.
측막태좌를 가진 자방의 횡단면. 태좌가 발달하여 생성된 가짜 격막에 의해서 두 개의 심피가 갈라졌다.

하위자방과 상위자방(Inferior and superior ovaries)

꽃의 나머지 부분의 기원 지점과 자방의 상대적 위치는 중요하며 종종 식별에 사용된다. 예를 들어 튤립에서 자방은 분명히 꽃의 다른 부분보다 위에 자리 잡고 있으며 상위라고 묘사된다. 수선화처럼 다른 꽃에서는 아래에 놓여 하위라고 묘사된다. 따라서 상위라는 용어는 종종 다른 꽃 부분의 접합점 위에 있는 자방으로 정의되며, 하위라는 용어는 꽃 부분의 접합점 아래에 있는 자방으로 정의된다. 그러나 더 많은 꽃을 확인해본다면, 이러한 정의들이 지나치게 단순화되었다는 것을 알게 될 것이다. 화탁은 자방을 다른 각도로 둘러쌀 수 있다. 하위자방은 엄밀히 자방이 화탁에 완전히 둘러싸이고 그것에 융합된 것을 말한다. 화탁통이라는 말은 자방의 기저부 위로 화탁이 연장된 것을 가리키는 말로 쓰인다.

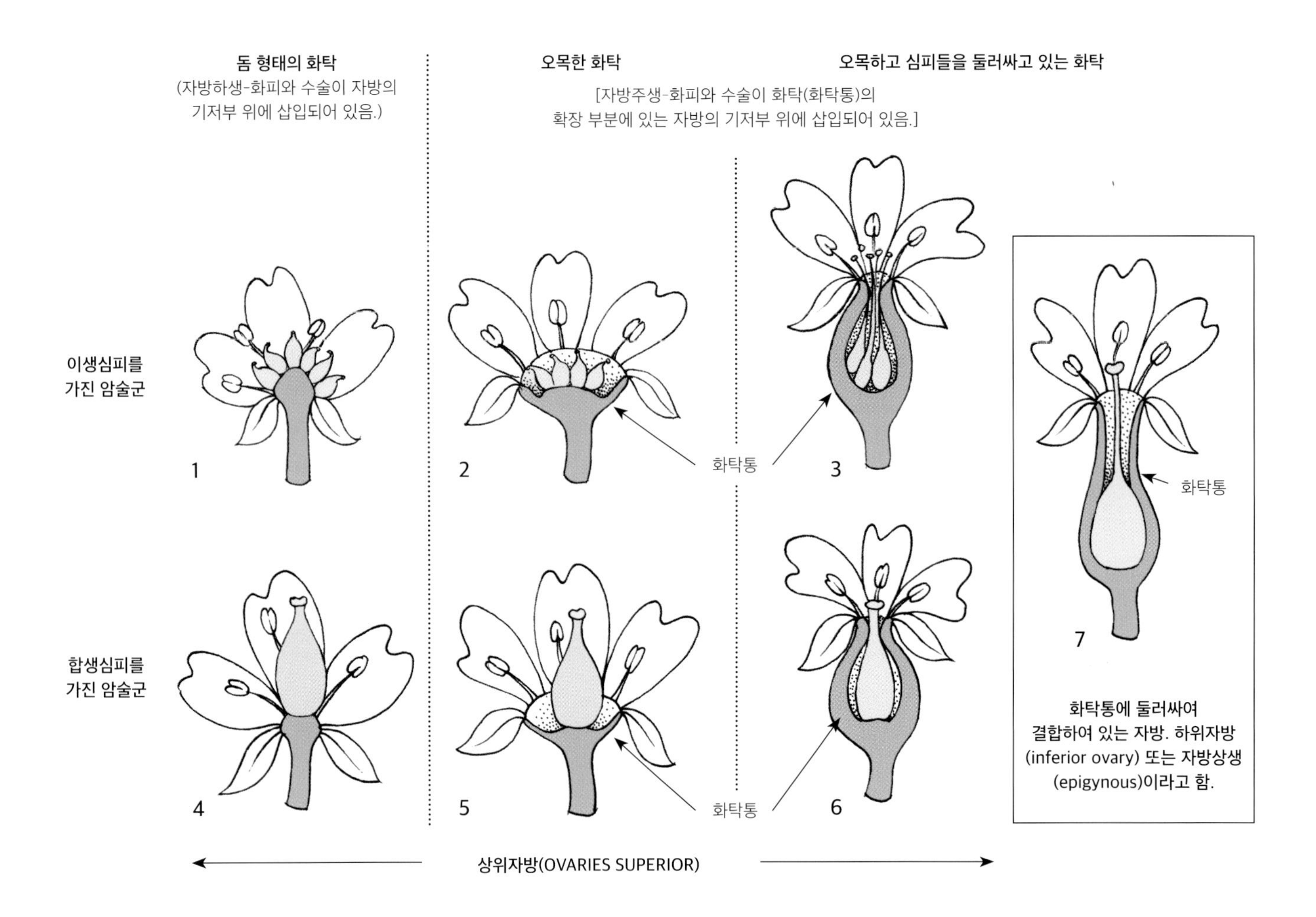

그림 8.28 상위자방(superior ovary) 및 하위자방(inferior ovary) - 자방의 위치와 꽃의 다른 부분들과의 관계.
식물에서 마주할 전문적인 용어는 괄호 안에 있다.

그림 8.29
자방상위와 자방하위의 예시.

a) 자방상위인 양귀비
(*Papaver somniferum*)

b) 자방하위인 오이(*Cucumis sativus cv.*)

분리된 수꽃과 암꽃

대부분 꽃은 수컷과 암컷 부분을 모두 포함하고 있으며 양성화라고 표현된다. 그러나 어떤 종에서는 분리된 수꽃과 암꽃이 발견된다. 수꽃에서는 수술만 제대로 성숙하고, 심피는 없거나 발달하지 않은 상태로 남아 있다. 암꽃에서는 심피만 발달한다.

수꽃과 암꽃은 같은 개체(자웅동주)에 있거나 별도의 개체(자웅이주)에 존재할 수 있다. 어떤 종에서는 수꽃이나 암꽃 중 하나가 우점을 할 수도 있지만, 양성화(암수 부분을 모두 가진 꽃)를 가진 몇몇 식물들도 발견된다.

그림 8.30 자웅이주인 붉은장구채(*Silene dioica*) 연구 작품. 수꽃과 암꽃의 상세한 모습과 함께 수꽃과 암꽃의 줄기를 둘 다 보여준다.

화식, 다이어그램 및 반쪽꽃

과거에는 화식과 다이어그램 및 반쪽꽃을 만들어서 꽃의 구조를 기록하는 것이 일반적인 관례였다. 이것은 이제 유행이 지나 식물학자들이 거의 사용하지 않지만, 이러한 기술들은 꽃의 구조에 대한 이해를 확인하는 훌륭한 방법이 된다. 특히, 반쪽꽃을 묘사하는 것은 Harry Arthur Church (1865-1937)의 작품에서 볼 수 있듯이 흥미롭고 매우 아름다운 작품이 될 수 있다. 예시는 Oxley (2008)를 참조.

화식

꽃을 관찰하는 동안, 화식을 쓰는 것은 꽃의 각 부분과 다른 필수적인 특징들의 수를 기록하는 매우 유용한 속기 방법이 된다. 화식에 사용된 전통적인 기호들은 대개 손으로 쓰여 있으며, 여러분이 책에서 가장 자주 접하게 될 것들이다. 최근 컴퓨터로 화식을 훨씬 더 쉽게 작성하는 새로운 키보드 기호가 제안되었다(Prenner, Bateman & Rudall, 2010). 그러나 이것들은 아직 일반적으로 사용되지는 않는다. 또한, 과학적인 목적으로 많은 수의 추가적인 기호들이 고안되었지만, 전통적인 기호들과 일치 하는 것만을 여기에 제시하였다.

첫 번째 기호는 꽃의 각 부분을 나타내며, 그 다음의 숫자는 해당 꽃 부분의 개수를 의미한다. 숫자가 10을 넘으면 무한의 기호인 ∞을 사용한다. 꽃 부분의 수가 가변적인 경우, 두 숫자를 연결하는 대시(예: 4-8)가 사용된다.

개인 노트에는 이 속기를 자신의 필요에 맞게 맞춰 변형 할 수도 있다. 예를 들어, 팬지처럼 다섯 개의 꽃잎을 가진 좌우대칭의 꽃에서, 꽃잎 하나에 거가 있다는 것을 자신에게 상기시키고 싶을 수도 있다. 이때 C4+1로 쓰는 것도 가능하다.

여기에 전통적인 기호를 사용한 화식이 몇 가지 제시되어 있다.

전통적인 기호	의미	컴퓨터용 기호
K	꽃받침, 그 뒤에 꽃받침 조각의 개수를 씀.	K
C	꽃잎, 그 뒤에 꽃잎의 개수를 씀.	C
A	수술, 그 뒤에 수술대의 개수를 씀.	A
G	암술, 그 뒤에 심피의 개수를 씀.	G
P	화피, 즉 꽃잎과 꽃받침을 구분할 수 없을 때 씀	P
∞	꽃 부분의 개수가 10을 초과할 때 씀	∞
다음과 같은 기호를 사용하여 추가적인 정보를 표현함.		
⊕	방사상칭형 꽃	*
·|·	좌우대칭형 꽃	↓
( )	꽃 부분의 한 모둠이 결합하였음을 뜻함: C(5)는 꽃잎 5개가 결합한 통꽃이라는 의미	( )
⌒	서로 다른 꽃 부분이 결합하였을 때 글자 위에 표시함: $\overbrace{C5\ A5}$는 수술이 꽃잎에 붙어있음을 뜻함	[(x)y] [C5 A5] 이것은 수술이 꽃잎에 붙어 있음을 의미
$\underline{G}$	자방상위	$\underline{G}$
$\overline{G}$	자방하위	$\hat{G}$

기는미나리아재비(*Ranunculus repens*) - 방사대칭형,
5개의 꽃받침, 5개의 꽃잎, 수많은 수술 그리고 수많은 심피.

⊕ K5 C5 A∞ $\underline{G}$∞

마젤란후크시아(*Fuchsia magellanica*) - 방사대칭형,
4개의 꽃받침, 4개의 꽃잎, 4개 수술이 2개 둘레로 윤생하는,
자방하위와 4개의 심피가 결합한 암술군.

⊕ K4 C4 A4 + 4 $\overline{G}$(4)

스페인블루벨(*Hyacinthoides hispanica*) - 방사상칭형
꽃으로 비슷한 모양의 화피 3개가 2개 둘레로 있음.
수술이 3개씩 2개 둘레로 있으며 화피에 결합하였고
심피 3개가 합생하고 자방상위이다.

⊕ $\overparen{\text{P5+3 A}}$3+3 $\underline{G}$(3)

디기탈리스(*Digitalis purpurea*) - 좌우대칭형 꽃으로 5개의
결합한 꽃받침, 5개의 결합한 꽃잎(즉, 통꽃), 수술 4개가
꽃잎에 결합하였고 2개의 심피가 합생하고 자방상위이다.

·|· K(5) $\overparen{\text{C(5) A4}}$ $\underline{G}$(2)

그림 8.31 화식의 몇 가지 예.

반쪽꽃

반쪽꽃을 그리는 목적은 꽃의 반쪽 종단면을 그려, 그 구조를 명확히 보여주는 것이다. 구조물을 명확하게 보여주기 위해서는 실제 크기보다 더 크게 그려야 하는 경우가 많다. 완성된 도면에 확대 스케일을 표시해야 한다.

꽃을 아주 정밀하게 잘라내는 것이 필수적인 것은 아니다. 중요한 것은 꽃의 부분이 어떻게 결합하고 각각의 수가 어떻게 되는지 이해하는 것이며, 여러 개의 꽃으로부터 정보를 종합해야 할 수도 있다. 컴퓨터 스캐너가 있는 경우, 반쪽꽃을 스캔하기 위해 3장에서 설명한 기술을 참조하면 매우 유용한 이미지를 얻을 수 있다.

특히 좌우대칭(zygomorphic)인 경우, 꽃을 자르는 방향을 주의 깊게 생각해 보아야 한다 - 동일한 두 개의 반쪽꽃을 가져야 한다. 이것은 화식도를 그리는 데 큰 도움이 될 수 있다. 또한, 화식도는 꽃받침과 꽃잎, 그리고 자방의 태좌와 연관된 수술의 위치를 보여준다.

반쪽꽃을 그릴 때 아래와 같은 다양한 관례를 사용하는 경우가 많다.

1. 전체 꽃에 존재하는 조각의 정확히 반수가 있어야 한다.
2. 화피 조각(꽃받침과 꽃잎)에는 이중선을 사용하고 절단된 가장자리는 특정한 모양이 없거나 흰색으로 남긴다.
3. 절단된 가장자리 뒤에는 3차원 그림으로 보여준다.
4. 약간의 음영이나 색상을 사용하여 형태를 보여주면 다른 부분을 더 선명하게 하는 데 도움을 줄 수 있다.
5. 흑백에서는 밑씨의 뒤 공간을 검은색으로 표시하는 것이 관례이다.
6. 꽃의 각 부분은 옆의 것들과 비교하여 정확하게 배치되어야 한다; 예를 들어, 꽃잎과 어긋나게 달리는(호생) 꽃받침의 경우에 명확하게 표현해야 한다.
7. 반쪽꽃 안에 있는 수술, 암술대, 암술머리를 반으로 자르기는 어려운 경우가 종종 있지만, 이론적으로는 그들의 구조를 주의 깊게 보고 해부된 것처럼 그려야 한다. 때로는 특히 꽃의 내부 구조가 복잡할 때 암술머리, 암술대, 수술 등이 잘린 구조로 보이지 않으면 반쪽 꽃이 더 쉽게 설명된다. 그들이 완전히 보였다는 것을 설명하기 위해 메모를 추가해야 한다.
8. 자방 내 밑씨의 배열은 식별 특징일 수 있다. 이것이 종단면에 드러나지 않는 경우, 자방의 횡단면 도면을 포함해야 할 수도 있다(또는 화식도를 포함한다).

화식도

화식도는 기본적으로 위에서 본 꽃의 평면도이다. 그것은 서로 다른 꽃 부분들의 위치를 보여주고 또한 어떤 부분이 서로 결합하는지를 보여주기 위해 사용된다. 자방을 통과하는 횡단면에는 태좌가 드러난다. 수첩에 대충 화식도만 그려도 도움이 되는 경우가 많다. 이것은 꽃 구조를 분류하는 데 도움이 될 뿐만 아니라 반쪽꽃을 묘사하기 위해 절단 방향을 결정할 때 매우 유용하다. 그러나 깔끔한 화식도를 그리는 것은 까다로울 수 있으며, 특히 방사대칭형 꽃의 경우 일련의 동심원을 그리는 것을 포함하기 때문이다. 만약 당신이 이것을 하기로 한다면, 부록 II의 서식이 도움이 될 수 있다. 이것들은 당신에게 원과 꽃 부분을 위치시킬 반지름의 위치를 확인하는 데 도움이 된다.

마지막으로, 여기에서는 특히 반쪽꽃, 화식, 화식도 등이 주로 꽃 구조를 이해하는 데 도움이 되는 방법으로 고려되고 있으며, 전통적인 방법들이 필요에 맞게 조정될 수 있다는 것을 항상 기억하여야 한다.

그림 8.32 화식도, 절단 방향을 정하기 위해 사용된 큰달맞이꽃의 반쪽꽃 그림(그림 8.33).

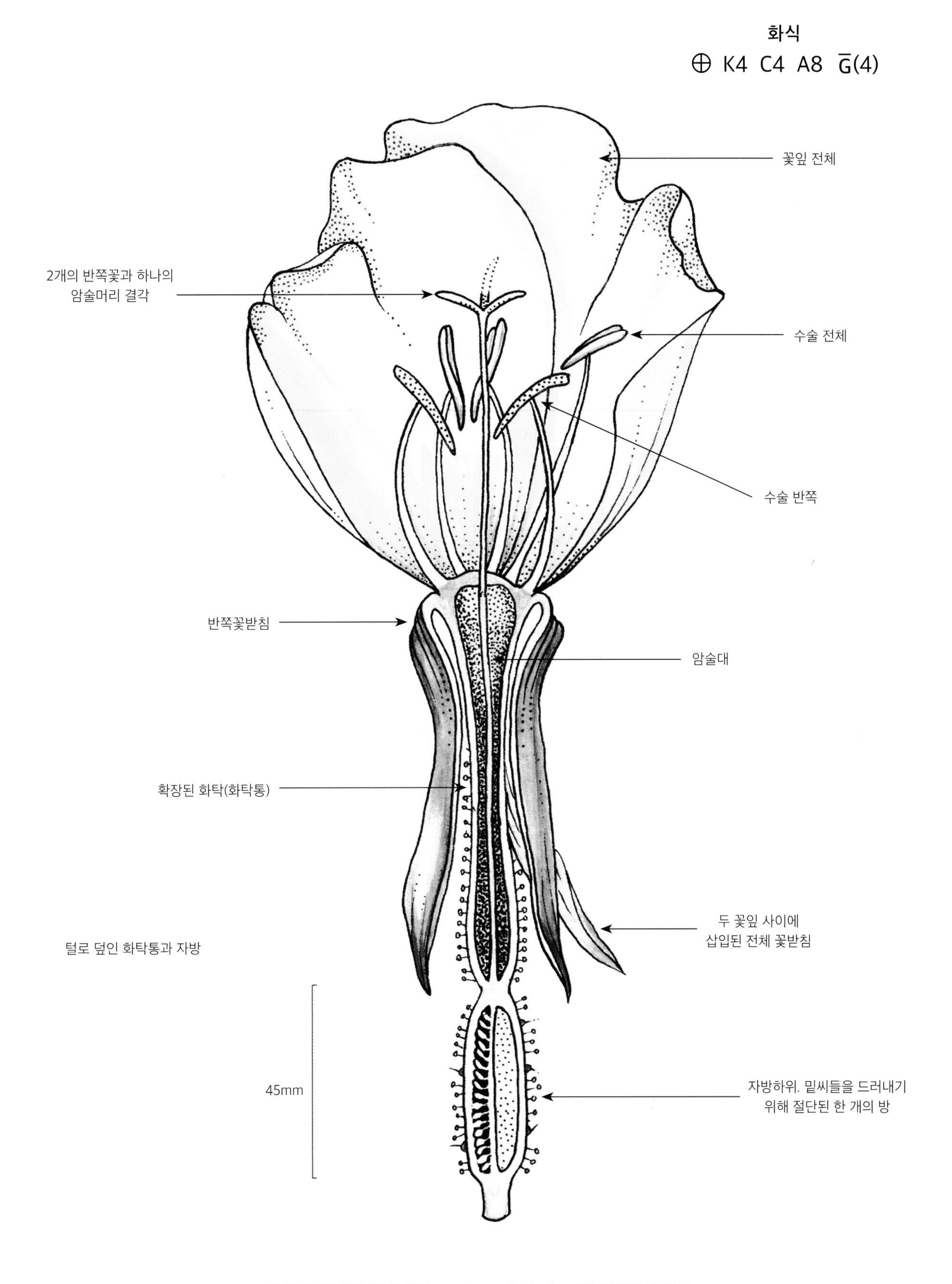

그림 8.33 큰달맞이꽃(*Oenothera glazioviana*)의 반쪽꽃과 화식.

꽃차례

꽃은 단독으로 피거나 꽃차례(화서) 속에 여러 송이가 함께 모여 필 수도 있다. 꽃차례에서는 꽃이 피는 주요 줄기를 총화경이라고 한다. 각각의 꽃줄기는 소화경이라고 알려져 있다.

포엽

꽃들은 포엽이라고 알려진 잎의 엽액에서 발달한다. 포엽들은 종종 본엽과는 다르며 때로는 매우 다르다. 꽃 일부에서 포엽을 구별하는 것이 항상 쉬운 것은 아니다. 예를 들어 포엽은 진짜 꽃받침을 닮았을 수도 있고 때로는 진짜 꽃받침을 숨기기도 한다. 밝은색의 포엽은 꽃잎처럼 보일 수 있고 수분 매개자를 끌어들이는 역할을 할 수도 있다. 그런 '꽃'을 더 자세히 조사해 보면 덜 눈에 띄는 진짜 꽃의 존재가 드러날 것이다.

그림 8.34 포엽의 예시 및 위치, 형태, 색상.

a) 꽃받침처럼 생긴 큰 포엽들을 가진 유럽메꽃(*Calystegia sylvatica*). 포엽들이 갈리지면 꽃받침들이 드러난디.

b) 아스트란티아 마요르 '루비웨딩'(*Astrantia major* 'Ruby Wedding')는 화서(산형화서)의 아랫부분에 진한 분홍색의 포엽 고리를 가지고 있다.

c) 화서의 정상부에 색이 있는 포엽들을 가진 살비아 비리디스(*Salvia viridis*). 그 아래에서 꽃들을 볼 수 있다.

d) 부겐빌레아 - 세 개의 밝은 자홍색 포엽들이 작은 관 모양의 흰 꽃을 둘러싸고 있다.

꽃차례 전체를 감싸고 있는 포엽을 불염포라고 한다. 불염포의 기능은 나도산마늘(*Allium ursinum*) 에서와 같이 주로 꽃을 보호하는 것으로, 꽃이 필 때 갈라져서 열리고 종잇장처럼 마른다. 큰꽃부채 같은 다른 종에서는 불염포가 화려하며 수분 과정에 역할을 한다.

그림 8.35 불염포의 형태와 색상.

a) 갈라지면서 꽃차례를 드러내는 아가판서스류 (*Agapanthus* sp.)의 불염포.

b) 개화한 꽃차례의 아래에서 마른 불염포를 볼 수 있다.

c) 큰꽃부채(*Anthurium scherzerianum*)의 밝은 붉은색 불염포. 왼쪽은 불염포로 둘러싸인 어린 꽃차례.

d) 발달하는 꽃차례를 둘러싸고 있는 얇은 불염포를 가진 나도산마늘(*Allium ursinum*) .

꽃차례 종류

얼핏 보면 어떤 꽃차례들은 무질서한 꽃 군집처럼 보일 수도 있다. 그러나 몇 가지 기본적인 형태의 꽃차례는 상당히 쉽게 인식될 수 있으며 여기에 설명한다. 꽃차례의 구조와 꽃들의 개화 순서를 이해하는 것은 작품을 그릴 때 꽃과 눈을 올바르게 배치하는 데 도움이 될 것이다. 꽃의 배열이 복잡하고 분류에 문제가 있는 경우에는 너무 많은 시간을 들이지 않는 것이 좋다. 주의 깊게 관찰하고 보이는 것을 그리면 된다.

그림 8.36 총상화서. 숫자는 개화하는 순서를 보여준다.

수상화서

a) 니포피아 '아틀란타' (*Kniphofia* 'Atlanta').

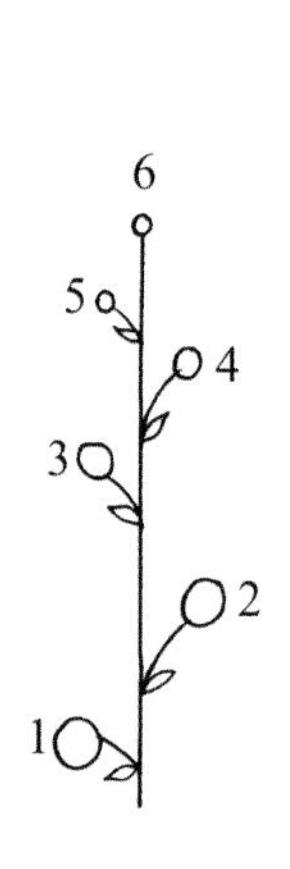

총상화서

b) 말털이슬 (*Circaea lutetiana*).

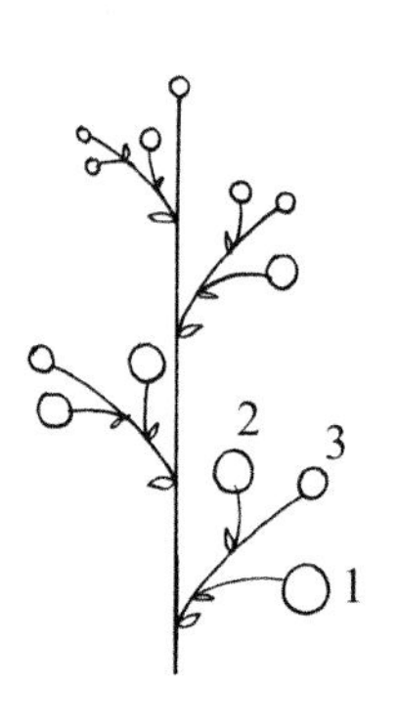

원추화서

c) 아코니툼 나펠루스 (*Aconitum napellus*).

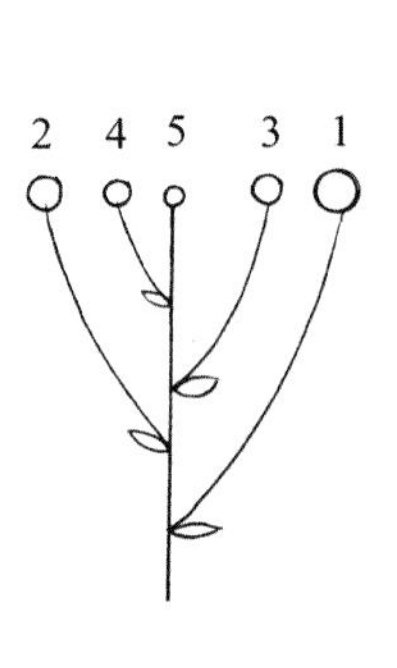

산방화서

d) 유채꽃(*Brassica napus*).

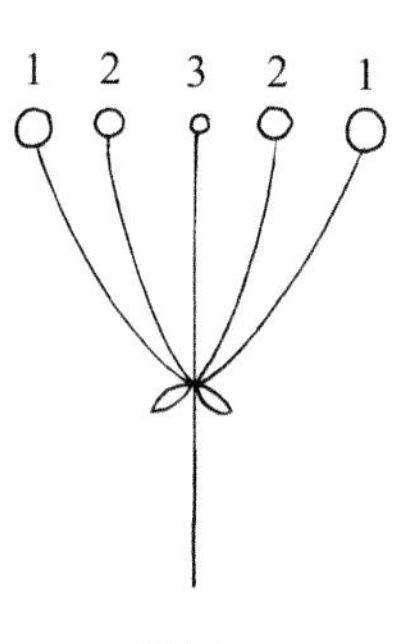

산형화서

e) 꽃부추속 식물(*Triteleia laxa*).

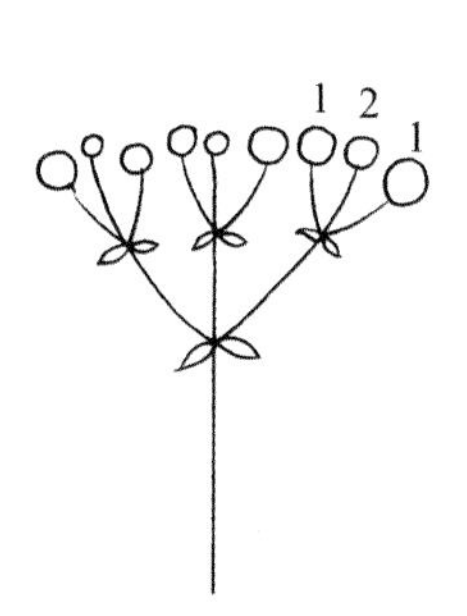

복산형화서

f) 멧돼지풀(*Heracleum sphondylium*).

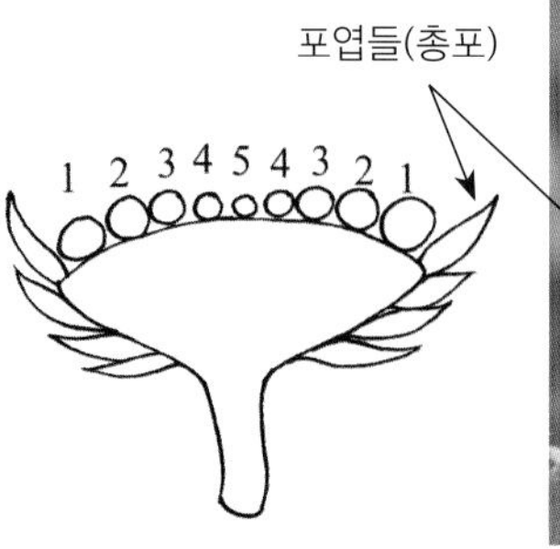

두상화서

g) 몬타나수레국화 (*Centaurea montana*).

꽃차례의 기본 형태

꽃차례는 두 개의 주요 그룹으로 구분된다. 첫 번째는 총상화서로, 주축의 생장이 무한하다('단축분지성' - 7장 참조). 꽃은 주화축이 계속 자라는 동안 곁가지에서 생산된다. 이는 꽃의 개화 순서가 꽃차례의 밑에서부터 위쪽으로 향한다는 것을 의미한다.

1. 수상화서 - 꽃들은 소화경이 없고, 주축에서 바로 자란다.
2. 총상화서 - 주축(총화경)에 달리는 꽃에 소화경이 있다.
3. 원추화서 - 꽃은 그 자체가 갈라진 곁가지에 생긴다.
4. 산방화서 - 꽃은 서로 다른 길이의 소화경을 가지고 있으며, 표면적으로는 산형화서처럼 보이는 짧게 깎은 머리 모양의 무리를 형성한다(5번 참조). 복산방화서는 산방화서에 산방화서가 한 번 더 있는 형태이다.
5. 산형화서 - 소화경은 모두 주축의 같은 지점에서 생긴다. 산형화서는 정상부에 편평한 형태나 거의 구형이다. 복산형화서는 산형화서에 산형화서가 한 번 더 갈라지는 형태로 이루어져 있다. 이러한 형태의 꽃차례는 미나리과(Apiaceae) 식물들의 전형적인 특징이다.
6. 두상화서 - 종종 작은 꽃들은 납작하거나 돔 모양의 화탁에 바짝 붙어있으며, 포엽으로 형성된 원판에 둘러싸여 있다. 이러한 형태의 꽃차례는 국화과(Asteraceae) 식물들의 전형적인 특징이다.

두 번째 그룹인 취산꽃차례는 주축의 생장이 꽃의 발달로 종료(가축생장)된다. 아래쪽 눈에서 자라나는 측면 가지들은 생장을 계속하기 때문에 이론적으로 가장 오래된 꽃은 맨 위에 있다. 그러나 실제로는 꽃봉오리가 있는 곁가지가 더 오래된 줄기를 넘어설 수 있으므로 꽃의 순서가 항상 쉽지만은 않다.

취산화서는 꽃줄기의 한쪽(단기산화서) 또는 양쪽에서 모두 분기(복기산화서)할 수 있다. 복취산화서는 그 안에서 다시 분지한 소화경들을 가진다.

그림 8.37 취산화서의 일반적인 형태.

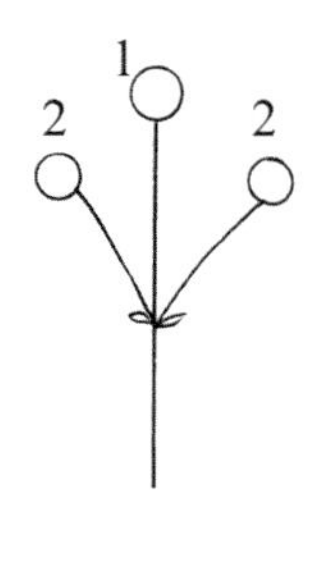

a) 두 개로 분지하는 하나의 취산 화서를 가진 풍경뱀무(*Geum rivale*).

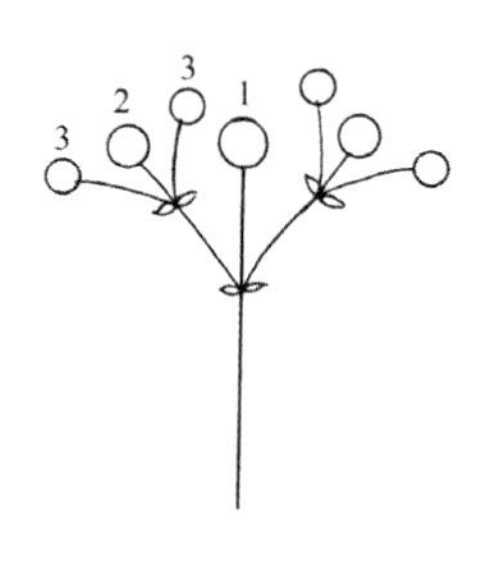

b) 복합취산화서를 가진 별꽃속 식물(*Stellaria holostea*).

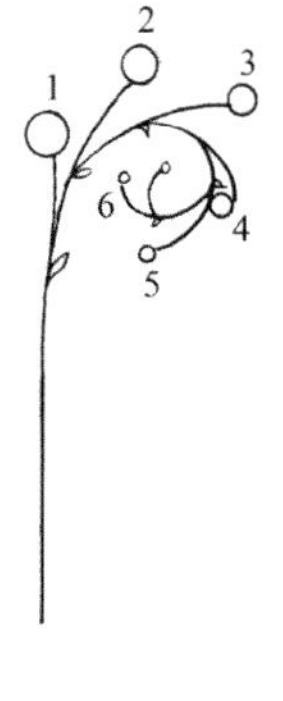

c) 전갈꼬리처럼 말린('coiled') 꽃차례(권산상 취산화서)를 가진 물망초류(*Myosotis discolor*).

복합화서와 미상화서

꽃차례들은 혼합될 수 있다. 예를 들어, 꽃차례가 총상화서처럼 무한생장을 하는 주축을 가지지만 각 꽃은 취산화서 형태로 배열되어 있다. 이러한 복합화서는 특히 해석하기 어려운 경우가 많다.

미상화서라는 용어는 엄격하게 꽃의 무게 때문에 아래로 처지는 총상형 수상화서를 의미한다. 그 꽃들은 보통 단성화이고 대부분 작다. 주축은 총상화서이지만, 작은 꽃들은 주로 작은 취산화서로 뭉쳐있으며, 포엽들에 의해 보호받는다.

그림 8.38 복합화서와 미상화서.

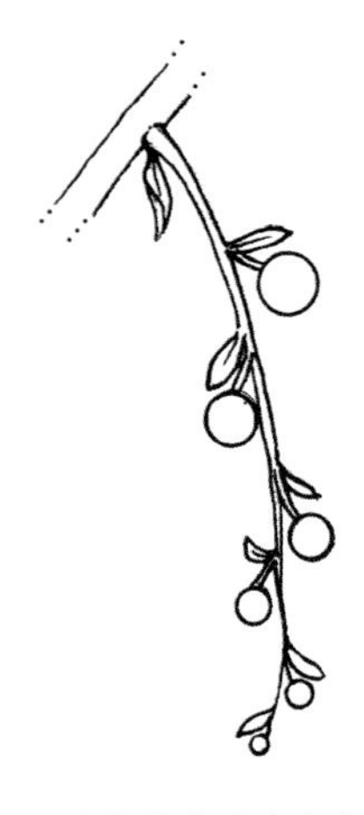

a) 총상의 미상화서. 꽃의 무게에 매달려 있는 수상화서.

b) 축 늘어져 흔들거리는 수꽃 미상화서를 보여주는 자작나무(*Betula pendula*). 포엽은 총상화서의 축에 위치한다. 각 포엽은 3개의 작은 수꽃을 가진 취산화서를 감싸고 있다.

c) 납작한 화탁에 배열된 아주 작은 꽃들의 집합이 두상화서를 형성하는 큰톱풀(*Achillea ptarmica*). 이 두상화서들이 다시 산방형으로 배열되어 있다.

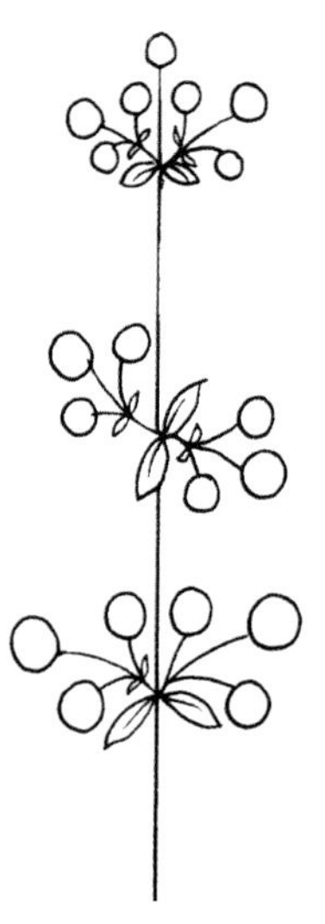

d) 취산화서들이 총상화서 축에 마주나게 배열되어 있다. 꽃들은 아주 짧은 소화경을 가지고 있어서 취산화서로 뭉쳐난다.

e) 이러한 형태의 화서는 개박하류(*Nepeta sp.*) 같은 꿀풀과의 전형적인 특징이다.

자기 평가 과제

1. 반쪽꽃 묘사와 그 꽃의 화식 등을 포함한 꽃에 관한 식물학적 연구 작품을 제작하여 꽃의 구조에 대한 이해를 확인한다. 필요한 곳에 스케일바를 추가하는 것을 잊지 말아야 한다. 적어도 대충이라도 화식도를 그리는 것이 공부에 도움이 된다는 것을 발견할 수 있다. 반쪽꽃에 라벨을 붙인다. 만약 작품을 컬러로 만들기로 한다면, 그림의 흑백 복사본에 라벨을 붙이는 것이 나을 수도 있다.

2. 같은 과에서 두 종을 선택한다.
   a) 과의 전형적인 특징을 그림으로 설명하고, b) 구별하는 특징을 설명한다. 꽃의 특징(열매나 씨앗이 아닌)에 의해 구별되는 식물을 선택하도록 한다.

이 과제를 통해서 식물의 구조적 특징을 알아내는 데 식물지가 도움이 된다는 것을 알게 될 것이다. Hickey&King(1988, 1997)에 과의 특성에 대한 상세한 삽화와 설명이 제시되어 있다.

CHAPTER 9

유성생식

유전(THE GENETICS) - 소개

유성생식은 남성과 여성의 유전 물질을 결합하는 것을 포함한다. 이러한 유전 물질의 혼합은 진화에 필수적인 요인인 자손의 변이를 초래한다(1장 참조). 꽃의 기본 구조가 매우 다양한 것은 이 혼합을 성공적으로 이루기 위해 진화한 다양한 방법들과 관련이 있다.

유성생식의 세포 분열

세포의 핵(복수형 nuclei)은 유전 물질(DNA)을 운반하는 염색체를 포함하고 있다. 이것들은 세포가 분열하기 시작할 때 보이게 된다. 같은 종인 각 개체의 세포에 있는 염색체의 수는 대개 일정하지만 다른 종의 세포는 다른 개수를 가질 것이다. 이 염색체들은 두 개의 같은 집합을 형성하는 쌍으로 배열되어 있다. 유성생식을 하기 전에 특별한 형태의 세포 분열(감수분열)이 일어난다. 이는 단 하나의 염색체 쌍을 가지고 있는 세포(남성의 배우자체와 여성의 난세포)를 형성하는 결과를 낳는다. 수정이 일어나는 동안, 한 쌍의 염색체가 함께 모이고 그 결과 발달하는 배아 안에서는 염색체의 완전한 수가 복원된다.

잡종

성공적인 유성생식을 위해서는 한 종 안에서처럼 두 부모가 밀접하게 일치하는 유전적 구성을 하고 있어야 한다. 유성생식은 때때로 다른 종의 개체들 사이에서 일어날 수 있다. 그러나 밀접하게 연관되어 있다 하더라도, 그들의 염색체 쌍이 적절한 매칭이 가능할 만큼 유전적으로 닮지 않은 경우가 대부분이다. 그러한 잡종들은 대개 불임이라서 유성생식을 할 수 없다. 서로 다른 식물 속에 속한 개체들 사이의 잡종은 매우 드물다.

< 그림 9.1 말벌에 의해 수분 되는 꽃들은 보통 검붉은색이며, 짧고 넓은 화관통과 쉽게 접근할 수 있는 꿀을 가지고 있다. 대표적인 예로 물현삼(*Scrophularia auriculata*) 꽃에 나무말벌이 방문한 모습.

꽃가루

화분립(pollen grain)에는 수컷의 유전 물질이 있다. 각각의 화분립들의 내용물은 외부의 벽에 의해 보호되는데, 이 외벽은 눈에 띄게 파괴에 대한 저항력이 있어서, 꽃가루 알갱이가 먼 거리를 운반될 수 있게 해준다. 고배율의 현미경을 통해 보면, 다른 종의 화분립들은 매우 다양한 크기, 모양, 표면 무늬를 보여주며, 밀접하게 관련된 몇몇 종을 제외하고, 화분립을 이용해서 식물 종을 식별할 수 있다. 가능하다면, 고성능 현미경으로 화분립을 관찰하거나 Kessler & Hrley (2009)의 책에 있는 아름다운 사진들을 보기를 권장한다. 바람에 의해 확산하는 화분립(풍매)은 보통 매끄럽고 건조한 표면을 가지고 있지만, 곤충에 의해 확산하는 것들(충매)은 끈적끈적하고 매우 화려한 겉모습을 가지고 있다.

a) 바람에 의해 확산하는 유럽개암나무 (*Corylus avellana*) 꽃가루 x1500.

b) 곤충에 의해 확산하는 개쑥갓(*Senecio vulgaris*) 꽃가루 x900.

그림 9.2 전자현미경으로 본 꽃가루의 외형. (사진 David Spears, 디지털 컬러링 Madeleine Spears)

과학조사에서의 화분립

파괴할 수 없는 꽃가루 껍질의 성질과 화분립을 통해서 식물 종을 식별할 수 있는 능력은 과학 수사를 포함한 많은 과학조사에서 중요한 도구인 화분학의 기초를 형성한다. 예를 들어, 범죄 사건의 용의자들이나 그들의 물건들에서 발견되는 화분립은 그들의 최근 동향에 대한 보완증거를 제공할 수 있고, 꽃가루 종류의 구성 정보는 아마도 범죄가 저질러진 곳의 식물군집과 일치함을 보여줄 수 있다.

수분과 수정

적절한 종의 화분립이 일단 암술머리에 도달하면, 당과 호르몬을 포함한 분비물이 화분립을 자극하여 자방을 향해 자라는 화분관을 암술대의 세포들 사이에 형성하게 된다. 다른 종에서 온 화분립이 정상적인 화분관을 형성하는 경우는 드물다.

화분관에는 두 개의 핵이 들어 있다. 이것 중 하나는 화분관의 성장을 조절한다. 다른 하나는 분열하여, 두 개의 남성 생식세포를 형성한다. 이것들은 밑씨 안에 배아를 만들기 위해서 화분관에 의해 배낭으로 운반된다. 생식세포 하나는 종자 안에 배아를 형성하기 위해서 배낭 안에 있는 난세포와 결합한다. 다른 하나는 배낭핵과 결합하여 발달하는 씨앗을 위한 양분 저장소를 형성하는데, 이것은 배유라고 불린다.

이러한 과정들에 대한 기본적인 이해는 도움이 되지만, 식물세밀화가에게는 성공적인 수분 작용을 달성하고 수정이 이루어지는 방식과 관련이 있는 여러 다른 꽃 부분의 발달 형태, 색깔, 향과 발달의 시기 등이 훨씬 더 큰 관심을 가질 주제가 되며 이 주제가 이 장의 주요 부분을 형성한다.

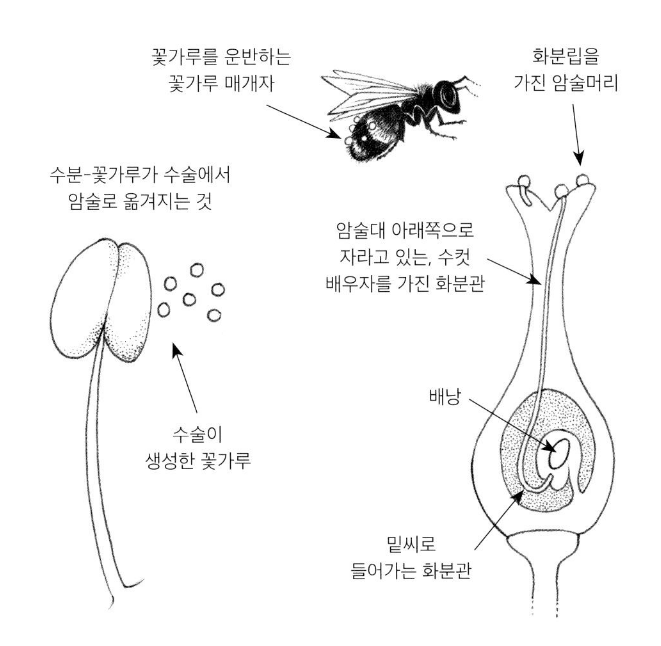

수정은 수컷의 배우자가 배아 주머니로 들어가서 암컷의 난세포와 배아 주머니 핵과 결합할 때 발생한다.

그림 9.3 수분과 수정.

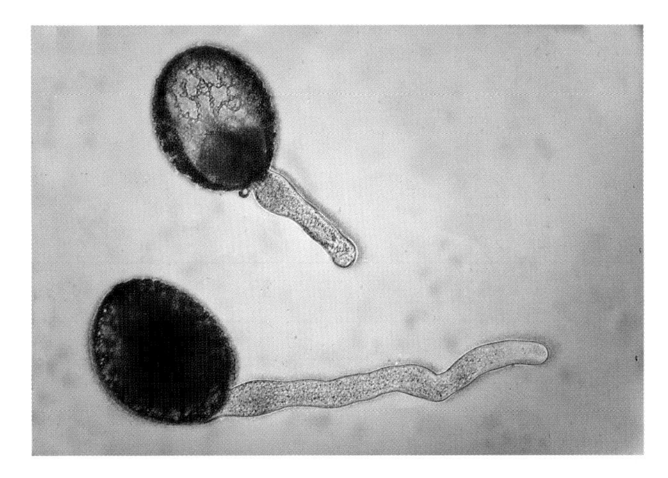

그림 9.4 현미경 슬라이드 위의 설탕 용액에 들어 있는 백합 화분립, 화분관이 자라기 시작한다.

타가수분과 자가수분

자손 세대에서 최대 변이를 이루기 위해서는, 한 식물의 수술에서 다른 꽃의 암술머리에 꽃가루가 옮겨져서 생긴 타가수분에 의한 수정이 가장 좋다. 그러나 타가수분에 의존하는 것은 위험하다. 그것은 불리한 계절 조건 때문에 발생하는 꽃가루 매개자의 부족 또는 같은 종의 식물 부재로 인해 실패할 수 있다. 자가수정을 하면 적은 변이가 발생하지만, 이로 인해 생산된 종자는 더 신뢰할 수 있고 종자가 생산되지 않는 것보다 낫다. 어떤 식물들, 특히 단명식물(ephemeral)과 같이 수명이 매우 짧은 식물들, 또는 기후 조건이 개화나 꽃가루 매개자의 행동에 자주 영향을 미치는 식물들은 보통 자가수분과 자가수정을 한다. 그러나 대부분 식물에는 자가수분도 자주 발생하지만, 타가수분을 촉진하는 과정이 있다.

자가불화합성과 자가수정 조절

자가불화합성(자가불임성)은 자가수분의 결과로 일어나는 자가수정의 정도를 조절한다. 암술머리는 자신의 꽃가루와 다른 식물의 꽃가루를 구별하는 능력을 갖추고 있다. 여러 식물에서 자가불임성의 다양한 범위가 확인되었다. 대부분 식물에서 자신의 수술에서 나온 최소한 일부 꽃가루는 밑씨를 성장시키고 수정시키는 데에 제한을 받을 것이다. 개불알풀 종류(*Veronica filiformis*)와 같은 몇몇 종은 완전한 자가불임성이다. 이 식물은 19세기 초에 정원용 암석원 식물로서 영국에 소개되었다. 이 식물은 무성생식에 의해 빠르게 확산하여, 작은 줄기 조각으로부터 쉽게 뿌리를 내리고 복제 군집(유전적으로 같은 개체들의 집단)을 형성했다. 현재는 잔디밭에서 흔히 볼 수 있는 잡초가 되었고, 초여름에 화사한 푸른 꽃을 대량으로 만들어 낸다. 이들 식물은 모두 무성생식에 의해 파생되었기 때문에 유전적으로 너무 유사하고, 자가불임성으로 생존 가능한 씨앗을 생산할 수 없다는 것을 의미한다.

a) 이 외래식물은 줄기 조각의 무성번식으로 빠르게 확산한다.

b) 열매가 형성되기 시작하지만, 생존 가능한 씨앗은 거의 생산되지 않는다.

그림 9.5 개불알풀 종류(*Veronica filiformis*).

타가수분을 선호하는 과정과 그에 따른 타가수정

단성화

유럽호랑가시나무(*Ilex aquifolium*)와 서양쐐기풀(*Urtica dioica*)처럼 수꽃과 암꽃이 서로 다른 개체에서 발생(자웅이주)하는 식물들은 타가수분만 일어날 수 있다. 단점은 만약 이것이 실패하면 자가수정을 하기 위한 '예비(back-up)' 과정이 없다는 것이다.

a) 유럽호랑가시나무(*Ilex aquifolium*) 수그루에 피는 꽃은 완전한 수술과 덜 발달한 암술군을 형성했다.

b) 유럽호랑가시나무(*Ilex aquifolium*)의 암컷 나무에 피는 꽃은 암술군을 완전히 형성했지만, 수술이 완전히 발달하지 않았다.

그림 9.6 충매화인 유럽호랑가시나무(*Ilex aquifolium*)의 다른 개체들에 있는 단성화들.

한 식물에 있는 성을 분리하면 타가수분이 발생할 가능성이 커지지만 약간의 자가수분이 허용된다. 엽액에서 큰 단성화가 발달하는 페포호박(*Cucurbita pepo*)이 좋은 예다.

그림 9.7 꽃이 핀 페포호박(*Cucurbita pepo*).
이 두 개의 암꽃은 꽃잎과 꽃받침 아래에 위치하여
부풀어 오른 하위자방으로 알아볼 수 있다.

다른 시기에 성숙하는 암수 부위

단성화를 가지는 많은 식물이 수꽃과 암꽃이 서로 다른 시기에 성숙하며, 더 나아가 타가수분을 촉진한다. 보통, 이 경우 유럽오리나무(*Alnus glutinosa*) 처럼 암꽃이 먼저 성숙한다. 호두나무(*Juglans regia*)의 경우 어떤 개체들은 암꽃이 먼저 성숙하고, 어떤 개체들은 수꽃이 먼저 성숙하여 타가수분을 촉진한다는 점에서 흥미롭다. 각각의 나무에서 먼저 핀 꽃보다 2주일 정도 나중에 다른 성의 꽃이 핀다.

양성화(남성 부위와 여성 부위를 모두 포함)는 숲제라늄(*Alnus sylvaticum*)에서 볼 수 있듯이 보통 수술이 먼저 성숙(웅예선숙)한다. 구린내헬레보레(*Helleborus foetidus*)는 심피(암술)가 먼저 성숙하는 식물(자예선숙)의 예이다.

a) 숲제라늄(*Alnus sylvaticum*)은 웅예선숙이다. 최근에 개화한 오른쪽에 있는 꽃은 수술성숙기에 있다. 왼쪽에 있는 오래된 꽃의 꽃밥은 수술에서 떨어졌고 암술머리가 열려있고 준비가 되어있다.

b) 구린내헬레보레(*Helleborus foetidus*)는 자예선숙이다. 최근에 개화한 꽃의 암술은 미성숙한 수술을 넘어 열린 꽃의 밖으로 돌출되고 꽃가루를 받을 준비가 되어있다.

그림 9.8 웅예선숙 및 자예선숙 - 암술과 수술이
다른 시기에 성숙.

그림 9.9 성숙한 암꽃과 미성숙한 수꽃차례를 보여주는 호두나무(*Juglans regia*)의 개화하는 줄기.

움직이는 부위

꽃의 상세모습을 그릴 때, 의심할 여지 없이 많은 꽃의 성기관들이 다른 시기에 성숙할 뿐만 아니라 꽃 안에서 그들의 위치를 바꾼다는 것을 알아차릴 것이다. 이것은 수술이나 암술머리가 그들의 적절한 발달단계에서 화분매개자와 접촉할 가능성이 가장 클 수 있도록 보장한다. 그들이 성숙함에 따라 변하는 이러한 꽃 부위들의 움직임은 분홍바늘꽃(*Chamerion angustifolium*)에서 쉽게 볼 수 있다. 자신의 암술대 위에 뒤로 말린 암술머리는 보완기능으로 자가수분 과정을 제공할 수도 있다.

이 식물을 방문하는 곤충들을 보는 것은 흥미롭다. 그들의 행동은 타가수분 과정의 일부분이다. 들어오는 곤충들, 특히 벌들은 꽃차례를 방문할 때 보통 대부분 아랫부분에서 시작하며, 암술성숙기에 있는 꽃을 먼저 방문한다. 따라서 그들이 몸에 지닌 꽃가루는 열려있는 암술머리 위에 쌓일 가능성이 크다. 이것은 우연이 아니다: 벌들은 암술성숙기의 꽃들이 더 많은 꿀을 생산하고 있다는 것을 배운다. 점차 벌들은 꽃차례를 따라 위로 움직이며 결과적으로 다른 식물로 옮겨가기 전에 덜 성숙한 수술성숙기의 꽃 속에서 꽃가루를 찾는다.

그림 9.10 꽃이 피고 성숙함에 따른
분홍바늘꽃(*Chamerion angustifolium*)의 변화.

a) 개화 직후 이른 아침, 수술은 성숙해지면서 꽃가루를 흩어낸다. 암술대는 아래로 굽어지고 암술머리는 닫혀있다.

b) 1~2시간 후 암술머리가 열리기 시작한다.

c) 오전 중이면 꽃가루 대부분은 사라진다.
암술머리는 완전히 열려있고 꽃가루를 받는다.

d) 한낮; 암술머리는 뒤로 말리고 암술대로부터 꽃가루를 모아 자가수분을 일으킨다.

그림 9.11 분홍바늘꽃의 꽃을 방문하는 벌들의 행동.

a) 화서 정단부에 있는 어린 꽃, b) 아래쪽을 향해 피어
준비가 된 암술을 가진 성숙한 꽃을 보여주고 있는 화서.

여성 단계의 꽃에서 꿀을 채취하는 뒤영벌.

다양한 꽃 구조를 가진 식물

어떤 식물들은 두 종류 이상의 양성화를 생산한다. 여러 과의 식물에서 나타나지만, 가장 친숙한 예는 앵초속 종(*Primula* spp.)들이다. 구조적인 차이의 상세모습은 다양하며 털부처꽃(*Lythrum salicaria*)과 같은 어떤 식물들은 두 종류 이상의 꽃을 가지고 있다.

앵초류를 자세히 관찰하면 두 종류의 꽃이 있다는 것을 알 수 있다: 장주화와 단주화. 곤충이 장주화를 방문했을 때, 곤충의 주둥이(혀)는 화관 중간쯤에 있는 수술로부터 꽃가루를 얻는다. 곤충의 혀에 있는 이러한 꽃가루의 이러한 곤충이 단주화를 방문할 때 암술머리에 꽃가루가 더 많이 쌓일 수 있게 한다. 마찬가지로, 단주화에서 채취한 꽃가루는 장주화의 암술머리 위에 쌓이기에 적합한 위치에 있다. 앵초의 개체군에서 꽃의 절반은 단주화가 나머지 절반은 장주화가 될 것이다.

우리가 본 대로, 성공적인 수분과 수정은 암술머리를 관통하고 암술대를 따라 자방으로 내려가는 화분관을 만들어 내는 꽃가루에 의존한다. 이 사진들은 앵초의 화분립의 크기와 암술머리가 가진 돌기의 크기가 일치하지 않는 것을 보여준다. 이것은 적어도 단주화의 큰 꽃가루 알갱이들이 너무 큰 화분관을 만들어 내어 단주화의 암술 표면을 관통하지 못해 자가수분을 방지하는 것으로 보인다. 또한 장주화의 작은 화분립이 장주화의 암술로 옮겨질 경우, 긴 화분관을 자방까지 생장시킬 수 있을 만큼 충분한 양분이 없을 가능성이 있다.

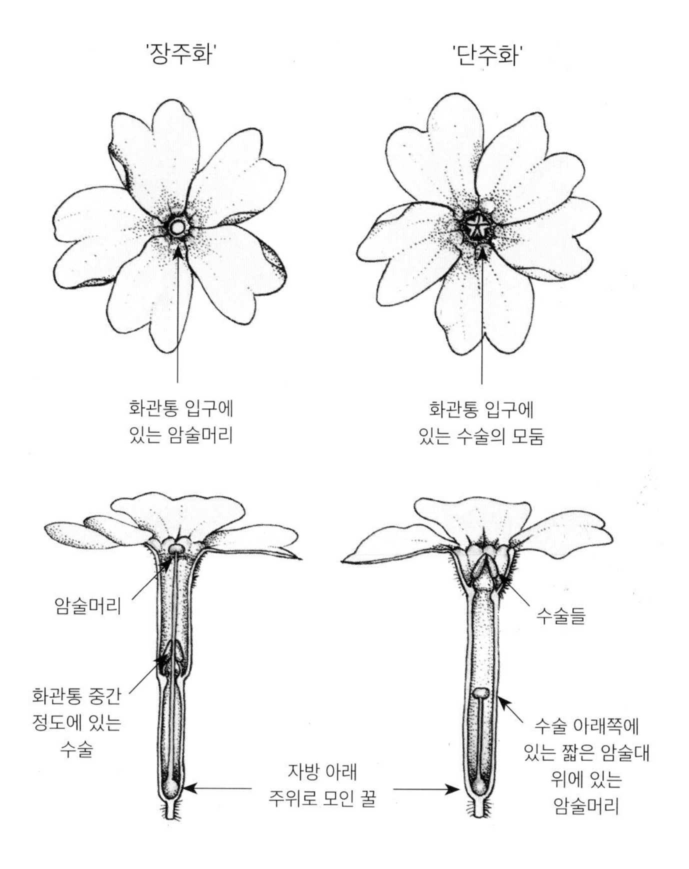

a) 장주화와 단주화를 가진 앵초꽃의 구조.

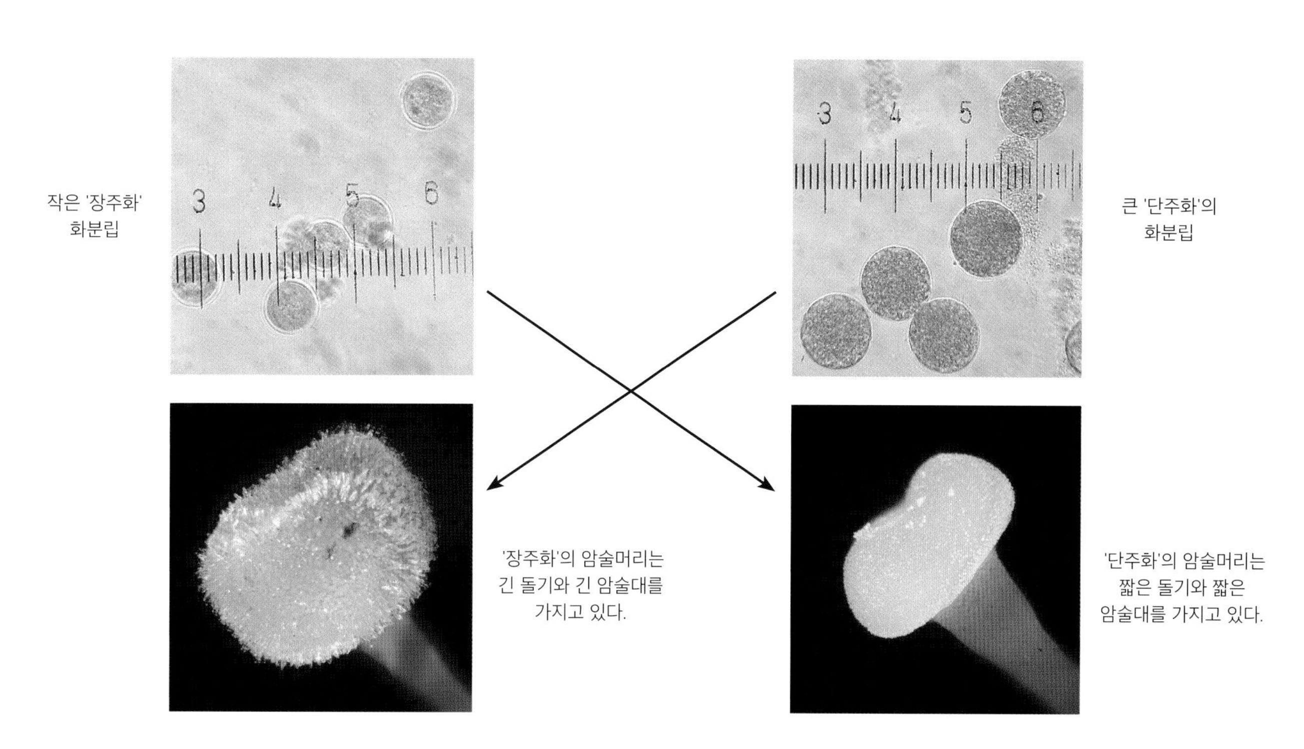

b) 꽃가루와 암술머리의 돌기 크기 차이는 타가수분을 더욱 촉진한다.

그림 9.12 프리뮬라 불가리스(*Primula vulgaris*)의 타가수분.

a) 익숙한 하얀 봄꽃을 보여주는 애기괭이밥.

b) 나중에 잎사귀 사이에서 생산되는 폐쇄화.

그림 9.13 애기괭이밥(*Oxalis acetosella*)의 폐화수정.

폐화수정 - '닫힌 결혼식'

또한 한 종류 이상의 꽃을 생산하는 식물도 있어, 타가수분이 촉진되는 동안, 적어도 몇몇은 자가수분이 일어날 것을 보장한다. 예를 들어 초여름에 나타나는 애기괭이밥(*Oxalis acetosella*)의 흰 꽃들은 타가수분이 될 가능성이 있다. 나중에, 눈에 띄지 않는 작은 꽃들이 잎들 사이에서 만들어진다. 이 꽃들은 절대 열리지 않고 자동으로 자가수분이 그 안에서 일어난다. 이러한 꽃은 그리스어로 '닫힌 결혼식'을 뜻하는 폐화수정(cleistogamy)이라고 불린다. 이 현상은 제비꽃과 벼과식물에서도 흔하게 일어난다.

꽃가루의 이동

타가수분은 같은 종의 식물 중 한 개체의 수술에서 꽃가루가 다른 개체의 암술머리로 옮겨지는 것에 의존한다. 물에 의한 이동은 놀랄 만큼 드물며, 바람과 동물(특히 곤충, 새, 포유류)은 꽃가루 전달의 가장 흔한 매개자들이다. 예를 들어 수분 과정에서 바람이나 곤충에 의해서만, 혹은 많은 꽃에서 보듯이 오직 한 종류의 곤충에 의해서만 수분 되는 단친화형(monophilic)인 반면, 다른 식물들은 바람에 의해서 수분되거나 때로는 곤충이나 다른 동물들에 의해서도 수분 될 수 있는 다친화형(polyphilic) 종들이다.

수매

이동은 물 표면에서 가장 빈번하게 발생한다. 자라풀과(Hydrocharitaceae) 식물인 나사말류(*Vallisneria spiralis*)는 작은 수꽃들이 수면에 방류되어 물이나 바람에 의해 암꽃으로 이동된다. 더 친숙한 가래속(*Elodea* spp.) 수초는 꽃가루 자체로 수면을 가로질러 떠다닌다. 그러나 수컷 식물은 영국에서는 매우 드물고 다른 곳에서도 찾기 어려우므로 이 식물은 줄기조각과 겨울눈을 이용한 무성생식이 중요하다.

그림 9.14 가래속(*Elodea* spp.) 수초의 암꽃은 자방 밑에 화탁이 길어져 만들어진 화탁통대(hypanthial stalk)가 있어 수면 위로 올라온다(그림 8.28). 세 개의 방수 암술머리는 꽃가루 알갱이를 잡을 수 있도록 뒤로 꼬여 있고, 세 개의 불임성 수술이 꽃의 중심에서 솟아오르는 것을 볼 수 있다.

풍매

동물을 유인할 필요가 없는 풍매화는 대개 작고 비교적 눈에 띄지 않아 향기와 꿀이 부족하다. 화피는 초록색이거나 칙칙할 수 있으며, 많이 축소되거나 없을 수도 있다. 수술은 종종 길어서 축 늘어지는 수술대를 가지고 있다. 또한, 꽃가루를 방출하면서 바람에 자유롭게 휘날릴 수 있는 꽃밥을 가지고 있을 것이다. 암술머리는 꽃가루를 잡기 위해서 종종 크고 털이 있다.

꽃 자체는 우리가 흔히 볼 수 있는 영국의 많은 삼림 지대 나무에서처럼 바람에 쉽게 흔들리는 길쭉한 미상화서에 얹혀 있을 수도 있다. 전형적으로 잎이 완전히 형성되기 전인 연초에 꽃이 펴서 바람에 더 노출되게 한다. 자가수분은 종종 수꽃과 암꽃의 물리적 분리 또는 암수가 발달하는 시기를 달리하는 시간적 분리로 제한된다.

풍매화는 대개 많은 양의 꽃가루를 생산한다. 그러나 낭비되는 꽃가루는 곤충과 다른 동물들의 변덕스럽고 때로는 변덕스러운 행동으로부터 독립한다는 이점에 의해 상쇄된다. 낙엽성 삼림 지대의 몇몇 풀과 우세한 나무들처럼 어떤 종들이 많은 개체군을 형성하는 곳에서 풍매화는 매우 성공할 수 있다. 풍매는 진화적인 측면에서 원시적이라고 생각해서는 안 된다. 그 증거로 서양물푸레나무처럼 풍매가 되는 종들이 충매화에서 발달했다는 것을 들 수 있다.

충매

영국이나 그 외 유럽에서는 곤충이 꽃의 수분에서 매우 중요하다. 여기에는 특정 조류나 포유류 수분매개자가 없다. 그러므로 이 장의 대부분과 선택된 예들은 곤충의 수분 작용에 집중하고 있다. 그러나 만약 정원 식물이나 이국적인 종을 묘사하고 있다면, 거의 틀림없이 새나 포유류에 의해 수분이 되는 식물의 특징을 보여주는 꽃과 마주치게 될 것이다. 그래서 이러한 식물의 일반적인 특징도 설명되어 있다.

동물에 의해 수분이 되는 꽃들은 대부분 어떤 먹이 형태의 보상을 제공함으로써 매개동물들을 끌어들여야 한다. 또한, 쉽게 발견될 수 있도록 그들의 존재를 광고할 필요가 있고, 꽃과 꽃 부분이 그들의 특정 수분매개자가 접근하기 쉽게 해야 한다.

a) 긴 털 같은 암술머리를 보이는 성숙 초기의 꽃.

b) 대롱거리는 수술대와 자유로이 움직이는 꽃밥을 보여주는 성숙 후기 단계의 꽃.

그림 9.15 큰뚝새풀(*Alopecurus pratensis*). 눈에 띄지 않는 작은 꽃망울들은 포엽의 작은 조각들로 둘러싸여 있다. 암술머리는 먼저 성숙하며, 대부분 자신의 수술이 성숙하기 전에 다른 개체에 있는 수술로부터 꽃가루를 받는다(자예선숙이다).

그림 9.17 꽃가루를 구름처럼 쏟아내는 구주물푸레(*Fraxinus excelsior*)의 수꽃.

a) 수꽃은 길게 늘어뜨린 미상화서로 자란다. 이것들은 잎이 완전히 발달하기 전에 생기기 때문에 바람에 의해서 쉽게 도달할 수 있다.

b) 작은 자루를 가진 암꽃은 각각 세 개의 암술머리를 가지고 있다.

그림 9.16 풍매화인 유럽참나무(*Quercus robur*).

보상

기본적으로 물에 녹은 설탕 용액인 꿀(nectar)은 곤충, 새, 포유류에게 가장 중요한 먹이이다. 또한 많은 곤충은 꽃가루 그 자체를 먹고 산다. 특히 벌들은 단백질을 비롯한 영양분을 공급하는 에너지의 1차 공급원인 꿀과 꽃가루를 모두 먹고산다. 그들이 수집하는 꽃가루의 상당한 부분은 유충의 먹이로도 사용된다.

a) 유럽제비난초(*Platanthera chlorantha*)의 거에 저장되어있는 꿀.

b) 피카리아 베르나(*Ficaria verna*)에서 꽃가루를 모으는 유럽 뒤영벌(*Bombus pratorum*). 뒤영벌 몸은 꽃가루로 덮여 있다.

그림 9.18 꽃가루 매개자에게 제공되는 보상.

유카와 유카나방 - 매우 특수한 관계

유카는 북아메리카와 서인도 제도에서 발견되는 용설란과(Agavaceae)에 속하는 식물 속이다. 흰 크림색의 큰 꽃이 키가 크고 현란한 화서에 핀다. 이 꽃들은 특히 밤에 강한 향기를 풍기며, 관련된 제한적인 종류의 나방에 의해 수분 된다.

암나방은 수술에 기어 올라와서 특별히 변형된 입 부분으로 꽃가루를 머릿밑에 덩어리로 모은다. 그리고는 적당한 자방을 찾아 다른 꽃으로 날아간다. 아직 아무도 알을 낳지 않은 적령기의 꽃을 발견하면, 세 개의 자방실 중 하나에 알을 낳는다. 그러고 나서 결합하여 관을 형성한 암술대 위에 올라가고, 모아온 꽃가루 중 일부를 튜브 아래 암술머리 속으로 집어넣는다. 보통 3개의 자방실에 각각 알을 낳은 후 수분 작용을 하게 된다. 수분이 이루어지지 않은 꽃은 곧 죽고, 나방에 의해 수분이 된 꽃들은 유충의 먹이뿐만 아니라 나방알에 가까운 밑씨가 비정상적으로 발달하여 은신처를 제공한다. 덧붙여 수정된 다른 밑씨도 씨앗을 형성하여 후대를 위한 나방 애벌레의 먹이식물 공급을 보장한다. 유충은 몇 년에 걸쳐 한 군집으로 성숙하여, 유카 꽃이 피지 못하더라도 몇 년 동안 나방이 살아남을 수 있도록 한다.

이 특별한 관계에서 유카 나방은 유충의 성장을 위해 유카 식물에 의존하고, 유카는 수분과 종자 생산을 위해 나방에 의존한다.

그림 9.19 유카(*Yucca* sp.)의 꽃.

a) 산구름국화(*Aster alpinus*)는 국화과 식물로, 작은 관상화들로 구성된 원반 모양의 가장자리를 자주색 설상화들이 둘러싸고 있다.

b) 개화 중인 양백당나무(*Viburnum opulus*)의 꽃이 피는 정상부에는 작은 유성화들을 둘러싸고 있는 커다란 무성화가 보인다.

그림 9.20 더 잘 보이게 하려고 두상화서로 작은 꽃들이 뭉쳐있는 두 가지 예시.

꽃의 가시성

각각의 꽃은 크고 밝은색일 수 있다. 그 대신에 작은 꽃들이 함께 뭉쳐질 수도 있고, 때로는 꽃을 흉내 낼 수도 있다. 그 예는 여러 과에서 발견되며, 대표적으로 작은 꽃들이 하나의 소두에 모여있는 국화과의 특징이고(두상화서, 8장 참조), 꽃받침처럼 보이는 이삭잎(총포)으로 둘러싸여 있다. 예를 들어, 산구름국화(*Aster alpinus*)의 긴 띠 모양의 보라색 설상화들은 노란색 원반을 형성하고 있는 작은 관상화 꽃들 주위에 꽃잎 같은 고리를 형성한다. 이 과의 다른 종들은 모두 관상화 또는 설상화로만 구성될 수도 있다(8장 참조).

어떤 종에서는 두상화서의 모든 꽃이 유성화가 아닐 수도 있는데, 안쪽의 작은 꽃들만이 생식기능을 가지며, 바깥쪽의 화려한 무성화들은 식물의 존재를 알리는 역할을 한다.

충매화의 색상

곤충들은 인간이 인식하는 방법과는 다른 방식으로 색깔을 인지한다. 대부분 곤충은 자외선에 민감하지만, 스펙트럼 끝의 적색 부분은 잘 보지 못한다. 유일한 동물성 꽃가루 매개자가 곤충인 영국과 같은 나라에서는 밝은 빨강(주홍색) 꽃을 가진 토착종이 거의 없다.

충매화 중에서 사람의 눈으로 볼 수 있는 가장 흔한 색깔은 흰색, 노란색, 분홍색, 파란색, 보라색이다. 흰색과 옅은 색은 어두운 배경에서 잘 나타난다. 해 질 무렵이나 밤에 개화하는 꽃은 흰색이나 옅은 색 꽃이 자주 피는데, 이 꽃은 자연광 대부분을 반사해서 눈에 더 잘 띈다.

a) 개양귀비 들판.

b) 벌은 '밝은 자외선'으로 보이는 양귀비에 끌린다.

그림 9.21 주홍색은 영국의 야생화에서 보기 드문 색이다. 하지만 양귀비와 같은 붉은 꽃은 벌과 같은 곤충들이 민감하게 반응하는 자외선을 반사한다.

a) 분홍색 - 너도부추(*Armeria maritima*).

b) 파란색 - 크나우티아 아르벤시스(*Knautia arvensis*).

c) 자홍색 - 붉은장구채(*Silene dioica*).

d) 보라색 - 개제비꽃(*Viola riviniana*).

e) 황색 - 노랑까치수염(*Lysimachia nemorum*).

f) 백색 - 달맞이장구채(*Silene latifolia*).

그림 9.22 인간의 눈으로 본 충매화의 흔한 색상.

꽃꿀 가이드 및 다른 색 신호

많은 꽃은 그들의 꽃잎에 '꽃꿀 가이드' 표시를 하고 있으며, 꽃가루 매개자들을 밀선으로 유도하는 과정에서 수술과 암술머리에 접촉하게 한다. 그러나 스펙트럼 끝의 자외선 색상은 인간에게 보이지 않으며 우리에게 보이지 않는다고 해서 거기에 없다고 가정해서는 안 된다. 특별한 사진 기법으로 곤충이 볼 수 있는 자외선 표시가 널리 존재한다는 것이 밝혀졌다.

많은 꽃은 다른 색깔 신호가 있는 것으로 알려져 있다; 예를 들어, 일단 꽃이 수분이 되면, 꿀의 생산이 중단되거나 감소하는 경우가 많다. 수분 된 꽃의 색깔이나 꽃잎에 있는 표시의 변화는 곤충들이 어떤 꽃이 아직 방문할 가치가 있는지를 알 수 있게 하여 수분을 더 효율적으로 만든다.

a) 앉은좁쌀풀속 식물(*Euphrasia* sp.). 보라색 줄무늬가 밀선으로 이끄는 동안 노란색 점은 곤충을 착륙 플랫폼으로 안내한다.

b) 가시칠엽수(*Aesculus hippocastanum*)의 꽃은 처음 열렸을 때 노란색 꽃꿀선 가이드를 가지고 있다(1). 수분 후에는 분홍색으로 변한다(2).

그림 9.23 색상 신호가 있는 꽃.

향기의 역할

꽃은 색깔뿐만 아니라 향기를 이용해 곤충을 유인한다. 하지만 꽃가루 매개자가 있을 것 같지 않을 때 향을 내는 것은 낭비다. 꽃은 꽃가루 매개자를 유인할 준비가 되어있을 때만 향기를 발산할 것이다. 나방은 특히 냄새에 민감하고 먼 거리에 있는 냄새를 감지할 수 있으며, 이때 황혼이나 밤에 피는 많은 종이 가장 강하게 향기를 풍긴다. 모든 향기가 사람들이 맡기에도 좋은 것은 아니다. 썩은 고기를 먹는 파리와 같은 곤충들에 의해 수분 되는 종들은 분명히 불쾌할 수 있다.

a) 드래곤아룸의 커다란 꽃(길이 40cm까지)은 죽어서 썩어가는 동물의 사체 같은 강하고 불쾌한 냄새를 풍긴다.

b) 냄새에 이끌려, 주로 죽은 동물에 알을 낳는 금파리.

그림 9.24 드래곤아룸(*Dracunculus vulgaris*).

꽃꿀 도둑

많은 곤충이 꽃들을 방문하여 꿀을 훔치고 심지어 수분 작용을 일으키지 않고 꽃가루를 먹기도 한다.

실레네 불가리스(*Silene vulgaris*)와 같은 일부 꽃들은 꿀을 훔치는 것을 더 어렵게 만드는 적응을 했다. 디기탈리스(*Digitalis perpurea*)처럼 꽃의 주둥이에 있는 털이나 다른 부속체들은 너무 작은 곤충들이 꽃으로 들어가는 것을 막는다(그림 9.32 참조).

a) 긴 혀를 꽃의 전면에 삽입하여 꿀을 얻는 뒤영벌(*Bombus pascuorum*). 이 행동은 수분을 일으킬 수 있다.

b) 꽃의 밑부분을 뜯어서 꿀을 먹고 있는 혀가 짧은 유럽뒤영벌(*Bombus pratorum*).

그림 9.25 컴프리(*Symphytum officinale*)에서 꿀 훔치기.

그림 9.26 실레네 불가리스(*Silene vulgaris*). 부풀어 오른 가죽질의 꽃받침이 꽃의 많은 부분을 감싸서 꿀을 훔치려 하는 것들로부터 꽃을 보호한다.

조류와 포유류에 의한 수분

조매

꽃가루 매개자를 포함한 매우 다양한 조류들이 있다. 북아메리카와 남아메리카의 벌새, 호주의 꿀빨이새, 남아프리카의 꿀새 등이 그 예다. 꽃의 크기, 모양, 위치와 색상이 마찬가지로 다양하지만, 다음과 같은 몇 가지 공통점이 있다는 것은 놀라운 일이 아니다:

1. 대부분의 조매화는 낮에 피는 꽃으로, 대부분 아침에 개화한다.
2. 새들은 스펙트럼 끝의 적색광에 더 민감하므로, 꽃은 일반적으로 밝은 빨간색이지만 종종 대비되는 밝은색-오렌지, 노랑, 푸른색, 녹색 등을 가지고 있다.
3. 꽃꿀 가이드는 종종 존재하지만, 충매화만큼 뚜렷하지는 않다.
4. 제공되는 보상은 대부분 꿀이며 대개 풍부하다.
5. 새들은 흔히 꽃의 밑부분을 쪼아 꽃꿀에 도달하려고 하므로 자방은 보통 보호된다. 꽃들은 축 늘어져서 새가 쪼기 더 힘들게 만들기도 한다.
6. 대부분 새는 후각이 잘 발달하지 않아서 향기가 없다.

그림 9.27 꿀을 먹고 있는 갈색가슴벌새(*Heliodoxa rubinoides*). 벌새가 꽃 앞에서 맴돌면 돌출된 꽃 부분이 머리와 닿는다. (Melvin Grey의 사진)

그림 9.29 미국능소화(*Campsis radicans*). 주황색 꽃들은 많은 양의 묽은 꿀을 생산한다. 튼튼한 가죽질의 꽃받침은 새들이 꽃 밑의 꿀에 도달하려고 할 때 자방을 쪼는 것을 막는 데 도움을 준다. 이 꽃은 주로 벌새에 의해 수분 되며 북아메리카 자생종이다. 이 작은 새들은 비록 종종 먹이를 먹기 위해 꽃 앞에서 맴돌지만, 꿀을 먹기 위해 꽃으로 바로 들어갈지도 모른다.

그림 9.28 인디언시계덩굴(*Thunbergia mysorensis*) 꽃의 일부. 꽃은 붉은색과 노란색으로 밝게 채색되어 있을 뿐만 아니라 각 꽃은 난초꽃처럼 180도 회전하여 수분시켜주는 새들에게 화관을 보여 준다. 이 식물은 인도에서 자생하며 태양새에 의해 수분 된다.

포유류 수분(mammal pollination)

호주, 남아프리카, 열대 아메리카에서 꽃가루 매개자로 알려진 날지 않는 포유류들이 많이 있다. 그러나 열대지방에서 박쥐는 가장 중요한 포유류 꽃가루 매개자이다. 박쥐에 의해 수분이 되는 꽃의 일반적인 특징은 다음과 같다:

1. 해 질 무렵이나 해가 진 후에 열리는 밤에 피는 꽃이다.
2. 꽃은 억세고 종 모양이나 스커틀(scuttle) 모양의 꽃이 자주 핀다.
3. 박쥐가 쉽게 접근할 수 있는 곳에 위치한다.
4. 몇몇 색깔은 나방에 의해 수분이 되는 꽃의 색깔과 비슷하지만, 많은 것들이 거무칙칙한 색이다.
5. 향기는 박쥐에게 중요하며 꽃은 종종 강하고 다소 불쾌한 냄새를 풍긴다.
6. 묽은 꿀은 물론 꽃가루도 대량 생산된다.

그림 9.30 야생 바나나(*Musa* spp.)는 새와 박쥐 모두에 의해 수분 될 수 있다. 꽃들은 여기 재배된 식물에서 볼 수 있는 크고 어두운 자주색 포엽의 엽액에 모여있다. 암꽃이 먼저 발달한다. 나중에 성숙하는 수꽃은 아직 열리지 않은 포엽 속에 여전히 싸여 있다.

수분 과정 연구

각각의 주요 수분유형 내의 꽃들은 공통적인 특징을 가지고 있다. 그러나 각각 다른 종들에서 수분 과정의 세부 사항은 복잡하다. 그러나 그것은 매우 매혹적이다. 연구하는 대상의 수분 과정에 대한 이해는 작품에 큰 영향을 줄 것이며, 꽃의 구조와 외형 그리고 그들이 어떻게 행동하는지 이해하는 것과 상세모습의 중요성에 대해 인식하는 데 도움을 줄 것이다.

이미 설명된 공유된 특성은 대상 식물이 어느 수분 방식에 속하는지 실마리를 제공하지만, 자세한 내용을 파악하기 위해서는 조금 더 많은 작업을 해야 할 것이다. Hickey & King (1988)과 Proctor, Yeo & Lack (1996), Holm & Bredsdorff (1979)에서 도움이 되는 정보를 찾을 수 있을 것이다. 인터넷은 또 다른 유용한 정보원이 될 수 있다.

무엇보다도, 만약 자생지에 있는 식물을 방문할 수 있다면, 꽃들을 관찰하고 무슨 일이 일어나는지 보도록 노력하는 것이 좋다 - 예를 들어, 어떤 곤충들이 방문하며 어떤 행동을 하는지? 정원 꽃을 보는 것도 매우 유용하고 흥미롭지만, 많은 식물이 지리적으로 맞지 않거나 잘못된 환경에 있어서 자연적인 수분 매개자가 없을 수도 있고 다른 수분 방식이 일어날 수도 있다는 것을 기억하여야 한다. 식물학자들은 여전히 수분 작용에 대해 알아내야 할 것이 많고 여러분이 새로운 것을 발견할지도 모른다!

그림 9.31 한련화(*Tropaeolum majus*)의 수분.
한련화는 곤충들만큼 벌새들도 빈번하게 찾는 남아메리카와 중앙아메리카의 자생종이다. 이것이 외래종인 영국에서는, 이 식물의 수분 작용에 중요한 역할을 할 수 있는 긴 혀를 가진 호박벌류가 주로 방문한다.

충매 - 몇몇 예시

영국에서 충매 작용은 특히 중요하며, 따라서 여기에 제시된 수분 과정의 예는 이 유형에서 도출되었다.

어떤 꽃들은 비교적 일반적인 수분 과정을 가지고 있어서 광범위한 곤충들에 의해 수분 된다. 그들은 밝은색의 화려한 꽃들을 가지고 있어 쉽게 꿀을 구할 수 있게 만드는 것에 의존한다. 그러한 식물에서는 자가불임성에 의해 수정이 제한될 수 있지만, 자가수분의 가능성은 클 수 있다. 다른 식물들은 다음의 예에서 볼 수 있듯이 제한된 범위의 종에 의해 타가수분을 할 가능성이 훨씬 더 큰 구조를 진화시켰다.

벌

특히 벌들은 효율적인 꽃가루 매개자이고 많은 꽃은 이들을 선호하는 과정을 진화시켜왔다.

디기탈리스(*DIGITALIS PURPUREA*)

화관의 크기는 벌과 같은 큰 곤충에 맞도록 진화했다. 무늬는 벌이 꿀을 향하여 꽃으로 들어가도록 안내한다. 안에서 벌은 화관의 천장에 있는 꽃 부분과 접촉한다. 꽃들은 웅예선숙이며, 대부분 수술이 꽃가루를 떨어뜨릴 때까지 암술머리는 성숙하지 않는다. 분홍비늘꽃(그림 9.11 참조)처럼, 벌들은 화시의 위쪽에시 꽃가루를 내뿜고 있는 어린 꽃들보다 화서의 아랫부분에 있는 더 오래된 꽃들을 먼저 방문하여 다른 식물에서 얻어온 꽃가루를 암술머리에 남긴다. 꽃의 입구에는 긴 털들을 볼 수 있다. 털들은 너무 작은 곤충들을 꽃의 입구에서부터 차단하여 수분 작용을 일으키지 못 하게 한다.

그림 9.32 디기탈리스(*Digitalis purpurea*)는 호박벌처럼 화관 천정에 있는 수술과 암술머리를 건드릴 수 있을 만큼 충분히 큰 곤충에 의해 수분 된다. 곤충을 꽃 속으로 유인하는 밀선 가이드를 형성하는 어두운 색의 점들을 주목하라.

그림 9.32 a) 화관 통부에 들어가는 호박벌.

그림 9.32 b) 새로 개화한 수술성숙기의 꽃. 수술이 곧 꽃가루를 날리려고 한다. 암술머리는 아직 준비가 안 되었고 그 결각은 서로 닫혀있다. 꽃 입구의 긴 보호 털은 꽃 부분을 건드리기에는 너무 작은 곤충이 꽃에 들어가지 못하도록 하는 것을 주목하라.

그림 9.32 c) 암술성숙기의 꽃. 암술머리 결각은 열려있고 방문하는 곤충의 등을 건드릴 준비가 되어있는 암술대.

목배풍등(*SOLANUM DULCAMARA*, 가지속 식물)

이 식물의 꽃은 꿀을 생산하지 않는다. 이러한 사실은 주로 꽃가루만을 찾아다니는 곤충들이 이 꽃을 방문할 것이라는 것을 확신할 수 있게 한다. 그러나 꽃가루 방출 과정은 특히 벌들에게 적합하다. 꽃밥들은 서로 뭉쳐져서 원뿔형태(cone)를 만든다.

방문하는 벌들이 이 원뿔 모양의 꽃밥 뭉치에 매달려 날개의 진동 속도를 변화시킴으로써 꽃밥 뭉치가 흔들리면서 꽃밥의 끝에서 꽃가루를 방출한다. 이런 형태의 수분 작용은 날개의 진동 파장이 바뀌면서 발생하는 소음이기 때문에 흔히 '진동 수분'이라고 불린다.

그림 9.33 목배풍등(*Solanum dulcamara*)을 수분시키면서 '윙윙대는' 뒤영벌(*Bombus pascuorum*).

양골담초(*CYTISUS SCOPARIUS*)

곤충이 꽃을 눌러 폭발하듯이 꽃을 피우는 과정을 가진 이 꽃의 착륙 플랫폼을 누르기 위해 상대적으로 무거운 곤충이 필요하므로 주로 벌, 특히 수분을 담당하는 것들은 호박벌이다. 꽃은 전형적인 콩과에 속하는 것으로, 수술과 암술이 아래쪽에 있는 두 개의 꽃잎이 가볍게 결합한 형태로 형성된 용골판에 빽빽하게 채워져 있다. 착륙 플랫폼은 측면에 있는 두 개의 꽃잎, 즉 익판에 의해 형성된다. 기판이라고 불리는 밝은 노란색을 띤 위쪽 꽃잎에 있는 밀선가이드는 곤충들을 착륙 플랫폼으로 유도한다. 충분히 무거운 곤충이 착륙 플랫폼에 올라탔을 때, 용골판은 아래로 가라앉으며 폭발적으로 열린다. 다섯 개의 짧은 수술이 벌의 밑바닥에 닿으면 다섯 개의 긴 수술은 곤충의 등에 부딪혀서 그들에게 꽃가루를 쏟아붓는다. 꽃은 한 번밖에 폭발할 수 없으므로 암술머리는 수술과 동시에 성숙하고 꽃이 '폭발'하면서 암술대는 곤충의 등을 쓸며 꽃가루를 모은다. 자가수분이 반드시 발생하지만, 이 식물은 자가불임성이므로 자가수분이 억제된다. 목배풍등(가지속 식물)처럼, 양골담초는 꿀을 생산하지 않는다.

a) 새로 핀 꽃.

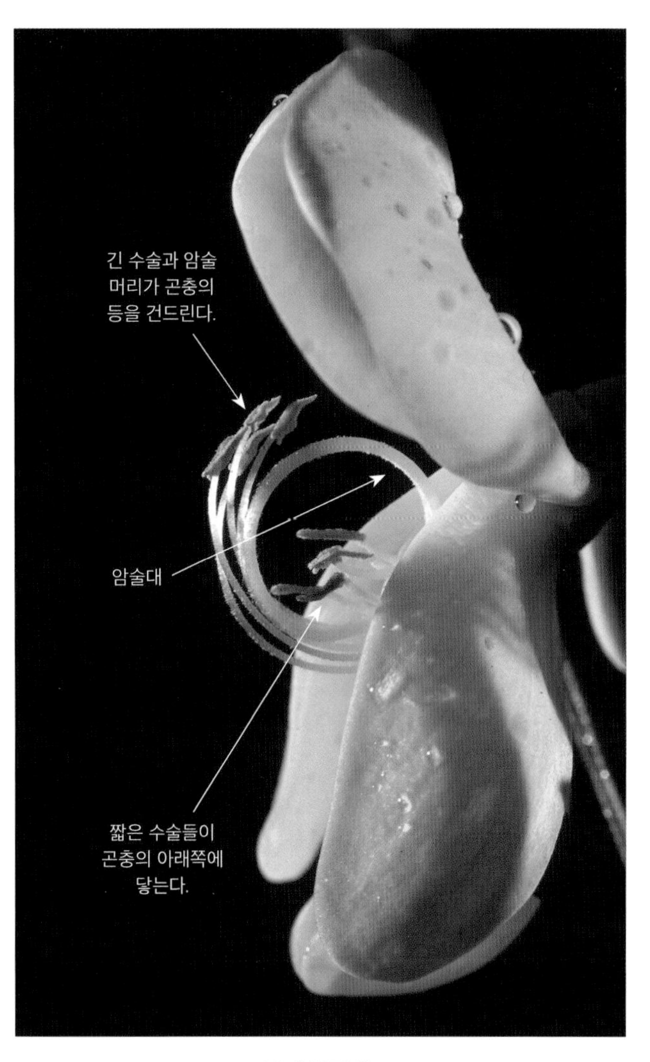

b) 촉발된 꽃.

그림 9.34 양골담초(*Cytisus scoparius*)의 '촉발 과정'.

그림 9.35 클라리세이지 '투르케스타니카'(*Salvia sclarea* 'Turkestanica')의 수분.

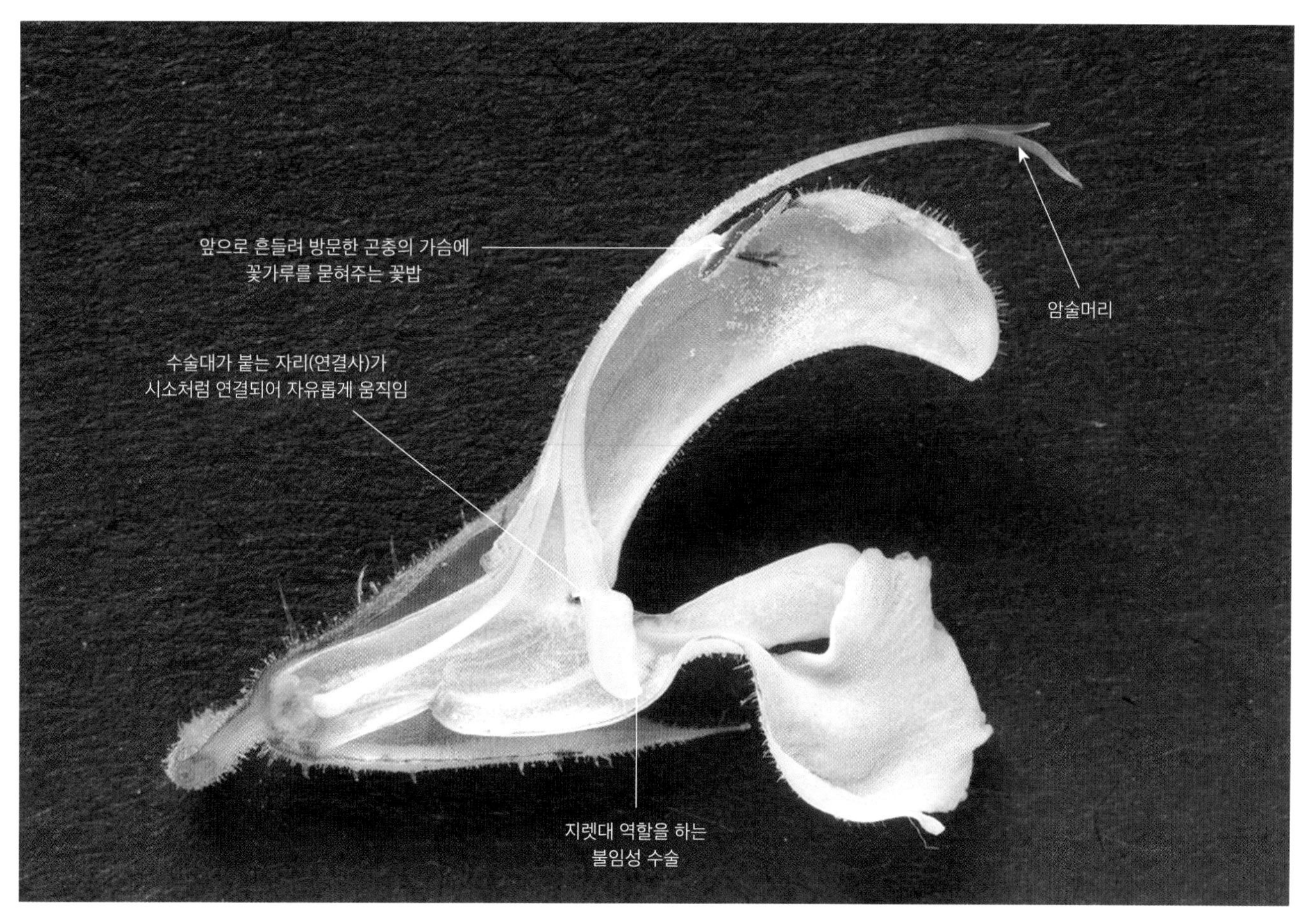

a) 꽃의 내부 구조.

클라리세이지 '투르케스타니카'
(*SALVIA SCLAREA 'TURKESTANICA'*)

여기 이 두 개의 꽃밥은 결합체를 형성하는 조직(꽃밥들 사이의 조직)에 의해 멀리 분리된다. 오직 위쪽 꽃밥만이 꽃가루를 생산하고, 아래쪽 꽃밥은 지렛대를 만들기 위해 변형된다. 수술대는 유연한 연결부위에 의해 지렛대 바로 위에 확장된 연결 장치에 연결된다. 벌이 꿀을 먹기 위해 주둥이 일부를 꽃 속으로 밀어 넣으면 지렛대가 위로 밀려서 위쪽 꽃밥이 시소처럼 아래쪽으로 이동하여 벌의 몸 위에 꽃가루를 놓는다. 성숙한 꽃에서는 암술대가 꽃의 위쪽에서 돌출되어 암술머리가 곤충의 등에서 꽃가루를 모은다. 이 과정은 세이지(*Salvia officinalis*)를 포함한 많은 샐비어 종에서 발견되므로, 이 과정이 작용하는 것을 보기 위해 이러한 식물들을 관찰하는 데 시간을 할애할 가치가 있다.

b) 수분 과정을 촉발하는 호박벌. 벌의 가슴에 꽃가루를 전달하는 수술들을 볼 수 있다.

그림 9.36 정원 팬지. (Mary Brewin)

팬지(*VIOLA* x *WITTROCKIANA*)

정원에 심는 팬지는 비록 잡종이지만, 여전히 생존 가능한 씨앗을 생산할 수 있다. 정원 식물로서 팬지의 인기는 꽃잎의 강한 색깔 신호와 좋은 향기 덕분이다. 팬지에는 많은 곤충이 방문하지만, 거에 닿을 만큼 긴 혀를 가진 벌들이 가장 중요한 꽃가루 매개자가 된다. 자세히 보면 꽃 구조와 수분 과정이 놀라울 정도로 복잡하다는 것을 알 수 있다(Procter, Yeo & Lack, 1996). 아래쪽 두 개의 수술은 각각 평평한 초록색 부속물을 가지고 있는데, 그 부속물은 아래쪽 꽃잎에 의해 형성된 거에 위치하고 그 안에 꿀을 분비한다. 선명하게 표시된 밀선 가이드들은 곤충을 그 돌출부위와 밀선으로 향하게 한다.

속이 빈 암술대 끝에 구멍이 있고 그 암술대 공간 밑에 암술머리의 표면이 있다. 또한 고리가 달려 있고 기저 부위가 유연하다. 곤충의 혀가 꽃잎의 거로 들어가면서, 암술대에 가해진 압력에 의해 액체가 조금씩 배출된다. 압력이 줄어들면, 이 액체는 다시 암술대 안으로 빨려 들어가면서 액체에 묻은 꽃가루를 암술머리 표면에 운반한다. 또한 이 액체는 곤충의 혀를 적셔 곤충이 혀를 거에 뽑아낼 때 약간의 꽃가루는 혀에 달라붙을 가능성이 더 크게 된다. 꽃 중앙에 있는 노란 털 술은 거에 들어가 꿀만 훔칠 뿐 수분 과정을 유발하기에는 너무 작은 곤충을 막는 역할을 한다.

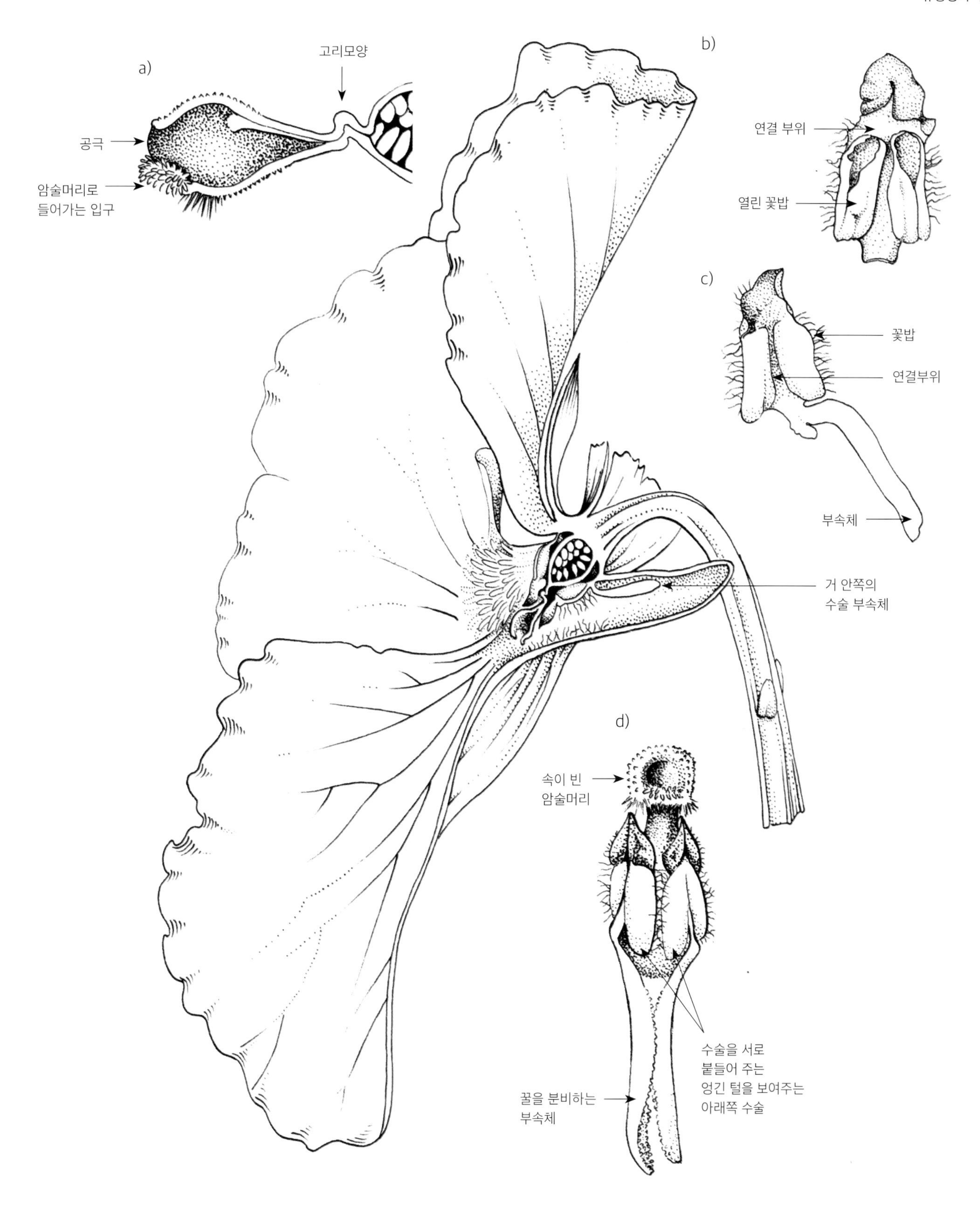

그림 9.37 펜과 잉크로 한 팬지(*Viola x wittrociana* Gams ex Kappert) 연구 작품.
a) 암술머리의 상세모습, b) 수술 연결부위의 안쪽에서 보이는 위쪽 수술, c) 수술 연결부위의 바깥쪽에서 보이는 부속체를 가진 아래쪽 수술, d) 아래쪽에서 본 두 개의 아래쪽 수술과 암술군, 꽃잎 부분이 제거됨.

파리들

많은 종류의 파리들이 꿀과 꽃가루를 먹으러 꽃을 방문한다.

프리뮬라 베리스(*PRIMULA VERIS*)

재니등에(Bombyliidae)는 연초에 날아다니며 프리뮬라 베리스(*Primula veris*)같은 우리에게 친숙한 봄꽃들의 중요한 꽃가루 매개자이다. 이 재니등에는 쉽게 알아볼 수 있다. 그들은 호박벌처럼 생겼지만, 오직 한 쌍의 날개와 수평으로 앞을 향하도록 고정된 길고 가느다란 혀를 가지고 있다. 그들은 먹이를 먹을 때 주로 주위를 맴돌지만, 종종 단단한 혀를 꽃 속으로 넣을 수 있도록 다리로 꽃을 붙잡는다.

아룸 마쿨라툼(*ARUM MACULATUM*, 천남성과)

많은 꽃이 수분을 보장하기 위해 곤충에게 먹이를 줄 때 덫을 놓는다. 작은 나방파리를 가두어 두는 이 친숙한 종은 좋은 예시이다. 이 식물의 꽃은 파리들에게 보상을 주지 않지만, 알을 낳는 적당한 장소를 제공해준다고 착각하게 한다. 화서는 불염포로 둘러싸여 있다(8장 참조). 불염포에 의해 형성된 공간 안에 놓여 있는 꽃들은 단성화이다. 암꽃이 성숙함에 따라 불염포가 열려 꽃차례(화경의 정단 부분)를 드러낸다. 이것은 열을 받으면 불쾌한 냄새를 내기 시작하며, 알을 낳을 장소(대게 똥, 썩어가는 식물성 물질 그리고 유기물 더미)를 찾고 있는 작은 파리를 끌어들인다. 불염포는 작은 돌기로 덮여 있어서 파리가 위에 착지할 때, 꽉 잡을 수 없어서 화실 안으로 미끄러져 내려간다. 불임성 수꽃은 화실로 들어가는 입구 주위에 솔 모양의 구조를 만들기 때문에 탈출이 불가하다, 갇힌 파리들은 성숙한 암꽃 주변을 이리저리 움직이고 이때 암꽃이 성숙하여, 만약 파리들이 꽃가루를 가지고 있다면 그들을 수정시킨다. 이후 24시간 동안 꽃밥은 성숙하여 파리에게 꽃가루를 퍼붓는다. 동시에 불임인 꽃은 시들어서 파리가 도망갈 수 있게 되고, 또 다른 아룸 꽃으로 유인될 준비를 한다.

그림 9.38 프리뮬라 베리스(*Primula veris*)에서 꿀을 먹는 재니등에(*Bombylius* sp.). 앵초처럼 프리뮬라 베리스는 두 가지 형태의 꽃을 가지고 있는데, 각기 다른 위치에 있는 수술과 암술머리를 가지고 있어 타가수분을 촉진하는 데 도움을 준다.

그림 9.39 아룸 마쿨라툼(*Arum maculatum*)의 화서 구조.

a) 개화한 식물체.

b) 늦여름에 나타나는 매우 선명한 붉은색 열매는 아래에 설명하는 '파리 함정' 수분 과정이 성공했음을 보여 준다.

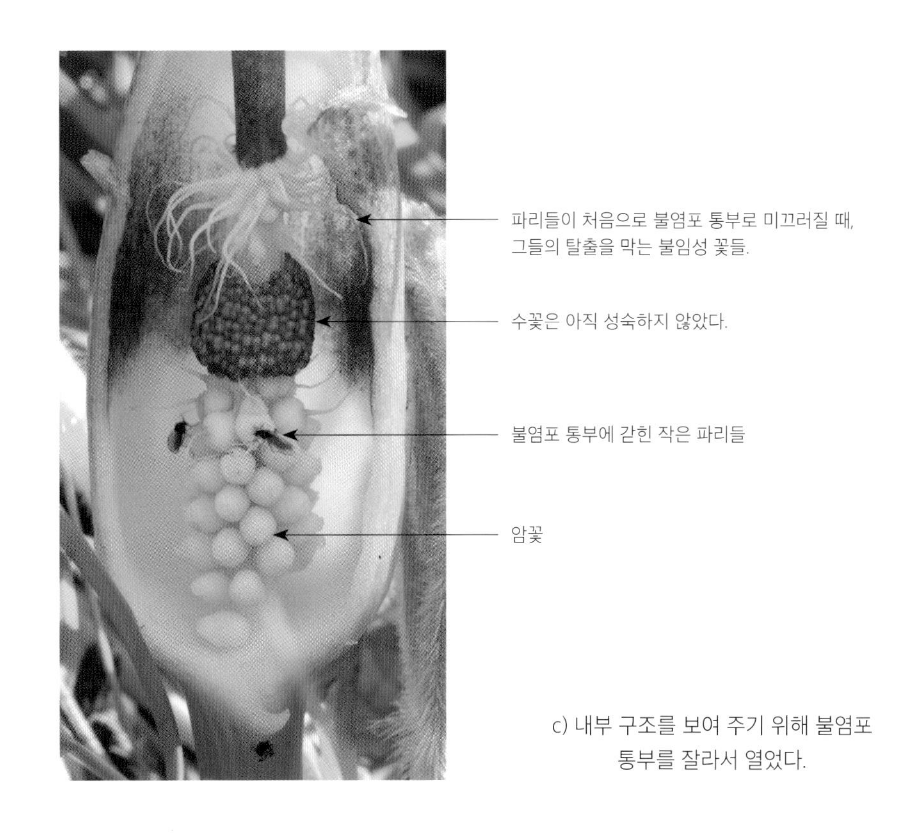

c) 내부 구조를 보여 주기 위해 불염포 통부를 잘라서 열었다.

나비와 나방

카나다엉겅퀴(*Cirsium arvense*)

낮에 비행하는 나비들은 이 식물들의 꽃 색깔에 끌리는데, 특히 나비들이 길고 유연한 입 부분을 삽입할 수 있는 작은 두상화를 가진 국화과(Asteraceae) 계열 식물들의 중요한 꽃가루 매개자이다. 두상화는 그들이 먹이를 먹으면서 앉을 수 있는 공간을 제공하고, 꽃에서 꽃으로 주둥이를 움직인다.

인동(*Lonicera japonica*)

밤에 비행하는 나방은 인동처럼 밤에 피는 식물의 중요한 꽃가루 매개자이다. 크림같이 하얀 꽃들은 강한 향기를 내뿜기 시작하는 해 질 녘에 아주 눈에 잘 띈다. 인동꽃은 수분 후에 꽃이 노란색으로 변하는데 이것은 꽃이 수분 되어 꿀이 적다는 신호를 나방에게 보내는 것일 수도 있다.

숲꽃담배(*Nicotinia sylvestris*)

크고 멋진 박각시(*Agrius convolvuli*)는 계절에 따라 이동하는 종으로, 늦여름과 가을에는 숲꽃담배처럼 긴 관이 달린 꽃을 먹으러 영국의 정원을 자주 찾는다. 8cm 이상 되는 꽃담배 화관의 아랫부분에 있는 꿀에 닿을 정도로 유난히 긴 혀를 가지고 있다. 낮 동안에는 꽃이 아래로 드리워지지만, 저녁에는 향이 나는 흰 꽃이 위로 들어 올려져 잘 보이고 나방이 먹기에 더 편리하게 된다.

그림 9.40 카나다엉겅퀴(*Cirsium arvense*) 꽃 위에서 붉은숫돌나비(*Lycaena phlaeas*)가 꿀을 먹고 있다. 길고 유연한 혀로 여러 송이의 꽃에서 먹이를 먹는 동안 두상화서를 '앉는' 장소로 이용하고 있다.

그림 9.41 인동(*Lonicera japonica*)의 수분. 이 커다란 주홍박각시(*Deilephila elpenor*)는 향기와 색깔에 의해 해 질 녘에 인동의 꽃에 이끌렸다. 먹이를 먹으면서 꽃 앞을 맴돌며 돌출된 꽃 부분을 건드리고 있다.

그림 9.42 나방이 수분하는 숲꽃담배(*Nicotiana sylvestris*).

a) 낮에는 꽃이 축 늘어져 있다가 밤이 되면 고개를 들어 올린다. 해 질 녘에 흰 꽃들이 매우 잘 보인다.

b) 꿀을 먹기 위해 꽃 안쪽 바닥까지 긴 혀를 닿게 하는 박각시(*Agrius convolvuli*).

난초꽃의 구조

꽃은 하위자방(자방이 꽃의 다른 부분보다 아래에 있음)이고 화피가 세 개씩 두 둘레로 있다. 안쪽 둘레 중 하나의 꽃잎은 매우 변형되어 종종 거를 가진다-이것을 순판(labellum)이라고 부른다. 대부분의 난초는 꽃이 자라면서 휘어져 순판이 꽃의 기저 부분에 위치하고 찾아오는 곤충을 위한 착륙 지점을 형성한다. 수술, 암술대, 암술머리가 붙어서 예주(자웅예합체)라는 특수한 구조를 형성한다. 대부분의 난초에는 생식능력이 있는 수술이 한 개 있는데 꽃가루가 끈적끈적한 덩어리를 이뤄 화분괴라고 불리는 2개의 곤봉 모양의 구조를 형성하고 있다. 3개의 암술머리 중 2개만이 꽃가루를 수용 가능하며, 이것들이 "예주"의 아래쪽 면에 암술머리 표면부를 형성한다. 세 번째 암술머리는 없거나 소취라고 불리는 꽃가루 수분이 안 되는 돌출부를 형성할 수 있다.

그림 9.43 난초의 꽃 구조.

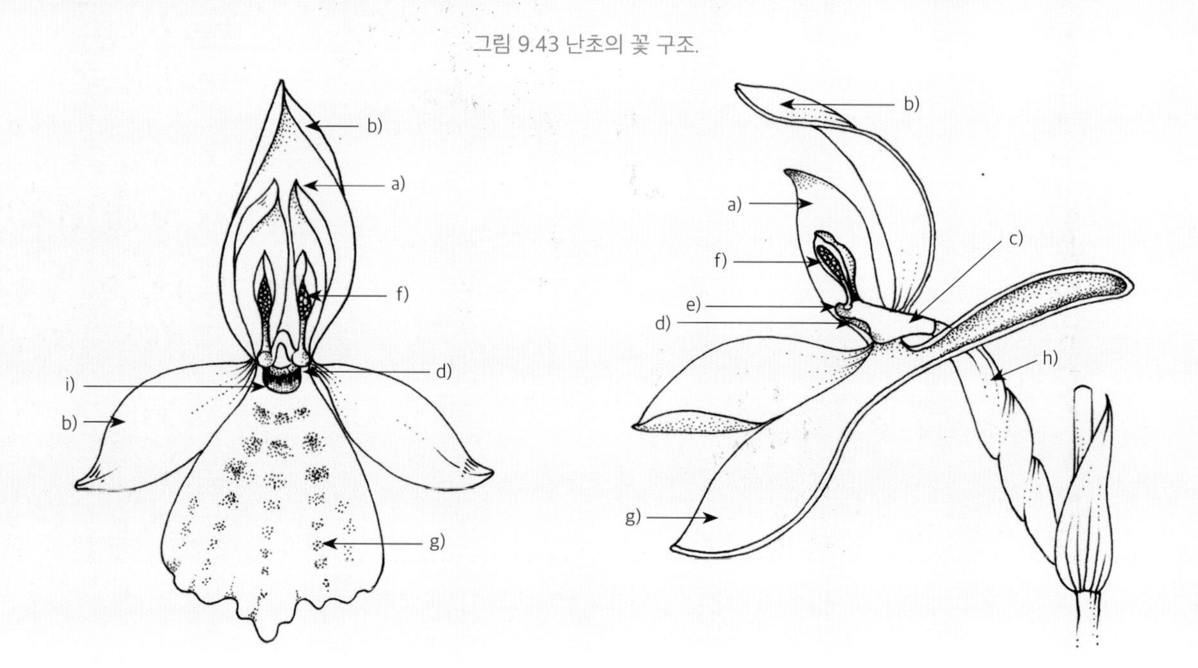

a) 안쪽의 화피 조각 b) 바깥쪽의 화피 조각 c) 예주 d) 암술머리의 표면
e) 소취 f) 화분괴 g) 거가 있는 순판 h) 자방 i) 거의 입구

난초의 수분

우리가 볼 수 있는 가장 특별한 수분 과정은 난초에 있다. 난초꽃의 구조는 기본적인 꽃 구조와는 매우 다르며 이 부분을 읽기 전에 꽃 구조에 대한 정보를 살펴보는 것이 도움이 될 것이다.

손바닥난초(*Gymnadenia conopsea*)

손바닥난초는 나비와 낮에 비행하는 나방들이 자주 찾아온다. 여러 난초가 그렇듯, 나비들이 꿀을 먹기 위해 꽃 속으로 그들의 혀를 집어넣으면, 꽃 속에 있는 화분괴가 그들의 혀에 달라붙는다. 곤충이 혀를 빼면 화분괴가 앞쪽으로 휘고 곤충이 찾아가는 다음 꽃의 예주 아랫면에 있는 암술머리에 닿을 수 있는 올바른 위치가 된다.

유럽제비난초(*Platanthera chlorantha*)

화분괴가 달라붙는 것이 항상 곤충의 혀인 것은 아니다. 이 난초의 꽃 입구에 있는 끈적끈적한 화분괴가 위치하여 나방과 나비들의 머리나 심지어는 눈에 달라붙는다.

그림 9.44 손바닥난초(*Gymnadenia conopsea*)와 화분괴의 움직임.

a) 손바닥난초에서 꿀을 먹고 있는 산수풀떠들썩팔랑나비(*Ochlodes venata*).

b) 나비의 혀에 있는 화분괴. 화분괴는 원래의 직립 자세에서 앞으로 구부러져 이제 나비가 찾아갈 다음 꽃의 암술머리에 닿을 수 있는 좋은 위치에 있다.

그림 9.45 유럽제비난초(*Platanthera chlorantha*).

a) 꽃을 들여다보면, 넓게 간격을 두고 있지만, 입구를 감싸는 화분괴가 덮인 것들이 선명하게 보인다. 밀선이 있는 거로 가는 입구는 화분괴 사이에 위치한다.

b) 유럽제비난초의 화분괴가 눈 위에 붙어있는 작은 주홍박각시(*Deilephila porcellus*).

벌란(*Ophrys insectifera*)

이 난초는 속임수를 쓴다. 꽃 전체가 푸른 꽃 위에 앉아 있는 곤충을 닮았다. 바깥쪽에 있는 세 개의 화피 조각은 '말벌'이 앉아 있는 '녹색 꽃'을 형성한다. 안쪽에 있는 두 개의 화피 조각은 더듬이를 형성하고 세 번째 조각(순판)은 말벌의 '몸' 모양을 만든다. 심지어 순판 꼭대기에는 빛나는 '눈'이 두 개 있다. 수분 작용은 큰줄나나니속(*Argogorytes*, 벌목의 한 속)에 속하는 유일한 말벌 종에 의해서만 이루어진다. 이 난초에서 발산되는 향기는 암컷 큰줄나나니속 말벌이 내뿜는 향기와 비슷하여, 꽃 위에 내려앉아 짝짓기 동작을 하는 수컷 말벌을 유인한다. 이러한 결과는 화분괴가 벌의 머리에 달라붙는 결과를 초래한다. 말벌이 날아서 다른 꽃으로 유인될 때, 그 화분괴 들은 암술머리 위에 쌓일 것이다.

꿀벌난초(*Orchis apifera*)

벌란처럼, 꿀벌난초의 꽃은 곤충을 닮았다 - 털호박벌. 그러나 특히 지중해 지역에서 이 종의 꽃은 곤충이 종종 방문하며, 영국에서는 자가수분이 자주 발생한다. 꽃들이 하루나 이틀 동안 피어 있을 때, 화분괴는 꽃밥 밖으로 떨어지고 바람에 의해 끈적끈적한 암술머리 위로 날아간다. 이것은 너무 특성화되어서 수분 매개자를 잃은 꽃의 예시가 될 수 있다. 자가수분에 의존하는 것은 단기적으로는 매우 성공적일 수 있지만, 자손의 변이가 부족해 결국 멸종을 초래할 수도 있다.

이것들은 진화의 과정에서 어떻게 꽃의 형태와 곤충의 행동이 두 협력자 서로의 이익을 위해 함께 해왔는지를 보여 주는 몇 가지 예에 불과하다. 서로 다른 꽃들의 상세한 구조와 그 꽃들이 어떻게 행동하는지 등은 끝없이 매혹적이며 아직도 우리가 발견해야 할 것들이 많이 있다.

a) 멀리서 보았을때 마치 녹색의 '꽃' 위에 작고 어두운 '곤충'이 앉아 있는 것 같은 모습을 한 난초의 꽃.

b) '더듬이', '눈'과 곤충 몸 같은 꽃의 확대 사진.

그림 9.46 벌란(*Ophrys insectifera*)의 속임수.

a) 아직 덮개 안에 화분괴를 가지고 있는 꽃.

b) 화분괴가 덮개 밖으로 떨어져 바람에 의해 암술머리 표면 위에 날려 보내졌다.

그림 9.47 꿀벌난초(*Ophrys apifera*)의 매개충 결핍 및 자가수분.

자기 평가 과제

1. 수분 과정을 설명하기 위해 충매화에 관한 삽화 연구 작품을 완성한다. 집 정원과 같이 즉시 접근할 수 있는 곳의 식물을 선택하여 만약 가능하다면 그 꽃을 방문하는 곤충과 그들의 행동을 관찰한다(그러나 자연적인 수분 매개자가 없는 지리적 지역에 있을 수 있다는 것을 기억해라). 내부 구조를 보기 위해 분해할 수 있는 재료도 필요할 것이다. 꽃의 내부 구조를 반쪽 꽃으로 설명하고자 할 수도 있다(8장 참조).

   그림에서 꽃 구조와 행동이 수분과 어떻게 연관되어 있는지 설명하는 메모를 작성한다. 다음 몇 가지들을 고려하여 포함한다:

   - 꿀이 분비되고 있는가? 그렇다면 어디에 있는가?
   - 꿀이 저장되고 있는가, 예를 들어, 거에?
   - 화피에 밀선 가이드 또는 기타 색상 신호가 있는가?
   - 꽃에 분명한 착륙 플랫폼이 있는가?
   - 꽃의 부분들은 어떤 순서로 성숙하며, 꽃이 성숙함에 따라 어떻게 움직이거나 변화하는가? 꽃 발달의 단계마다 꽃 부분에 대한 세부 사항을 보여 주고 싶을 것이다.

2. 풍매화와 충매화를 그려본다. 서로 다른 화분 매개 방식의 차이를 보여 주는 꽃의 주요 특징에 대한 메모를 활용한다.

CHAPTER 10

열매와 씨앗, 그리고 산포

열매 묘사

열매에 대한 언급은 혼란이 있을 수 있다. 왜냐하면, 많은 용어가 우리의 일상 언어 일부분이지만 엄격하게 보면 식물학적인 의미로서는 사용되지 않기 때문이다. 심지어 'fruit(역자 주/ 영어로 fruit를 열매 또는 과일로 번역할 수 있음. 여기에서 원문은 fruit를 의미하는 것이 일반 언어와 식물학적 용어에 차이가 있음을 설명하고 있음. 식물학적으로는 자방 또는 자방을 포함한 부분이 발달한 것을 의미하며 열매로 번역하고, 원예학적으로는 나무에 달리는 식용 가능한 열매만을 의미하며 열매로 번역함)'라는 단어조차도 오해의 소지가 있다. 식물학 용어로 'fruit'는 씨앗을 담고 있거나 포함하고 있는 구조물이다. 식생활에서 'fruit'라는 단어는 기분 좋은 신선한 냄새와 약간 산성이 있지만, 단맛이 나는 과즙이 있는 구조에 사용된다. 채소는 식용하는 구조로, 보통 고기나 생선과 함께 먹거나 고소한 요리로 먹는다. 그러나 피망, 콩, 호박 같은 몇몇 채소들은 분명히 식물학적으로 열매이다. 열매와 그 씨앗에 대한 식물 그림을 해석하고 제작할 때는 올바른 식물 용어를 이해하고 사용하는 것이 중요하다.

또한, 이전 장에서 접했던 식물 용어의 의미를 상기시키는 것이 이 장을 이해하는 데 도움이 될 것이다.

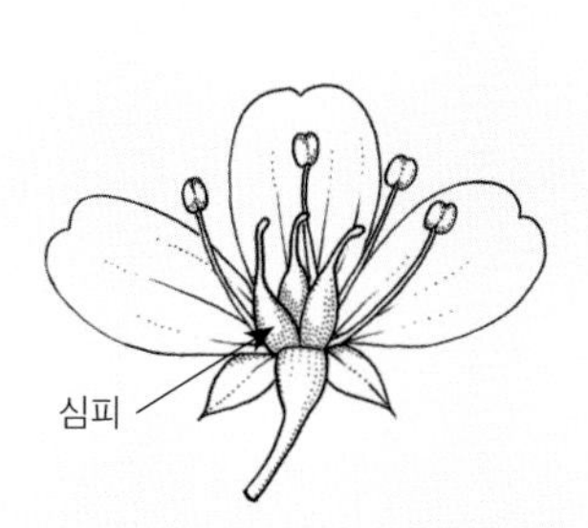

암술군 - 심피들로 이루어진 꽃의 여성 부분
화탁 - 꽃 부분을 받치고 있는 꽃줄기의 상단

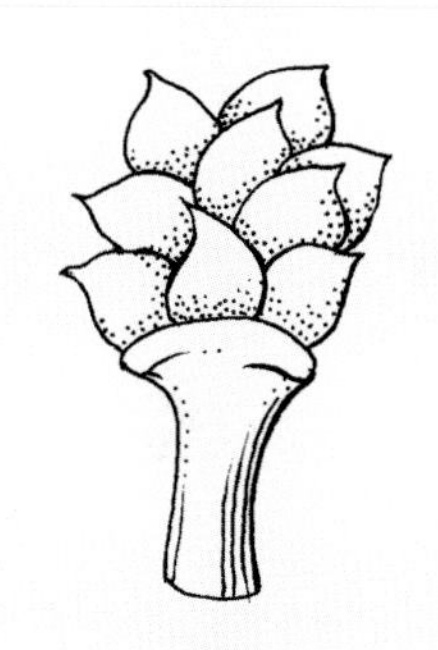

이생심피 암술군 - 독립된 심피를 가진 곳

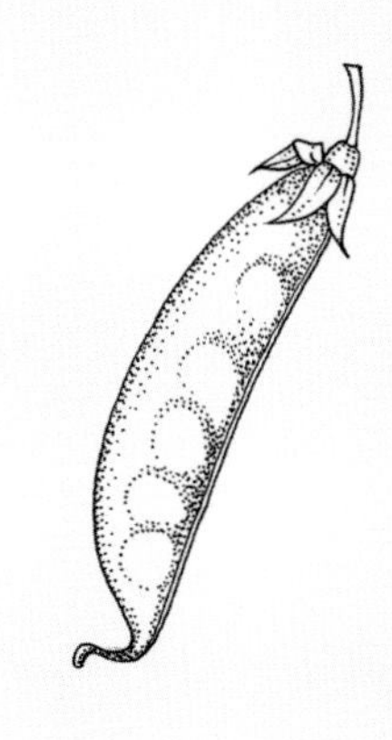

심피 - 암술군을 구성하는 기본 단위

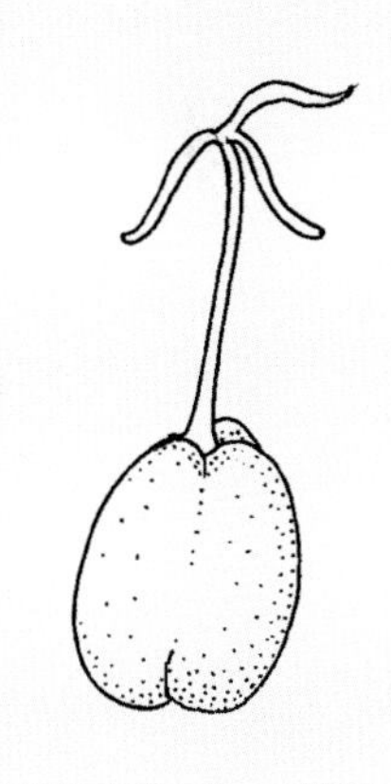

합생심피 암술군 - 심피들이 융합된 곳

그림 10.2 중요한 몇 가지 용어들.

< 그림 10.1 남아메리카의 다년생 덩굴성 식물인 블루트 위디아(*Tweedia cerulea*)의 갈라져 열리는 열매. 큰 골돌과의 한쪽이 갈라져 종자를 내보낸다. 각각의 씨앗은 바람에 의해 날려가는 것을 도와주는 낙하산과 같은 털을 가지고 있다.

열매 - 발달 및 구조

수정 후 진과의 발달

수정 후 자방(심피의 기저 부분)은 한 개 또는 그 이상의 씨앗(수정된 밑씨)을 가진 진정한 열매가 된다. 자방 벽은 열매의 외피, 즉 과피를 형성한다. 몇몇 열매(특히 다육질인)를 보면 세 가지 층으로 구별할 수 있다: 바깥쪽의 외과피, 중간의 중과피와 안쪽의 내과피로 말이다.

그림 10.3 진과의 기본적인 구조.

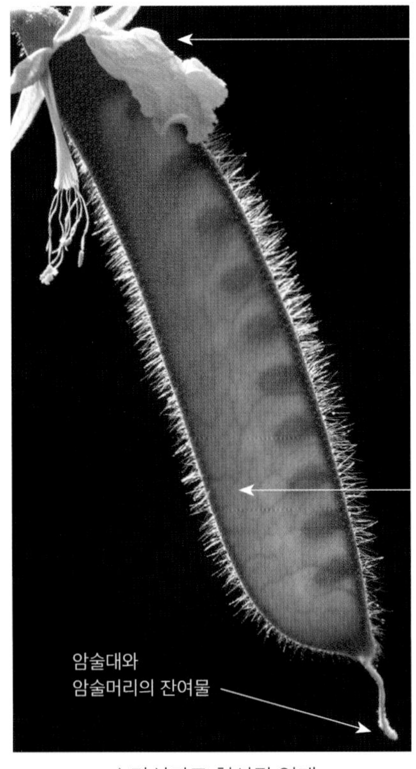

a) 단심피로 형성된 열매.

b) 토마토(*Solanum lycopersicum*)의 과피(pericarp)에 있는 층.

그림 10.4 진과 a) 연결된 포엽, b) 하위자방 형태인 자방에서 형성된다.

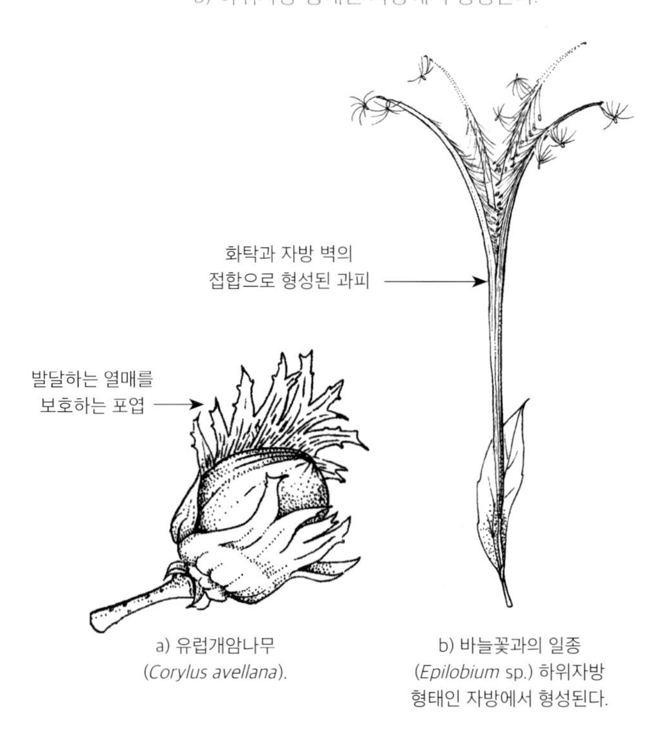

a) 유럽개암나무 (*Corylus avellana*).

b) 바늘꽃과의 일종 (*Epilobium* sp.) 하위자방 형태인 자방에서 형성된다.

암술대와 암술머리는 대개 오그라들고 시들며, 종종 떨어지지만, 때로는 끝까지 남아 씨앗 확산에 적극적인 역할을 한다. 수정이 이루어지기 전에 화탁이 자방을 둘러싸고 자방벽에 융합된 경우에도 하위자방 형태의 자방으로부터 발달한 열매는 진과로 분류한다. 포엽 같은 꽃의 다른 부분들은 남아서 발달 중인 열매를 보호한다. 그러나 수정 후에도 꽃 일부나 식물의 다른 부분이 계속 발달하여 열매의 구조에 필수적인 부분을 형성하는 경우, 그 열매를 가과 또는 위과라고 한다.

무수정 열매와 종자

소수의 식물은 수정 없이도 열매와 종자를 생산할 수 있다(대략적인 과정은 무수정생식을 참고). 이런 경우는 영양번식처럼 변이가 거의 없고 생김새는 모본과 매우 비슷하게 생긴 자손을 낳는다. 그러나 가끔 정상적인 유성생식이 일어나기도 한다. 최종 결과는 매우 유사한 식물의 '집단(tribes)'이 형성된다는 것이다. 종이라고 불릴 만큼 차이가 별로 없는 이들은 보통 미세종(microspecies)이라고 불린다. 이 미세한 종들을 구별하는 것은 매우 어렵고, 왜 대부분 식물학자가 서양오엽딸기(Bramble), 들장미 또는 심지어 민들레와 같이 누가 봐도 비슷한 식물들에게 정확한 학명을 제공하는 것이 불가능한지를 설명해준다. 보통 이러한 미세종 집단을 종합종(aggregates)이라고 한다. 이들 중 한 그룹의 식물을 연구하는 식물학자에게 있어서, 눈에 보이는 것을 매우 주의 깊게 기록하는 것이 특히 중요하다.

그림 10.5 풍부한 열매를 가진 서양오엽딸기의 미세종. 수백 개의 서양오엽딸기의 미세종이 발견되었다. 꽃과 열매의 색상 변이와 잎 모양과 따끔따끔한 가시들은 그것들을 식별하는 특징 일부일 뿐이다. 식별은 분명 전문가의 일이다 - 산딸기속의 종 식별 전문 식물학자들은 '바톨로지스트'(batologists)라고 알려져 있다.

그림 10.6 장과와 핵과

a) 하위자방에서 형성된 더치인동(*Lonicera periclymenum*)의 장과. 꽃받침의 잔해는 장과의 정상부에서 볼 수 있다.

b) 키위(*Actinidia deliciosa*)의 장과.

c) 외피를 형성하는 외과피를 가진 키위 열매의 단면과 부드럽고 다육질인 중과피와 내과피에 박혀 있는 많은 씨앗들.

d) 씨앗을 에워싸고 있는 단단한 목질의 내과피를 보여주는 천도복숭아의 단면. 외과피는 외피를 형성하고, 중과피는 과육 부분을 형성한다.

e) 천도복숭아(*Prunus persica* 'nectarina')의 핵과.

주요 열매 유형

열매는 그 구조에 따라 분류할 수 있다. 진과는 자방과 그 식물의 수정된 씨앗으로부터 형성된다. 다음은 모두 진과이다.

부드러운 다육질 열매

이러한 열매들은 보통 그들의 씨앗 확산을 위한 양분 공급원으로서의 그 가치에 의존하기 때문에 열개하지 않는다. 육질과의 주요 유형은 두 가지로 구별된다: 장과와 핵과.

장과는 열매의 외벽이 껍질(외과피)을 형성하고, 반면에 두 개의 내부 층(중과피와 내과피)은 섬유질이거나 다육질이며 단단한 종피를 가진 두 개에서 여러 개의 종자가 있다.

핵과는 내과피가 단단한 목질이고 하나의 종자만 들어 있으며, 일상에서는 종종 핵(kernel)이라고 불린다.

열개하는 건과

이 열매는 다양한 방법으로 갈라진다. 이것들은 한 개의 심피로 형성된 것(골돌과와 협과)과 두 개 이상의 심피가 융합되어 형성된 것(삭과)을 포함한다.

골돌과는 잘 익은 열매가 한쪽으로 갈라져 씨를 방출한다.

협과는 잘 익은 열매(일반적으로 콩깍지라고 한다)가 양쪽으로 갈라진다. 이런 종류의 열매는 콩과(Fagaceae)의 매우 독특한 특징이다. 몇몇 종류의 **삭과**는 씨앗을 내보내는 방법으로 구별된다.

그림 10.7 협과와 골돌과.

a) 양골담초(*Cytisus scoparius*). 양면을 따라 갈라지는 전형적인 협과.

b) 개자리속 식물(*Medicago* spp.)의 전형적인 휘감는 협과.

c) 새매발톱꽃(*Aquilegia vulgaris*)의 골돌과. 각 골돌과는 한쪽으로만 갈라진다.

d) 마조르카 작약(*Paeonia cambacedesii*)의 놀라운 골돌과.

그림 10.8 열리는 방식에 의해 정의된 삭과의 몇 가지 예시.

a) 과실이 외봉선을 따라 열개(포배개열)하는 삭과. 자방 칸막이 사이가 갈라지는 사두패모(*Fritillaria meleagris*).

b) 격막을 따라 포 사이가 갈라지는(포간개열) 디기탈리스(*Digitalis perpurea*)의 삭과.

c) 구멍에 의해 열리는(포공개열) 니겔라(*Nigella damascena*).

d) 열매의 옆부분에 있는 선을 따라서 찢어지는 뚜껑별꽃(*Anagallis arvenis*)의 삭과(횡렬삭과).

비열개 견과

한 개의 종자만 가지고 있는 이들은 하나의 단위로 흩어진다. 열매 벽의 특성에 따라 수과와 견과라는 두 가지 유형으로 구별된다. 수과는 종이처럼 얇거나 막을 형성하는 열매 벽을 가지고 있다. 견과는 질긴 가죽이나 심지어 목질의 열매 벽을 가지고 있다.

그림 10.9 수과 및 견과.

a) 기는미나리아재비(*Ranunculus repens*). 이생심피 암술군에서 발달한 하나의 종자를 가진 수과. 잘 익은 수과는 갈색의 종이 같은 과피를 가지고 있다.

b) 페트라참나무(*Quercus petraea*)의 도토리. 하나의 씨앗을 가진 견과는 가죽질의 과피를 가지고 있고 목질의 총포로 형성된 컵에 놓여 있다.

분리과 - 하나의 종자를 가진 단위들로 분리되는 열매

두 개 이상의 씨앗을 가진 비열개 열매는 익으면 분열과라고 불리는 하나의 종자를 가진 열매 단위들로 분리된다. 이러한 열매를 분리과라고 부른다.

그림 10.10 하나의 씨앗을 가진 부분으로 쪼개진 분리과.

a) 섬꽃마리속 식물(*Cynoglossum officinale*). 익으면 열매가 한 개의 씨앗을 가진 네 개의 작은 견과로 갈라진다.

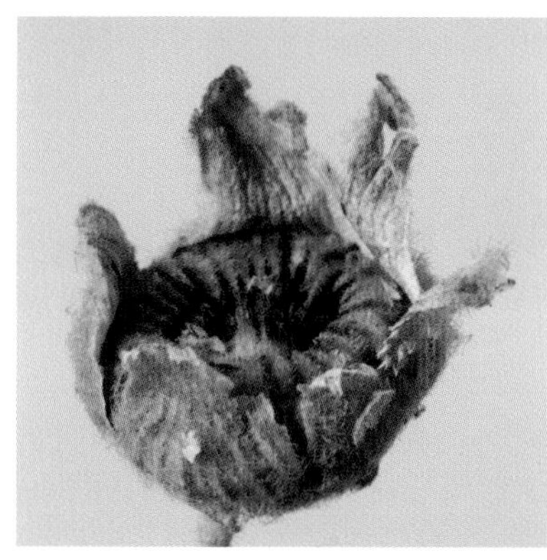

b) 접시꽃(*Alcea rosea*)의 열매.

c) 이것들은 익으면 한 개의 씨앗을 가진 수많은 단위로 나뉜다.

복과(Etaerios)

취과는 이생심피 암술군에서 발달한 열매다. 취과를 구성하는 각각의 작은 열매들은 장과, 핵과(소핵과), 골돌과 또는 수과 등일 수도 있다.

그림 10.11 취과. a) 라즈베리(*Rubus idaeus*). 작은 핵과(druplets)의 집합체, b) 좀미나리아재비(*Ranunculus arvenisis*). 가시가 많은 수과의 집합체, c) 동의나물(*Caltha palustris*). 골돌과의 집합체.

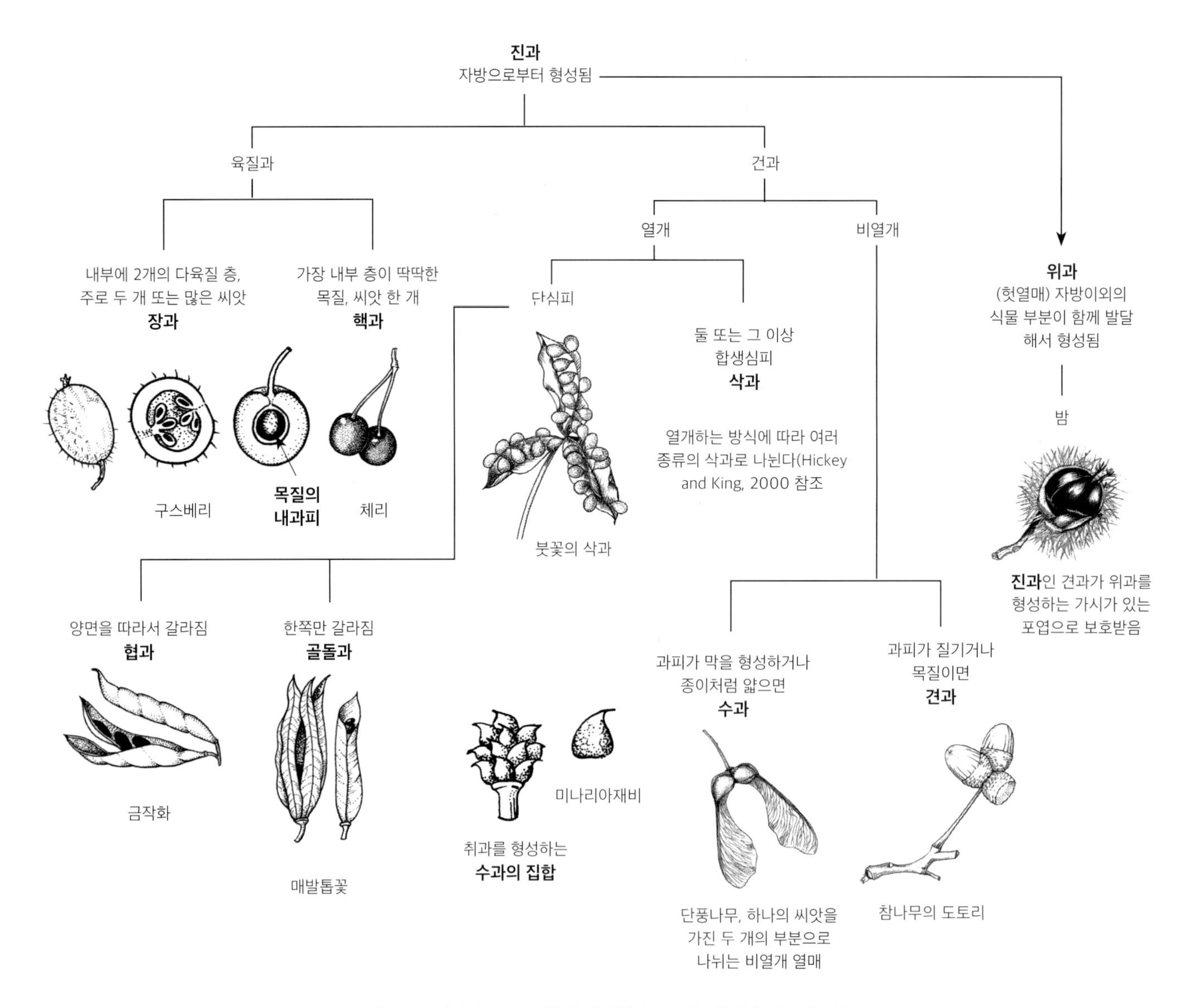

그림 10.12 열매의 주요 그룹과 열매를 설명하는데 사용되는 용어들.

위과 또는 헛열매

위과는 자방 이외의 꽃이나 식물체 일부가 수정 후 발달하여 열매의 완전한 부분을 형성하는 것을 말한다. 우리에게 친숙한 많은 위과들이 있다. 그들의 구조는 자방과 식물의 어떤 부분이 열매의 구조에 기여하고 있는지에 따라 매우 가변적이다. 여기에 몇 가지 예가 설명되어 있다.

딸기는 이생심피 암술군에서 형성된다. 수정 후에는 열매 줄기의 윗부분(화탁)이 부풀어 올라 다육질이 되고, 밝은 빨간색이 된다. 하나의 씨앗을 가진 작은 진과들이 수과이다. 붉은 과육에 박혀 있는 것이 씨앗처럼 보이는 수과이다. 잘 보면 암술대와 암술머리의 잔해를 볼 수 있을 것이다.

장미 열매 또한 이생심피 암술군에서 형성된다. 여기서 수과는 주황-적갈색의 다육질 화탁에 둘러싸여 있다. 꽃 부분의 잔해들은 열매의 위쪽에서 볼 수 있다.

사과는 자방을 둘러싸고 있는 다육질의 화탁으로 구성되어 있다. 자방이 핵심을 이루고 있다. 자방 내부의 공간에는 단단하게 보호해주는 종피를 가진 씨앗이 들어 있다. 위과는 포엽을 포함하고 있는 꽃차례에 의해 형성될 수 있다. 이러한 열매는 다화과라고 한다 (그림 10.14 참조).

그림 10.13 익숙한 몇몇 위과(헛열매).

a) 베스카딸기(*Fragaria vesca*). 수정 후 화탁이 어떻게 부풀어 오르고 붉어지는지를 보여주는 열매의 발달.

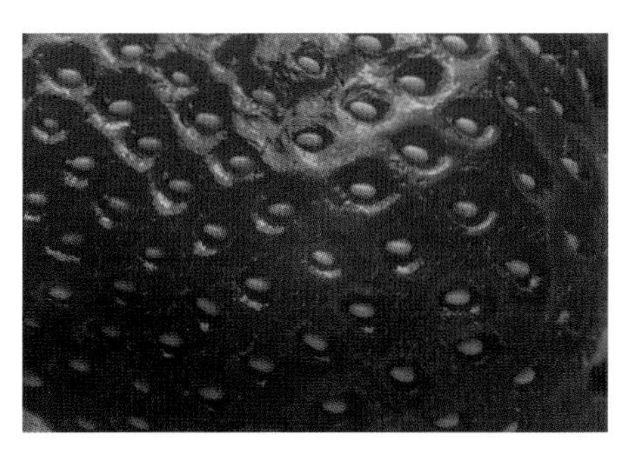

b) 암술대와 암술머리를 가진 심피를 보여주는 딸기 표면의 상세모습.

c) 장미(*Rosa* sp.)의 위과. 들장미 열매.

d) 진과를 담고 있는 화탁에 의해 형성된 컵을 보여주는 들장미의 열매 종단면.

e) 과피에 붙어 있는 화탁이 있는 하위자방에서 형성된 사과. 열매 정상부에 있는 꽃받침을 주목할 것.

f) 수정 후 화탁은 부풀어서 다육질로 변화한다. 진과는 중심부를 형성한다.

열매와 종자의 구별

때로는 씨앗과 진과를 다루는 것인지 위과를 다루는 것인지 확인하는 것이 어려울 수도 있다. 씨앗은 태좌에 붙어 있던 흔적을 하나 가지고 있을 것이다. 열매는 암술대와 암술머리(또는 그들의 시든 잔해)에 의해 남겨진 흔적과 열매 줄기가 남긴 흔적을 가지고 있을 것이다. 하위자방이었다면 꽃받침과 꽃의 다른 부분들의 잔해는 열매의 정상 부분에서 종종 볼 수 있다.

특정한 열매를 묘사하는 데 사용되는 일상용어들도 혼동될 수 있는데, 예를 들어 우리가 먹는 많은 '견과'들이 식물학적인 의미에서는 진짜 견과가 아니다. 가게에서 산 호두와 아몬드는 대개 씨앗을 함유한 목질의 내과피(열매 벽의 안쪽 층)에 불과하다. 브라질 '너트(nuts)'와 땅콩은 실제로는 씨앗이다.

그림 10.14 화서로부터 형성된 위과 - 집합과의 두 가지 예시.

a) 심피는 물론 화피로부터 형성된 검뽕나무(*Morus nigra*)의 열매.

b) 이런 종류의 다육질 집합과는 상과라고 한다.

c) 호프(*Humulus lupulus*)의 원추형의 열매는 진과를 둘러싸고 있는 포엽들로 이루어져 있다. 이와 같은 건조한 집합과는 구과라고 불린다.

그림 10.15 열매와 씨앗의 구별 - 가시칠엽수(*Aesculus hippocastanum*)의 열매와 유럽밤나무(*Castanea sativa*)의 위과를 비교.

a) 가시칠엽수의 열매는 삭과이다. 과피가 가시로 둘러싸여 있고 씨앗을 감싸고 있다.

b) 씨앗(마로니에 열매)을 보여주는 성숙한 삭과. 이것들은 태좌에 붙어 있던 곳을 보여주는 크고 하얀 흉터가 하나 있다.

c) 유럽밤나무의 열매는 위과이다. 가시가 많은 밤송이는 진과를 감싸는 포가 변해 형성되는데, 암술머리는 위과의 중심에서 돌출된 것을 볼 수 있다.

d) 성숙하면 가시가 많은 껍질이 갈라져 진과가 드러난다. 이것들은 암술대와 암술머리의 잔해가 대개 상단에 뚜렷이 보이는 견과이다.

그림 10.16 호두 - 열매의 이해. '너트'는 목질의 내과피와 우리가 내과피를 제거한 후에 먹는 씨앗이 합쳐진 것이다.

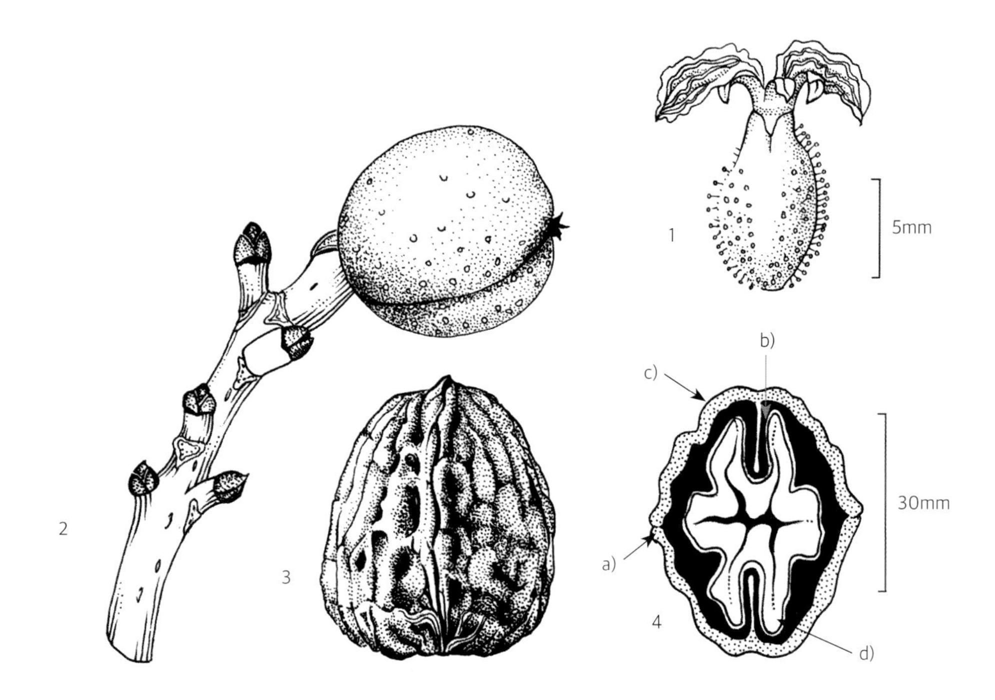

1. 선모가 있는 자방하위를 보여주는 암꽃.
2. 어린 열매 - 핵과.
3. 외과피와 중과피를 제거한 열매.
4. '호두'의 왼쪽 면 a) 심피들이 결합하는 열개선, b) 심피들이 결합하는 지점 내부로 자라는 격막, c) 목질의 내과피, d) 깊게 파인 자엽들.

그림 10.17 씨앗에 대한 혼란.

a) 해바라기(*Helianthus annuus*) '씨앗'은 접합된 두 개의 심피(cypsela, 국과)로 형성된 하나의 씨앗을 가진 비열개 열매다.

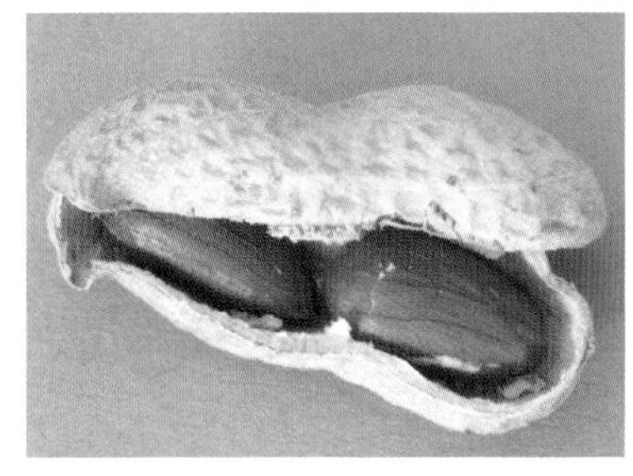

b) 협과를 열면 안에 땅콩이 들어 있다. 우리가 먹는 땅콩은 땅콩(*Arachis hypogaea*)의 씨앗이며, 땅콩은 협과를 가진 전형적인 콩과 식물 중 하나 이다. 수정이 끝나면 꽃자루가 계속 자라서 협과를 땅에 닿게하고 결국 땅 속으로 밀어 넣는다.

c) 해바라기처럼 관모 밑에 매달려 있는 서양민들레(*Taraxacum officinale* agg.) 씨앗은 사실은 작은 열매, 즉 국과이다.

d) 사초과 식물의 씨앗은 종피와 과피가 합쳐져 있는 하나의 씨앗을 가진 수과(영과)이다.

세밀화 작품을 위한 몇몇 인기 있는 주제들

루나리아 (*Lunaria annua*)

루나리아는 배추과(Brassicaceae) 식물이다. 이 과의 열매는 특별한 종류의 삭과이다. 두 개의 심피는 레플룸(replum)이라고 불리는 위벽(격막)에 의해 분리된다(그림 8.27 참조). 열매가 열개되면, 심피 벽은 밑에서부터 위로 나온 레플룸에 의해서 분리되면서 레플룸에 씨앗을 남긴다. 은선초의 이것은 매력적인 은막 구조로, 꽃꽂이하는 사람들로부터 많은 사랑을 받는다.

루나리아처럼 이런 형태의 삭과의 길이가 폭의 3배 이하로 짧은 경우 단각과(silicula), 로켓샐러드(*Eruca vesicaria*)처럼 3배 이상으로 길 때 장각과(siliqua)라고 부른다.

그림 10.18 루나리아(*Lunaria annua*)와 로켓샐러드(*Eruca vesicaria*); 배추과(Brassicaceae)에 속하는 가짜 격막(false septum) 또는 레플룸(replum).

a) 루나리아 열매, 열개 전의 단각과(길이가 넓이의 3배 이하). 내부의 씨앗들이 뚜렷이 보인다.

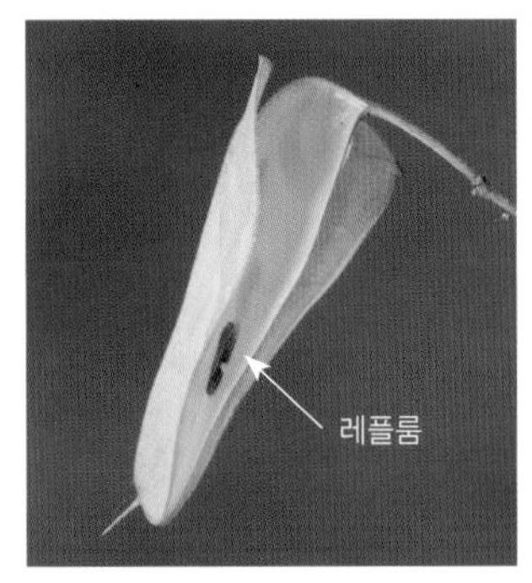

b) 레플룸(replum)을 보여주며 열개하는 루나리아 열매.

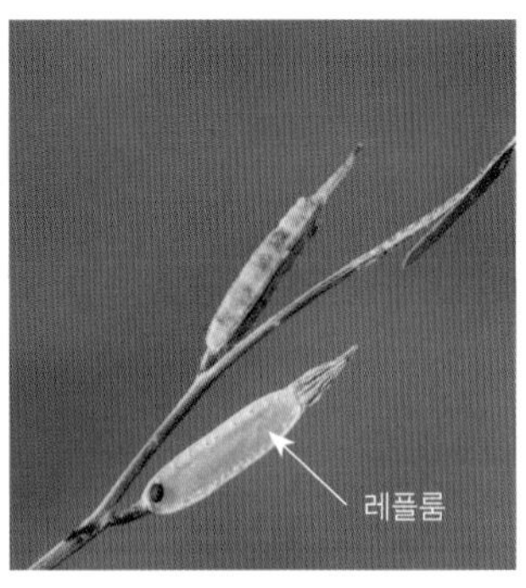

c) 열개 후의 로켓샐러드 열매. 이 길고 얇은 종류의 배추과 열매는 장각과(siliqua)로 알려져 있다.

그림 10.19 석류과(石榴果, balausta)로 알려진 장과의 일종인 석류(*Punica granatum*)에 대한 해석.

a) 석류 열매(꽃받침을 잘라냈다).

석류(*Punica granatum*)

이 열매는 석류과(balausta)라고 불리는 장과의 일종이다. 하위자방에서 형성되며 분홍빛의 다육질 과육에 수많은 씨앗이 박혀 있는 단위들을 감싸고 있는 질긴 외벽을 가지고 있다. 특이하게도 단면들을 보면(그림 10.19 b와 c), 자른 위치에 따라서 단면에 보이는 세포의 개수와 태좌 배열이 다르다. 왜냐하면 심피가 연속적으로 두 개의 고리 모양으로 배열되기 때문이다. 바깥쪽 고리는 보통 측막태좌로 된 6개 심피가 있고, 안쪽 고리는 중축태좌로 된 3개의 심피가 있다. 열매가 발달함에 따라 바깥 고리는 자리가 바뀌게 되고 결국 안쪽 고리 위에 자리 잡게 된다.

감과

이것들은 또 다른 장과인데, 귤과라고도 하며, 안쪽의 내과피가 다육질의 털 뭉치로 구성되어 있다. 바깥쪽 껍질인 외과피는 두꺼운 가죽질이며, 백색의 섬유층인 중간층은 중과피이다. 이 열매의 각 부분은 하나의 심피를 나타낸다. 씨 없는 오렌지(navel orange)는 석류처럼 이중 고리의 심피를 가지고 있다. 그러나 이것의 두 번째(종종 불완전하게 발달한) 작은 심피 고리는 큰 것 다음으로 발달하고 열매의 정상 부위에 박혀 있다.

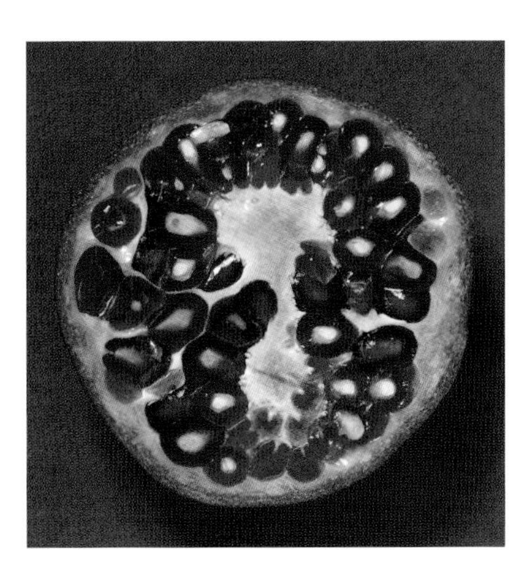

b) 안쪽 심피 고리에 의해 형성된 3개의 중축태좌를 보여주는 석류 단면.

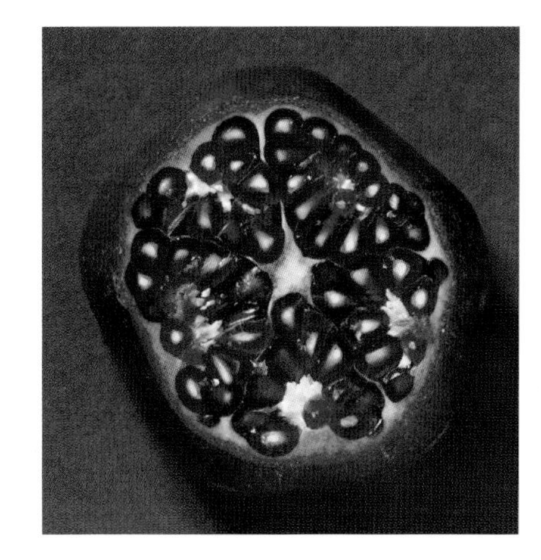

c) 같은 열매의 위쪽 단면, 심피의 외부고리에 있는 5개(보통 6개) 심피의 측막태좌를 보여준다. 이것들은 심피의 안쪽 고리 위에 위치한다.

그림 10.20 감귤류 열매.

a) 레몬 열매(*Citrus limon*). 귤속 열매는 감과(hesperidium)라고 알려진 장과의 일종이다.

b) 레몬의 단면. 씨앗이 있는 각 부분은 심피를 보여준다.

c) 중앙부의 '배꼽'을 보여주는 네이블오렌지 (감귤류의 품종, 씨가 없음).

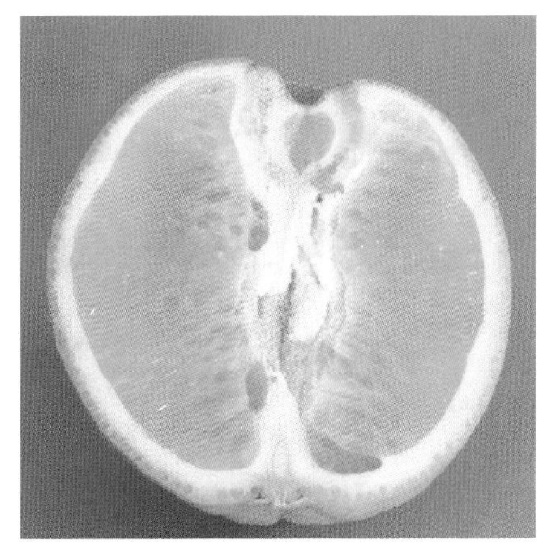

d) 열매 상단에 내장된 심피의 작은 고리를 보여주는 네이블오렌지의 절단면.

박과(Cucurbitaceae) - 호박, 멜론 및 박류

이 과에 속한 열매는 대개 박과(pepo)라고 알려진 장과의 일종이다. 이것은 씨앗들로 가득 찬 하나의 공간과 가죽처럼 단단한 외과피를 가지고 있다.

그림 10.21 박과에 속하는 열매의 두 가지 예시.

a) 서양호박(*Cucurbita maxima*).

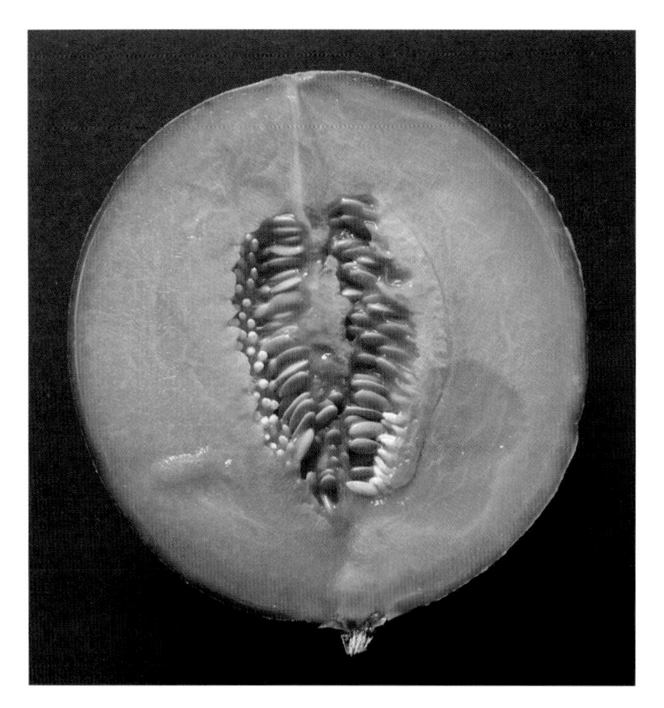

b) 두꺼운 가죽질의 내과피를 보여주는 멜론(*Cucumis melo*)의 종단면. 씨앗으로 가득한 다육질의 내과피와 중과피.

위과

다음 네 가지 예는 모두 위과이다.

- 금땅꽈리(*Physalis peruviana*)와 꽈리(*P. alkekengi*)

이것들은 토마토와 같은 과이며, 토마토처럼 진과는 장과이다. 그러나, 수정 후에도 계속 자라서 부푼 꽃받침으로 이 장과가 둘러싸여 있다. 주로 장식용으로 재배되는 꽈리의 꽃받침은 밝은 적오렌지색으로 변한다.

그림 10.22 금땅꽈리(*Physalis peruviana*)와 꽈리(*Physalis alkekengi*).

a) 꽃받침으로 둘러싸인 진과.

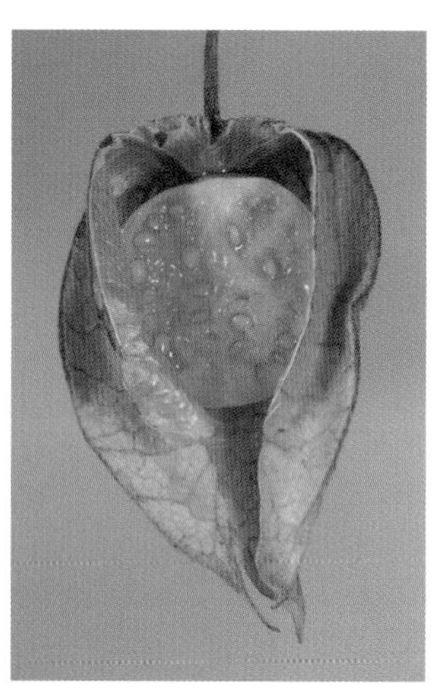

b) 꽃받침 속에 감싸여 있는 토마토처럼 생긴 실제 열매의 단면 - 장과.

c) 밝은 빨간색 꽃받침을 가진 꽈리 (*Physalis alkekengi*).

파인애플(*Ananas comosus*)

이것은 복과이다. 열매가 형성되기 시작하면서, 화서의 중심축이 두꺼워진다. 각각의 작은 열매와 각 꽃의 잔여물들은 융합된 채로 남아 있으며, 축과 함께 상과(sorosis)라고 알려진 큰 다육질의 위과를 형성한다. 질긴 겉껍질은 꽃받침과 꽃의 포엽에 의해 형성된다.

그림 10.23 파인애플(*Ananas comosus*)의 해석 - '상과'로 부르며 다화과이다.

a) 화서 전체가 부풀어서 파인애플 열매를 형성한다. 꽃줄기의 끝 부분에 포엽들이 붙어있다.

b) 다육질의 내부와 중앙에 섬유질의 꽃줄기를 보여주는 열매의 단면.

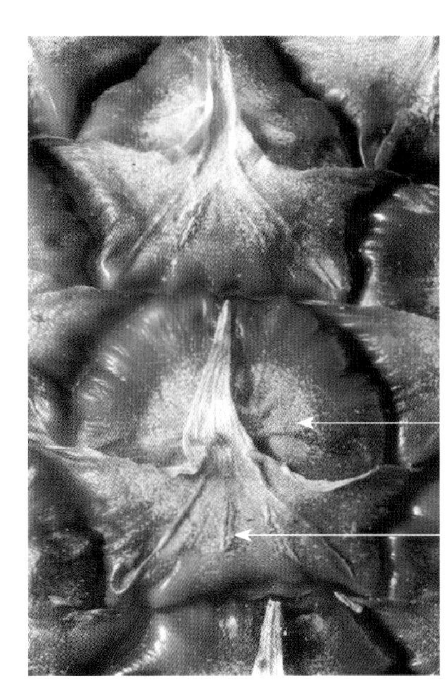

c) 융합된 '열매'와 포엽으로 이루어진 외피의 상세모습.

무화과(*Ficus carica*)

이런 종류의 위과는 은화과(synconium)라고 알려져 있다. 작은 진과는 플라스크 모양의 구조를 형성하는 화병(화탁)에 붙어 있다. 이 종의 많은 품종에서 열매는 수정 없이 발달한다.

그림 10.24 무화과나무(*Ficus carica*) 해석.

a) 무화과나무 '열매'의 발달. 와인잔 모양으로 뒤집혀진 화탁 안에 진과가 자리 잡고 있다. 많은 무화과나무 품종들은 잘 익은 열매가 수분 없이 형성된다.

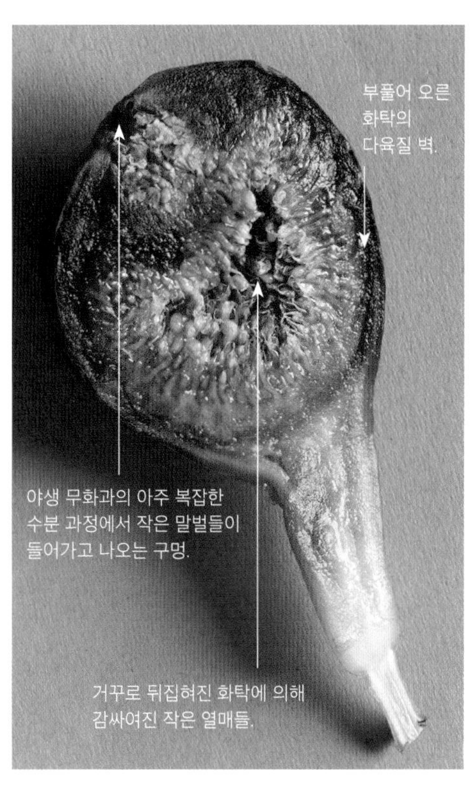

b) 익은 무화과의 단면.

세상에서 가장 크거나 가장 작은 씨앗

난초와 같은 몇몇 식물들은 사실상 양분 저장 없이 종자를 생산한다. 이 씨앗들은 매우 미세하고, 양은 어마어마하게 많으며(열매 한 개에 최대 100만 개까지) 바람에 날리는 먼지처럼 널리 퍼진다. 이것은 특히 적절한 숙주 식물을 찾아야 하는 착생란에게는 명백한 이득이다. 이 성공적인 넓은 분산 방법의 상충점은 씨앗 대부분이 살아남지 못한다는 것이다. 적당한 서식지에 착지하더라도 종자(그리고 나중에 어린 식물)는 균과의 밀접한 관계를 찾아 발달하는 데 크게 의존하고 있는데, 이 균은 난 종자의 발달과 생장에 필요한 중요한 영양분을 공급할 수 있다.

이와는 대조적으로, 코코드메르야자(*Lodoicea maldivica*)의 거대한 열매는 무게가 15kg에서 30kg 사이 정도이며, 보통 한 개의 씨앗만을 포함하고 있는데, 이것은 세계에서 가장 큰 씨앗이다. 매우 희귀한 이 야자수는 세이셸에 있는 두 섬에서만 자생한다. 열대 우림에서 빠르게 자라는 높은 나무 중에서, 이러한 큰 씨앗은 이점이 될 수 있는데, 그것은 배아가 매우 빠르게 자랄 수 있도록 하는 양분저장소를 포함하고 있다. 그러나 이처럼 큰 씨앗은 흩어지기 어렵다. 처음에는 코코넛야자(*Cocos nucifera*)처럼 코코드메르야자도 물에 흘러가서 번식할 것으로 추정되었다. 씨앗은 바다에 떠다니다가 몰디브(그래서 학명에 maldivica가 있음)를 포함한 섬들의 해변에 밀려갔지만, 이 씨앗들은 절대로 발아하지 않았다. 종자는 어미 식물에 비교적 가까이 머무르는 것 같았다. 잘 익으면, 거대한 열매는 땅에 떨어지고 씨앗은 길이가 몇 미터나 되는 매우 긴 줄기를 내보내는데, 이 줄기는 자라나는 줄기 끝이 어미 식물에서 멀리 떨어지도록 한다. 긴 줄기는 여전히 씨앗의 양분 저장고에 연결되어 양분을 공급받는다. 그 결과 아주 빠른 생장을 통해 이 어린 식물은 불과 몇 년 안에 최고 10m의 높이에 도달할 수 있다.

그림 10.25 세계에서 가장 작거나 가장 큰 씨앗.

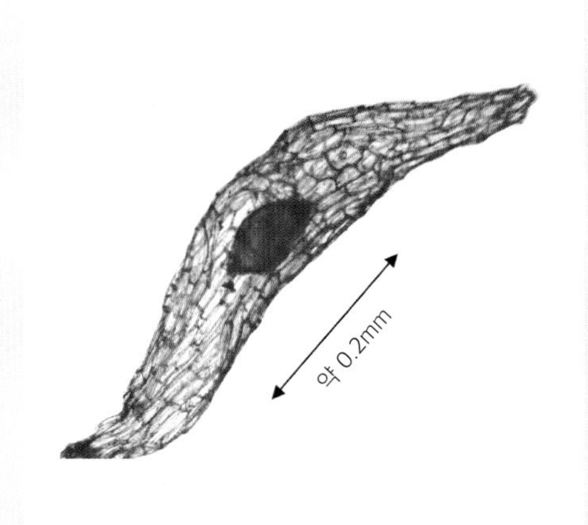

a) 유라시아닭의난초(*Epipactis palustris*)의 씨앗. 배아는 느슨한 세포 껍질로 둘러싸여 있다. 착생란의 씨앗은 훨씬 더 작을 수 있다.

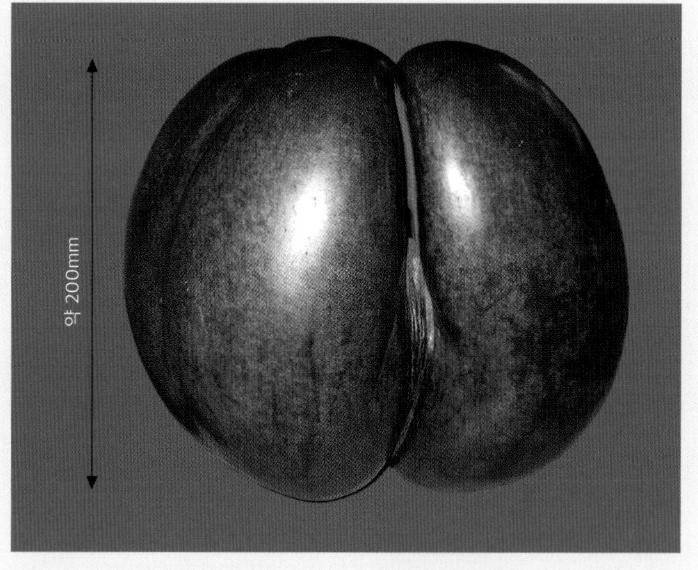

b) 코코드메르야자의 '견과'. 이 식물의 열매는 핵과인데 호두처럼 생긴 이 '견과'는 하나의 큰 씨앗을 가진 열매 벽의 내층을 보여준다. (사진: Ruth Thomas)

열매와 종자 확산

식물은 그들의 씨앗을 어미 식물로부터 그리고 서로로부터 멀리 서로 분산시켜 과도한 밀집과 빛, 물, 무기양분에 대한 경쟁을 줄여야 한다. 씨앗은 크기가 엄청나게 다양하다. 양분저장량이 좋은 큰 씨앗은 좋은 식물 생애를 시작하게 해 줄 것이다. 그러나 모든 씨앗이 생장에 적합한 장소에 착륙하는 것은 아니다. 많은 수의 작은 씨앗을 생산하는 데 에너지를 투자하여 널리 확산시키는 식물은 그 종이 개척할 수 있는 새로운 서식지에 도달할 기회를 더 많이 얻는다.

많은 열매가 씨앗을 방출하기 위해 열리거나, 특히 열매가 오직 하나의 씨앗만을 가질 때에는, 그 씨앗을 가진 열매는 단일 단위로 분산될 수 있다. 분리과는 익으면 한 개의 씨앗을 가진 여러 단위로 쪼개진다. 대부분 열매와 씨앗은 동물이나 바람이나 물에 의해 확산하거나 자가 확산한다.

그림 10.26 밝은 색상의 열매와 씨앗.

a) 양백당나무(*Viburnum opulus*)의 다홍색 장과.

c) 윤기가 나는 서양오엽딸기(*Rubus fruticosus* agg.)는 새뿐만 아니라 작은 포유동물에게도 중요한 먹이이다.

b) 오렌지색 '장과'(헛열매)를 가진 비타민나무(*Hippophae rhamnoide*).

d) 열매가 갈라지고 열려 밝은 적오렌지색 씨앗들을 드러내는 갈색 삭과를 가진 동청붓꽃(*Iris foetidissima*).

동물에 의한 확산

다육질 열매

동물들, 특히 먹이를 찾는 새들과 포유류들은 종종 부드러운 다육질 열매에 매료된다. 열매는 씨앗이 준비되었을 때만 동물들에게 정말 매력적으로 된다는 것은 이치에 맞는다. 그러므로 다육질 열매가 익어야 단맛이 나고, 기분 좋은 냄새가 나고, 입맛을 돋우게 된다. 생장하고 있는 열매의 눈에 띄지 않던 색(흔히 초록색들)은 씨앗을 퍼뜨려줄 동물들, 특히 색을 잘 구별하는 능력을 갖춘 새들을 끌어들이기 위해 밝고 종종 윤기가 흐르게 변한다. 빨간색, 노란색, 주황색 또는 검은색은 이러한 열매들의 일반적인 색깔이다. 검은 열매의 광택은 특히 중요한 것 같다. 어떤 종에서는 열매 자체가 무딘 갈색이지만 잘 익으면 밝은색의 씨앗을 드러낸다. 화살나무는 선명한 색깔의 열매와 씨앗을 가지고 있다.

교목과 관목의 밝은 색깔의 열매는 특히 눈에 잘 띄고 새들이 접근하기 쉽다. 몇몇 기는 식물들은 열매와 그들의 열매를 더 큰 나무 식물들로 올려보내서 새들을 유혹할 가능성이 더 커지게 한다.

몇몇 종의 경우 원숭이나 박쥐와 같은 포유류가 나무에서 직접 열매를 채취할 것이지만 대부분은 땅에 떨어진 열매를 먹으며 야행성이기도 하다. (영장류를 제외한) 포유류 대부분은 색맹이기 때문에, 색깔은 그들을 유인하는 데 그렇게 중요한 역할을 하지 않으며 향과 같은 특징들이 더 중요하다.

동물에게 먹혔을 때, 열매는 동물의 소화계로 들어간다. 여기서 씨앗은 단단한 종피에 의해 보호되고 결국 동물의 배설물 안에 남는다. 비록 거의 확실히 작은 포유류에 의해 일부 씨앗이 수집되어 더 많이 분산되기는 하지만, 배설물은 발아하는 씨앗에 '비료'를 제공할 수 있다. 기생하는 겨우살이는 씨앗을 적당한 숙주나무 가지에 전달해야 하는 특별한 문제가 있다.

그림 10.27 나무와 관목의 열매는 특히 눈에 잘 띄고 새가 접근할 수 있다.

a) 모래언덕 위, 열매가 있는 단자산사나무(*Crataegus monogyna*).

b) 기는식물의 열매는 이 검은마(*Tamus communis*)처럼 나무 위로 올라가면 더욱 쉽게 접근할 수 있다.

그림 10.28 땅에 떨어지는 열매.

a) 작은 포유류의 중요한 식량인 가시칠엽수의 열매와 씨앗의 잔해.

b) 떨어진 사과의 잔해. 작은 포유류, 고슴도치, 오소리는 이렇게 떨어진 열매를 먹을 것이다.

그림 10.29 보호 껍질이 있는 씨앗은 동물의 소화기관을 통과할 수 있다.

a) 야생 능금을 먹고 있는 암컷 검은새. 씨앗은 종피에 의해 보호받으며 암컷 새의 소화기관을 통과할 것이다.

b) 새가 배설한 정체불명의 씨앗들.

그림 10.30 유럽겨우살이(*Viscum album*)의 씨앗 확산. 매우 끈적끈적한 열매를 먹고 사는 새는 거의 없다. 검은머리명금새(*Sylvia atricapilla*)와 미슬지빠귀(*Turdus viscivorus*)는 가장 중요한 매개체들로 보인다.

a) 미슬지빠귀는 열매 전체를 삼킨다. 잠시 후 씨앗은 길고 끈적끈적한 끈처럼 배설된다.

b) 나무에 떨어질 때 가지에 달라붙는 씨앗도 있고, 낭비되는 씨앗도 있다.

c) 검은머리명금새는 삼키기 전에 씨앗과 열매를 분리한 후 끈적끈적한 씨앗을 나뭇가지에 닦아 붙인다.

d) 나뭇가지에서 발아하는 겨우살이의 씨앗.

건과와 씨앗 - '테이크 아웃' 먹이

이 또한 많은 동물에게 중요하다. 어떤 것들은 식물에 달려있던 상태에서 바로 먹히는데, 특히 새들에게 먹히기도 하지만, 지상에 떨어져도 그것은 중요한 식량의 원천이 된다. 더 큰 열매와 씨앗은 자주 모으고 숨겨두었다가 먹이가 부족한 시기에 사용된다. 이렇게 저장된 열매와 씨앗 중 일부는 잊히고 생장할 기회를 얻게 될 것이다. 어떤 곤충들, 특히 개미들은 작은 씨앗의 중요한 전파자들이다. 이 씨앗들은 종종 개미들을 유인하는 유질체(종침, elaiosomes)을 가지고 있어서, 개미들이 씨앗을 운반할 뿐만 아니라, 그들을 지하의 서식지로 데려갈 수도 있는데, 이것은 발아하기에 적합한 장소를 제공할 수도 있다.

건과와 씨앗 - 무임승차자

열매와 씨앗은 우연히 새와 인간을 포함한 다른 동물들의 발에 옮겨질 수 있다. 그러나 많은 식물은 동물들에게 매달리거나 달라붙을 수 있는 특정한 구조를 가진 열매나 씨앗을 가지고 있다. 털과 갈고리가 시드는 때 열매나 씨앗이 떨어지게 되는데, 특히 동물이 잘 흔들어주면 더욱 그러하다. 그러나, 동물들이 어느 정도 이동해 갔을 때, 몇몇 가시가 돋친 털을 가진 종자가 동물의 피부를 자극하게 되면 동물들은 불편함을 느끼고 적극적으로 그들의 피부에 있는 씨앗이나 열매들을 긁고 손질한다.

그림 10.31 '테이크 아웃' 먹이.

a) 먹이를 모아 땅속에 묻는 회색 다람쥐.

b) '가시칠엽수 열매' 같은 큰 씨앗은 다람쥐와 같은 포유류에게 좋은 먹이를 제공한다.

c) 둑방쥐(*Bank vole*)가 수집한 겨울 먹이 저장고.

d) 씨앗에 유질체(종침, elaiosomes)을 가진 양골담초 (*Cytisus scoparius*). 이것들은 종종 개미에 의해 수집된다.

그림 10.32 '무임승차자'.

a) 등골짚신나물(*Agrimonia eupatatoria*) 열매. 화탁의 정상부에 있는 짧고 뻣뻣한 갈고리에 의해 지나가는 동물들의 털에 붙는다.

b) 털에 단단히 얽힌 짚신나물류 열매. 이러한 열매는 제거하기 어려울 수 있고, 씨앗은 열매가 분해될 때만 흩어진다.

c) 꽃송이 바깥쪽에 날카로운 갈고리(변형된 포엽)를 가진 우엉(*Arctium lappa*). 이것들은 부드럽고 털이 많은 어떤 것에라도 쉽게 붙는데, 송이(가시가 돋친 것)가 떨어져 운반된다. 이것들은 제거하기 매우 어렵다. 이 식물은 '벨크로'의 발명에 영감을 주었다고 한다.

d) 가시가 있는 털은 동물의 피부밑에 들어가서, 동물들이 심하게 긁게 만들고, 가시가 있는 머리를 부숴서 씨를 쏟아내도록 한다.

열매가 익기 전에 식물로부터 강제로 분리되지 않는 것이 중요하다. 식물들은 이런 일이 일어나는 것을 막기 위한 다양한 체계를 가지고 있다.

그림 10.33 미성숙 열매가 강제로 끌어내지는 것을 방지하는 체계의 두 가지 예.

a) 밀폐된 목질 포엽에 의해 보호되는 유럽너도밤나무(*Fagus sylvatica*)의 미성숙한 견과.

b) 일단 익으면, 견과에 접근할 수 있도록 포엽이 열린다.

c) 허브베니트(*Geum urbanum*)는 이생심피 암술군을 가지고 있다. 열매가 익으면 각 심피는 갈고리 모양의 수과를 형성한다.

d) 미성숙한 수과를 가진 허브베니트. 암술대의 정상 부분은 끝이 매듭처럼 구부러져 있다.

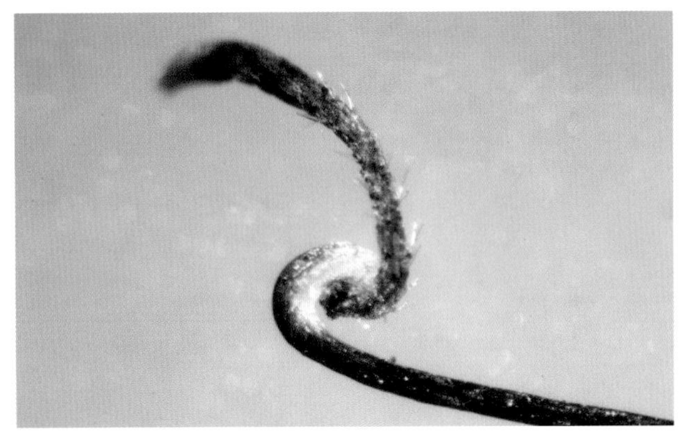

e) 암술대의 꼬인 끝부분의 클로즈업. 익으면 이 조각이 떨어져 날카로운 갈고리가 드러난다.

f) 지나가는 동물의 털을 잡을 준비가 된 갈고리가 달린 잘 익은 열매 머리.

동물이 비교적 짧은 시간에 수집한 씨앗과 열매의 수는 놀랍다. 저자의 개는 30분간 걸으면서 서로 다른 8종의 식물로부터 1,394개의 열매와 씨앗을 모았다!

그림 10.34 개를 30분간 산책시키는 동안 수집된 열매와 씨앗의 개수.

식물 종	귀	목, 가슴	앞다리	배	뒷다리	꼬리	합계	종 구성 비율 %
갈퀴덩굴	214	5	3	5	33	4	264	18.94
짚신나물류	844	34	55	68	40	3	1044	74.89
허브베니트	45	0	0	1	1	0	47	3.37
참반디류	12	0	0	1	2	0	15	1.08
우엉	3	0	0	0	0	0	3	0.22
말털이슬	18	0	0	0	0	0	18	1.29
에키움	1	0	0	0	0	0	1	0.07
물망초	2	0	0	0	0	0	2	0.14
총 열매 수	1139	39	58	75	76	7	1394	
총 열매 비율 %	81.71	2.80	4.16	5.38	5.45	0.50		

그림 10.35 부양 보조 도구로서의 관모.

a) 서양민들레(*Taraxacum officinale* agg.) 열매는 꽃받침이 변형된 관모를 가지고 있다. 이것들은 하위자방의 꼭대기에 붙어 있는 대(암술대)에 털의 고리를 형성한다.

b) 바늘꽃류(*Epilobium* sp.)의 각 씨앗은 털 뭉치를 가진다.

c) 클레마티스 비탈바(*Clematis vitalba*). 수정 후에 암술대와 암술머리는 털로 형성된 깃털을 형성한다.

바람 확산

난초의 씨앗과 같은 아주 작은 씨앗들은 먼지처럼 바람으로 옮겨질 수 있지만, 바람에 흩날리는 대부분 씨앗은 부양 보조 도구 역할을 하는 특별한 구조로 되어 있어서 공기 중으로 종자를 데려가서 더 멀리 이동하도록 도와준다.

관모(parachutes)

많은 종에서는 꽃의 다양한 부분이 관모를 형성하도록 변형되어, 씨앗이나 열매가 땅에 떨어지는 것을 지연시킨다.

날개(wings) - 글라이더 또는 헬리콥터

어떤 종들은 식물의 다양한 부분이 변형되어 날개를 형성한다. 자작나무류(*Betula* spp.)와 같은 몇몇 종들은 한 쌍의 날개를 가진 글라이더(gliders)이다. 날개를 하나만 가진 열매들이 더 흔하며 이 열매들과 씨앗들의 회전 운동은 하강 속도를 늦출 뿐만 아니라 바람이 충분하면 높이 올라가는 상승력을 제공할 수도 있다.

그림 10.36 날개가 달린 열매.

a) 자작나무(*Betula pendula*)의 작은 견과는 자방 벽에서 생성된 한 쌍의 날개의 도움을 받아 날아간다.

b) 하나의 종자를 가진 구주물푸레(*Fraxinus excelsior*) 열매는 자방 벽에서 형성된 날개를 가지고 있다. 그들은 하강하면서 쉽게 회전한다.

c) 구주물푸레와 마찬가지로 유럽들단풍(*Acer campestre*)의 열매는 자방 벽이 발달해 형성된 날개를 가진다. 이 분리과는 익으면 한 개의 종자를 가지고 회전하는 두 개의 열매로 나눠진다.

d) 피나무류(*Tilia* spp.)의 꽃들은 포엽에 결합한다. 결실 단계에서 이것은 갈색의 종이 같은 돛을 형성하여 바람에 의해 빙빙 돌게 된다.

수중확산

이 확산 방법은 보통 물이나 물 근처에 사는 식물에 분명히 중요하다. 그들의 씨앗은 공기주머니를 만들어 물에 뜰 수 있게 하는 특별한 조직이 있다. 결국 씨앗은 바닥으로 가라앉거나 그들이 발아하고 자랄 수 있는 진흙투성이의 둑으로 밀려갈 것이다.

그림 10.37
물에 의해 확산하는 씨앗.

a) 삭과가 벌어져서 씨앗을 물에 떨어뜨리는 노랑꽃창포(*Iris pseudacorus*).

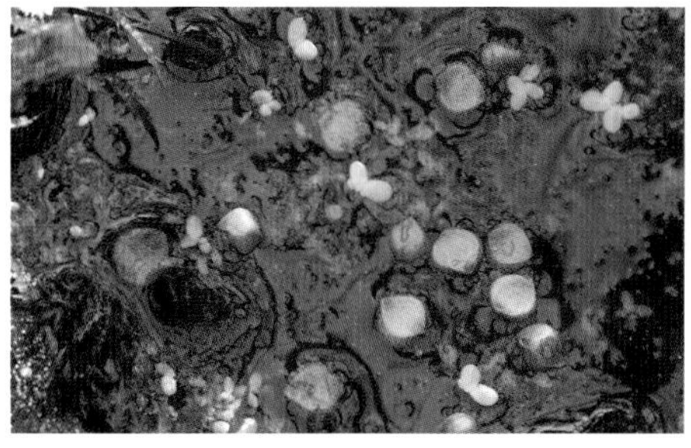

b) 물에 떠 있는 씨앗. 결국 이것들은 바닥으로 가라앉거나 주변 진흙으로 밀려갈 것이다.

자가 확산

이 식물들은 외부 전파자의 도움 없이 씨앗을 확산시킨다. 씨앗 내부에 영향을 미치는 대부분의 외부 형태는 씨앗이 흔들리거나 열매에서 튀어나오게 하는 특징을 보여준다.

움직이는 것(movers)과 흔들리는 것(shakers)

아이비 잎 모양을 가진 덩굴해란초(*Cymbalaria hederifolia*)의 열매 줄기의 생장 방향에 대한 변화는 이미 4장에 설명되어 있다. 그러한 변화는 여러 종에서 일어난다. 예를 들어 헤데리폴리움시클라멘(*Cyclamen hederifolium*)의 열매 줄기는 성숙하면 빽빽하게 나선형으로 변화되어 삭과를 흙 쪽으로 끌어당긴다. 특히 멋진 모습은 열매와 씨앗이 공기 중의 수분량 변화에 반응하여, 습도 변화에 따라 비틀리고 눈에 띄게 움직이는 것이다. 야생 귀리 종류(*Avena* spp.)가 좋은 예다. 이 풀들의 매우 효율적인 확산방식은 그들이 농업에 피해를 주는 잡초가 되는 결과를 가져왔다.

씨앗을 외부로 털어내는 열매는 대부분 삭과이다. 성숙하면서, 삭과가 열리고 열매 줄기가 건조해지고 탄력이 생긴다. 지나가는 동물에 의해 구부러졌다가 다시 원상태로 튕겨 돌아오면서 흔들릴 때 삭과가 씨앗을 퍼뜨린다. 강한 바람에 의해서 흔들려 씨앗이 튀어나오기도 한다.

그림 10.38 움직이는 것(movers)과 흔들리는 것(shakers).

a) 단단히 휘감긴 열매 줄기가 흙으로 삭과를 밀어 넣는 헤데리폴리움시클라멘(*Cyclamen hederifolium*)의 삭과.

b) 양귀비(*Papaver somniferum*)의 마른 탄성있는 줄기에 달린 삭과. 열매가 지나가는 동물 또는 바람에 의해 움직일 때 삭과의 정상에 있는 구멍을 통해 수 많은 작은 검은 씨앗이 흔들려 밖으로 나온다.

c) 메귀리(*Avena fatua*). 각 열매는 긴 강모가 있는 포엽 안에 위치한다. 열매가 익으면 이 강모는 뒤틀려 직각으로 구부러진다. 일단 땅에 닿아서 강모가 젖으면, 그것은 곧게 펴져서 열매가 뒤집힌다. 그것이 다시 마르면, 강모는 다시 뒤틀리고 구부러진다. 습도 변화에 따른 이러한 움직임은 열매가 흙의 틈새에 떨어질 때까지 꿈틀거리게 만든다. 나선형으로 뒤틀리면서 씨앗을 흙으로 밀어 넣는다. 포엽의 밑부분에 있는 털은 비트는 방향이 바뀌어도 열매가 뽑히지 않도록 막아준다.

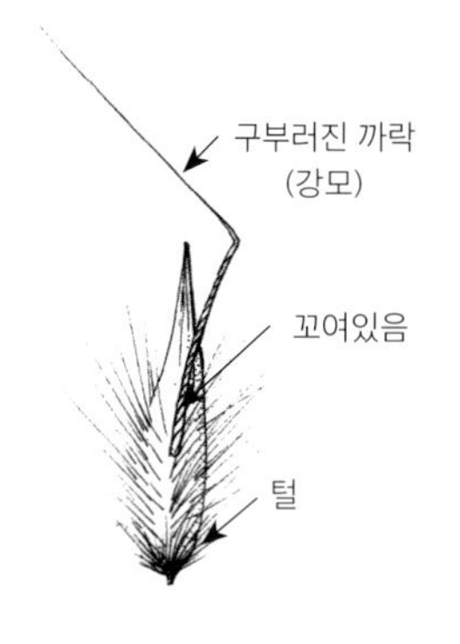

폭발 과정(flinging mechanisms)

폭발 방식은 아주 다양하고 여러 종류의 열매 종류에서 발견된다.

그림 10.39 폭발해서 씨앗을 멀리 보내는 열매.

a) 히말리아물봉선(*Impatiens glandulifera*)은 멋지게 열개하는 열매를 가지고 있다. 익어가는 열매의 벽에 있는 세포는 엄청난 압력을 느끼면서 부풀어 오르게 된다.

b) 식물을 두드리거나 열매를 가볍게 만지는 것은 열매를 폭발시켜 씨앗을 흩뿌리기에 충분하다. 이 식물은 보통 물가에서 자라기 때문에 씨앗을 물로 더 멀리 확산시킬 수 있다.

c) 제비꽃과 그 비슷한 종(*Viola* spp.)들의 삭과는 열개하면서 씨앗으로 가득 찬 3개의 판막을 드러낸다.

d) 각각의 판막들이 서서히 수축하면서 동시에 씨앗들을 방출시킨다. 씨앗들은 그 식물을 중심으로 각기 다른 세 방향으로 몇 미터 떨어진 곳까지 발사된다.

식물의 종자 확산과정은 다양하고 매혹적이며, 여기에서 상세하게 설명된 것은 극히 일부에 불과하다. 열매를 설명할 때, 다양한 확산 방법에 대해 아는 것은 여러분이 관찰하는 대상의 특징을 이해하는데 도움이 될 것이다. 대상의 크기, 형태, 색상 및 기타 특징[예: 갈고리(hooks) 또는 털]은 성공적인 확산을 달성하는 방법을 전부 반영할 수 있다. 씨앗에게 여행은 이제 막 시작되었다.

그림 10.40 세열미국쥐손이(*Geranium dissectum*)의 종자 확산에 관한 연구 작품.

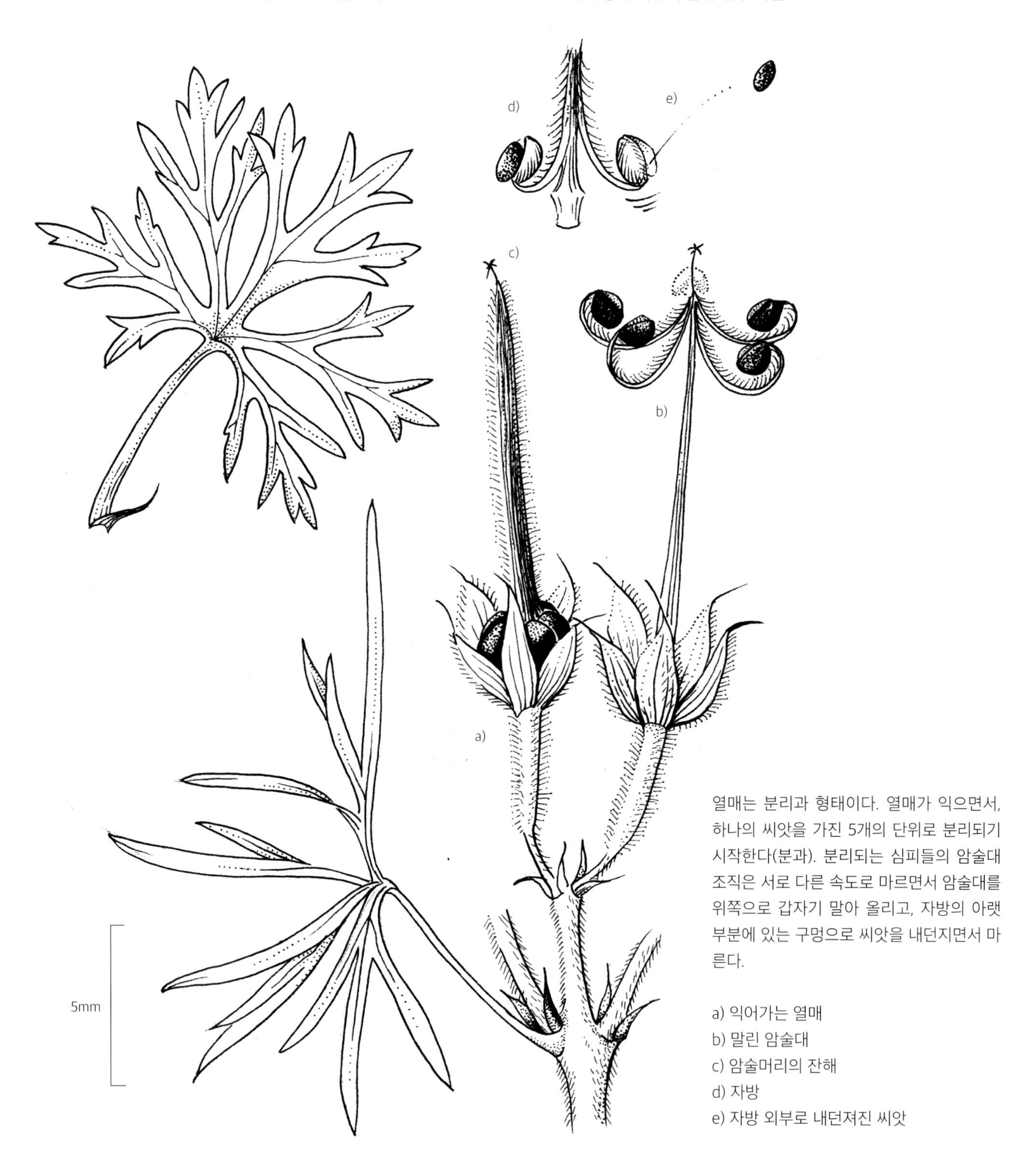

열매는 분리과 형태이다. 열매가 익으면서, 하나의 씨앗을 가진 5개의 단위로 분리되기 시작한다(분과). 분리되는 심피들의 암술대 조직은 서로 다른 속도로 마르면서 암술대를 위쪽으로 갑자기 말아 올리고, 자방의 아랫부분에 있는 구멍으로 씨앗을 내던지면서 마른다.

a) 익어가는 열매
b) 말린 암술대
c) 암술머리의 잔해
d) 자방
e) 자방 외부로 내던져진 씨앗

그림 10.41 터키개암나무(*Corylus colurna*) - 자가 평가 과제의 일부로 완성됨.
뒤로 심하게 젖혀진 목질의 포엽으로 둘러싸인 견과.(Catherrine Day. 작품)

자기 평가 과제

1. 관심 있는 열매의 구조를 탐구하라. 그 구조에 대한 이해를 보여 주는 메모를 포함하라. 열매가 씨를 어떻게 분산시키는지 어떻게 설명할 것인가? 당신의 아이디어를 뒷받침하기 위해 어떤 특징을 볼 수 있는가?

2. 삽화와 주석의 도움을 받아 진과와 위과를 비교하시오.

CHAPTER 11

씨앗 - 구조와 발아

씨앗은 다양한 색깔, 모양, 크기를 보여주고 있으며, 정밀 조사를 통해 많은 것들이 독특한 장식과 예술작품으로서 가치가 있는 대상이 될 수 있는 다양한 특징들을 가지고 있다는 것을 알 수 있다. 또한, 식물의 식별에 있어 그 특성이 중요할 수 있으며, 따라서 씨앗에 대한 상세한 도면은 식물세밀화에 포함되어야 할 수도 있다.

그림 11.2 씨앗의 모양, 색깔 그리고 외부 구조의 다양성은 큰 씨앗에서는 쉽게 발견된다.
여기에 보이는 것과 같이, 확대하면 아주 작은 씨앗에서도 큰 차이들이 보인다.

이 씨앗들은
a) 양귀비(*Papaver somniferum*),
b) 웨일스양귀비(*Meconopsis cambrica*),
c) 붉은장구채(*Silene dioica*),
d) 왕질경이(*Plantago major*),
e) 큰달맞이꽃(*Oenothera glazioriana*), 그리고
f) 품종 개량된 제비꽃이다.

< 그림 11.1 새로운 삶을 시작한다. 한 쌍의 떡잎(쌍떡잎)과 첫 번째 본잎을 가진 사랑풍로초(*Geranium robertianum*)의 유묘. 두 번째 본잎은 떡잎들 사이에서 발달한 것이 보인다.

종자의 구조

종자의 부위별 용어

여기서 씨앗을 묘사할 때 가장 많이 접하게 될 용어는 진정쌍떡잎식물인 적화강낭콩(*Phaseolus coccineus*)과 단자엽식물인 옥수수(*Zea mays*)를 예로 들어 설명한다.

주공

발육하는 밑씨를 둘러싸고 있는 조직(integuments)의 층은 제대로 봉합되지 못하여, 수정 전에 화분관이 들어갈 수 있는 구멍인 주공을 남겨둔다. 이것은 적화강낭콩과 같은 큰 씨앗에서는 뚜렷하게 볼 수 있다. 씨앗에서는 발아 시에 이 구멍이 수분 침투 지점 역할도 한다.

종피

수정 후 밑씨 주위의 보호층(조직)이 씨앗 주위에 껍질을 형성한다. 이것은 얇은 피부를 형성할 수 있고, 육질이 되거나 딱딱할 수 있으며, 다양한 색깔과 질감을 가질 수 있다.

배꼽

이것은 주병이 남긴 흔적이다.

자엽

자엽의 수에 따라 현화식물을 크게 두 종류로 구분한다. 예를 들어 적화강낭콩과 같은 진정쌍떡잎식물은 2개인데 반해, 옥수수와 같은 단자엽식물은 1개를 가지고 있다.

배

배는 뿌리 계를 형성하는 방사체, 지상계를 형성하는 어린싹, 배축 또는 배아 줄기로 구성된다.

영양 저장 조직

난초를 제외하고(그림 10.25 참조), 씨앗 대부분은 생장하고 발아하는 데 사용하는 영양저장소를 가지고 있다. 이것은 주로 수정의 산물인 배유(9장 참조) 또는 진정쌍떡잎식물의 자엽에서 발견된다.

유배유종자는 옥수수와 같은 단자엽식물의 특징이며, 자주개자리(*Medicago sativa*)와 페튜니아(*Petunia hybrid*)에서도 발견된다. 옥수수와 같은 초본식물의 씨앗과 많은 다른 단자엽식물에서 자엽은 배반이라고 불리는 얇은 방패 모양의 구조를 가지는데, 이것은 배유로부터 영양을 흡수하는 것을 쉽게 한다.

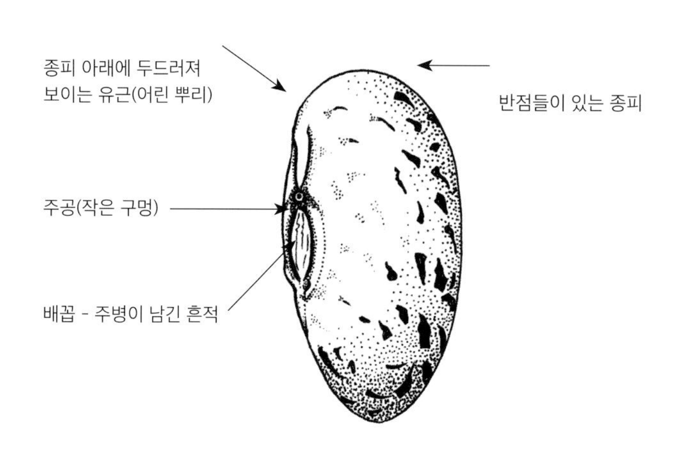

그림 11.3 적화강낭콩 종자의 외부 구조.

그림 11.4 종자의 내부 구조.

a) 진정상떡잎식물의 내부 구조 - 적화강낭콩.

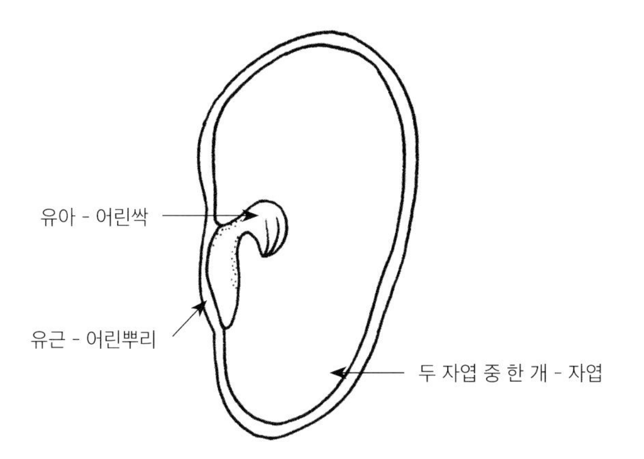

b) 단자엽식물의 씨앗 내부 구조 - 옥수수의 배가 배반을 통해 배유로부터 영양 흡수가 가능하다.

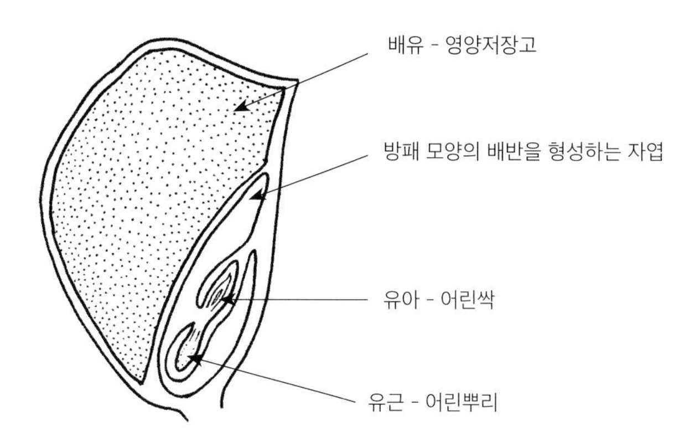

무(*Raphanus sativus*) 같은 무배유종자의 배유는 종자가 생장하면서 사용되어 종자가 성숙할 때쯤에는 사라진다. 자엽은 발아하는 씨앗에 주요 양분을 제공한다.

부속기관

이것들은 종피나 그 배병 등에서 나온 결과물로 다양한 형태를 취할 수 있으며, 이미 기술한 바와 같이, 종종 씨앗을 산포하는 과정에서 역할을 한다. 예를 들어, 블루트위디아의 털(그림 10.1 참조), 사철나무속의 화려한 가종피(부록 I 참조), 그리고 개미가 산포하는 많은 씨앗에서 발견되는 유질체(종침, 그림 10.31 참조) 등이다. 털처럼, 날개는 열매뿐만 아니라 씨앗에서도 발견된다(그림 10.36 참조). 몇몇 멋진 날개는 산마호가니(*Entandrophragma caudatum*)의 씨앗에서 볼 수 있다.

어떤 작은 소위 '종자'는 실제로는 정말 작은 씨앗이 한 개 들어 있는 열매라는 것을 기억해야 한다. 예를 들어, 벼과 식물의 '씨앗'은 종피와 과피가 융합된 열매이다. 또한 이들의 '씨앗'은 포로 둘러싸여 있으며 이것들은 종종 까락으로 알려진 긴 털을 가지고 있다(그림 10.38 참조). 이것들은 엄격하게는 씨앗의 일부가 아니다.

그림 11.5 산마호가니(*Entandrophragma caudatum*)의 큰 열매와 날개가 달린 씨앗, 이 큰 열매의 길이는 20cm까지 될 수 있고, 나무바나나로도 알려져 있다.

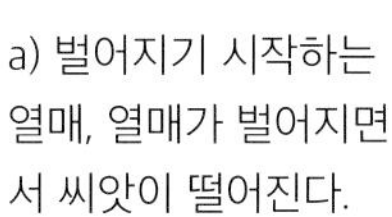

a) 벌어지기 시작하는 열매, 열매가 벌어지면서 씨앗이 떨어진다.

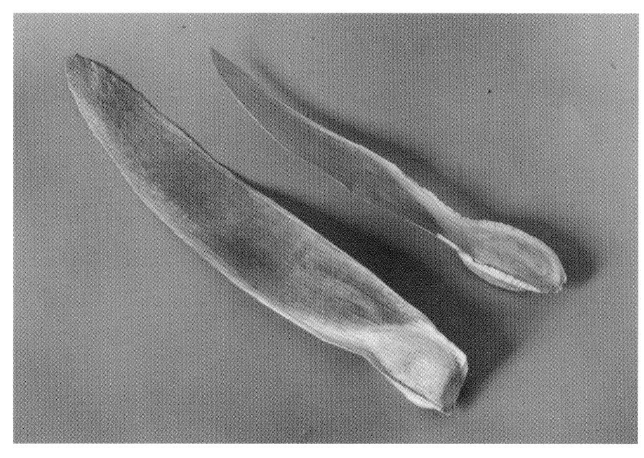

b) 떨어지면서 회전하는 큰 날개가 달린 종자들.

그림 11.6 버드나무는 각각 하나의 털 다발에 수천 개의 작은 씨앗을 가지고 있다. 이 종자들은 수명이 매우 짧아서 나무와 분리된 후 바로 자랄 수 있는 적당한 장소를 찾아야 한다.

휴면

버드나무나 포플러 같은 몇몇 종의 씨앗들은 모체를 떠난 후 몇 시간 안에 발아와 생장에 적합한 장소를 찾아야 한다.

그러나 많은 종의 종자들은 토양 속에 살아있으면서, 때로는 수년간 신진대사를 중단시키고 기다리는 단계(휴면)를 거친다. 휴면이 작용하는 방식에는 다양한 방법이 있지만, 일반적으로 계절적 기후가 있는 지역에서 특히 중요하며 조건이 가장 적합할 때 씨앗이 발아하게 된다. 또한, 시차 발아 현상을 일으켜 환경 조건이 악화하여 첫 번째 발아 종자 집단이 실패하면, 늦게 발아된 다른 종자가 여전히 살아남을 가능성이 있다. 여기에 관련될 수 있는 메커니즘의 몇 가지 예를 아래에 설명한다.

1. 종자 속의 발아 억제제가 점차 씻겨 내려가거나 증발하기 전에는 발아 현상이 일어날 수 없다.
2. 종자 껍질이 매우 질겨서 물과 산소 통과가 가능하기 전에 일정량의 물리적, 생물학적, 화학적 풍화가 필요하다.
3. 발아는 특정 온도나 광주기에 의해 유발되는데, 예를 들어 매우 낮은 온도(얼어붙을 정도로)나 산불 중에 발생하는 것 같은 매우 높은 온도에 의해 유발된다.

미래를 위한 종자 저장

비록 몇몇 종의 씨앗들은 오랜 시간 동안 토양의 종자은행에서 자연적으로 생존할 수 있지만, 많은 종자는 더 취약하다. 전 세계적으로 수많은 종자은행이 존재하며, 인재나 자연재해가 발생하면 식물의 생물 다양성 보전을 위한 안전망 역할을 한다. DNA는 시간이 지남에 따라 상태가 악화하기 때문에 씨앗은 건조하고 매우 차갑게 유지되어야 한다. 노르웨이의 '씨드 볼트'의 씨앗은 북극권한계선 안에 있는 스발바르의 산 쪽 지하 공간에 저장되어 있다. 세계 최대 종자은행(-20°C의 거대한 지하 냉장에 씨앗을 보관한다)은 'Kew 식물원 밀레니엄 씨드 뱅크'인데, 전 세계 파트너들과 함께 일하는 Kew의 목표는 2020년 까지 전 세계 종의 25%(약 7만5,000종)의 씨앗을 저장하는 것이다. 이 종자은행은 보통 일반 대중이 접근할 수 있는 것은 아니지만 '밀레니엄 씨드 뱅크'를 방문하여 전시된 씨앗을 보고 이 놀라운 프로젝트에 대해 더 많은 것을 배울 가치가 있다.

그림 11.7 Kew 식물원의 밀레니엄 종자은행, Sussex 지역의 Wakehurst Place에 있는 돔 형태의 구조 아래에 있는 큰 냉장고 안에는 종자들이 저장되어 있음.

발아

씨앗이 아직 활력이 있고 적절한 물과 산소의 공급, 적절한 온도 등의 조건을 주면, 휴면 기간 후 발아 현상이 발생할 것이다. 발아에 필요한 온도는 식물마다 다르다.

씨앗은 먼저 물을 흡수하고, 어린뿌리가 발달하여 식물을 고정하고 추가적인 물을 얻을 수 있게 한다. 이 초기 단계에서도 뿌리는 아래쪽으로 자라 중력에 반응한다(양성 굴지성). 유아는 씨앗에서 발아하여 빛을 향해 자란다(4장 참조).

유아가 씨앗으로부터 계속 발달하면서 종자 밖으로 출현함에 따라, 진정쌍떡잎식물과 단자엽식물에서 두 가지 주요한 발아유형을 확인할 수 있다. 그것들을 묘사하는 데 사용되는 용어는 자엽의 위치를 가리킨다: 자엽들은 **지상(epigeal;** epl = 지표면 위의)으로 올라올 수도, **지하(hypogeal;** hypo=지표면 아래)에 머무를 수도 있다. 배에서, 자엽과 첫 번째 본잎 사이의 줄기 부분은 **상배축**(epicotyl)이라고 한다. 자엽과 뿌리 사이의 줄기는 **하배축** (hypocotyl)이다.

위험한 여행

어린싹이 흙을 밀어내는 동안 보호를 위해서, 무(*Rhapanus sativus*)를 비롯한 많은 식물은 줄기의 한쪽 면이 더 큰 생장을 일으켜 갈고리가 형성된다. 갈고리가 흙을 밀어내면서 자라나는 연약한 유아 끝을 보호한다. 양파(*Allium* spp.)에서, 떡잎들은 유아를 둘러싸고 보호한다. 옥수수나 다른 풀의 유아는 자엽초라고 알려진 엽초에 의해 보호된다. 이것은 때때로 자엽의 존재 흔적으로도 해석된다.

극락조화(*STRELITZIA* SPP.)의 시차 발아 현상

남아프리카에서 발견된 극락조화(Strelitzia)는 핀보스 지대에서 자생한다. 이 빽빽하고 무성한 초목 숲에는 보통 어린 식물이 자라고 생존할 수 있는 충분한 빛이나 영양소가 없으며, 씨앗은 산불이 난 후에야 발아한다. 이러한 화재는 빛의 양과 재에서 나오는 양분으로 인해 토양 속의 영양분을 매우 증가시키는 결과를 낳는다. 특히 장마가 시작되는 시기가 씨앗이 발아할 수 있는 완벽한 조건이다. 그렇다면 씨앗은 그들이 발아할 때라는 것을 어떻게 알 수 있을까? 과학자들은 첫 번째 비가 흙의 재를 녹이고, 재가 녹은 물에 젖는 것이 씨앗의 휴면을 타파하는 데 도움이 되며, 이로 인해 어린 식물들이 이상적인 조건에서 자라기 시작할 수 있게 되었다는 것을 발견했다. 정원사들은 이제 극락조화 같은 식물의 씨앗을 발아시키는 데 사용할 수 있는 재 녹은 물에 담갔다가 말린 종이 디스크를 살 수 있다.

그림 11.8 극락조화(*Strelitzia* sp.).

그림 11.9 발아의 다른 유형:
a) 지상자엽형-자엽들이 땅 위로 올라온다. b) 지하자엽형-자엽들이 땅 아래에 남아 있다.

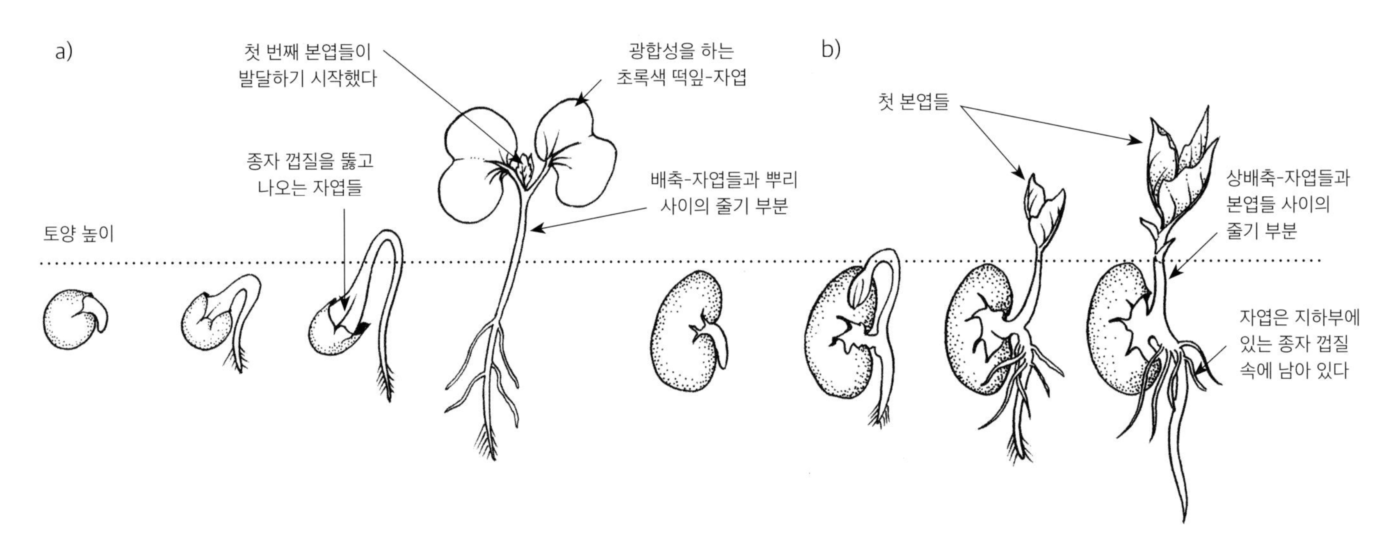

그림 11.10 생장 중인 줄기의 보호.

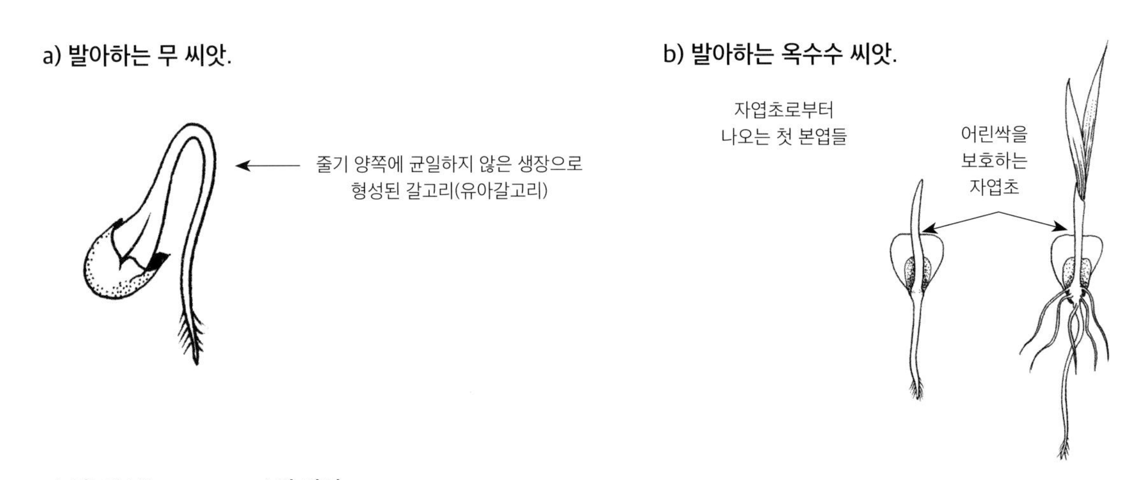

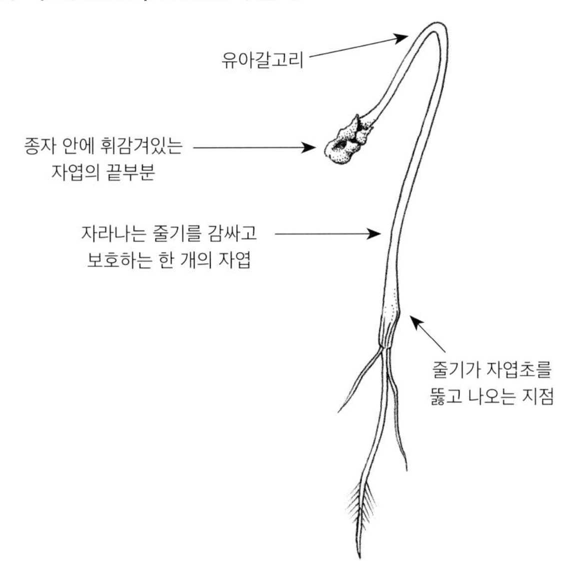

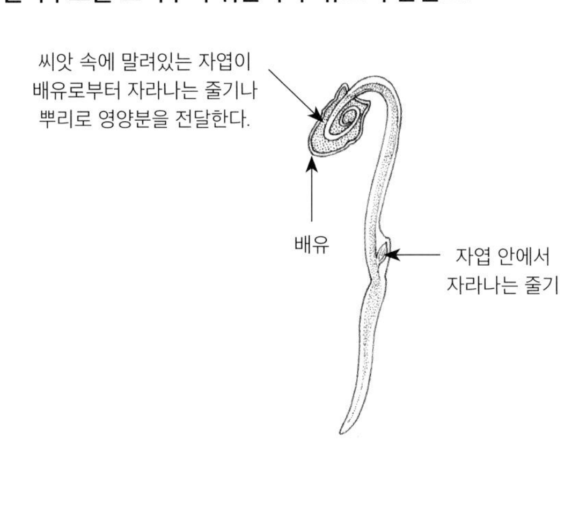

그림 11.11 자엽(cotyledons)과 첫 본엽의 차이점.

a) 코스모스(*Cosmos bipinnatus*)의 생장.

b) 가시금작화(*Ulex europaeus*). 성체일 때는 삼출엽이 날카로운 가시를 가지도록 변형된 것을 볼 수 있다.

유묘 식별

유묘 식별 능력은 식물학자들뿐만 아니라 잡초 씨앗과 재배를 목적으로 심은 씨앗을 구별할 필요가 있는 농업과 원예에 관련된 사람들에게도 중요하다. 유묘들은 땅 위에 나타난 자엽들로 구별될 수 있다. 이것들은 최초의 본엽과는 매우 다를 수 있다. 어린 본엽 또한 성엽과는 다르게 보일 수 있다.

자기평가

1. 새싹 채소용 혼합 씨앗 한 봉지에서 씨앗을 한 티스푼 꺼낸다. 봉지에 제시된 대로 재배한다. 생장하면서 볼 수 있는 차이를 조사하고 묘사한다.
2. 씨앗 두 개를 고른다. 그들의 형태와 구조를 연구하고 묘사한다. 그런 다음 그것들을 심고 주석을 단 그림을 사용하여 발아 현상과 초기 발달을 비교한다. 이 연습에서는 두 개의 큰 씨앗을 선택하는 것이 가장 좋다. 그래야 그 구조가 쉽게 보일 수 있다. 여기에 제시한 씨앗을 사용해도 되고, 다른 씨앗을 사용하여 무슨 일이 일어나는지 관찰하는 것이 더 좋을 수도 있다. 씨앗이 물을 흡수하도록 24시간 동안 담그는 것도 그들이 발아하는 것을 더 쉽게 해 줄 것이다.

추천 씨앗

· 지상자엽형: 강낭콩(*Phaseolus vulgaris*), 해바라기(*Helianthus annuus*), 무(*Raphanus sativus*), 페포호박(*Cucurbita pepo*).

· 지하자엽형: 적화강낭콩(*Phaseolus coccineus*), 완두(*Pisum sativum*), 옥수수(*Zea mays*).

CHAPTER 12

겨울 소지

나무란 무엇인가?

교목은 하나의 주된 줄기를 가진 다년생 식물(대부분 키가 큼)이다. 이 줄기와 가지들은 목재를 형성하는 리그닌이 주입된 세포에 의해 훨씬 강화된다. 관목은 지면으로부터 여러 개의 목질 줄기가 발생하여 구별되며 일반적으로 더 작다. 그러나 이 두 형태 사이에는 명확한 구별이 없으며, 교목의 줄기가 잘리거나 심하게 손상되면 휴면한 눈이 자라도록 자극되어 몇 개의 나무줄기가 빠르게 생성될 수 있다. 이의 좋은 예는 나무를 전정하거나 솎아주었을 때 나타난다.

왜성 교목과 관목 종은 특히 환경조건이 매우 불량한 곳에서 발견되기도 하고, 일반적으로 전형적인 형태를 보이는 교목이나 관목도 극단적인 기후 조건에 의해 왜소해지거나 특이한 형태가 될 수도 있다.

교목과 관목은 현화식물의 진정쌍떡잎식물에 많이 속해있다. 일부 교목과 관목 모양의 형태도 단자엽식물(예: 야자나무와 바나나)에서 발견된다. 그러나, 이것들은 엄밀히 말하면 나무가 아니며, 그들의 줄기는 잎의 밑부분이 굳어져서 형성된다. 대나무 같은 몇몇 초본들은 매우 키가 크고 관목처럼 생겼을지 모르지만, 여기서는 줄기가 리그닌이 아니라 이산화규소(silica)로 굳어져 있다. 일반적으로 침엽수라고 불리는 큰 교목들은 모두 나자식물에 속한다.

a)

b)

c)

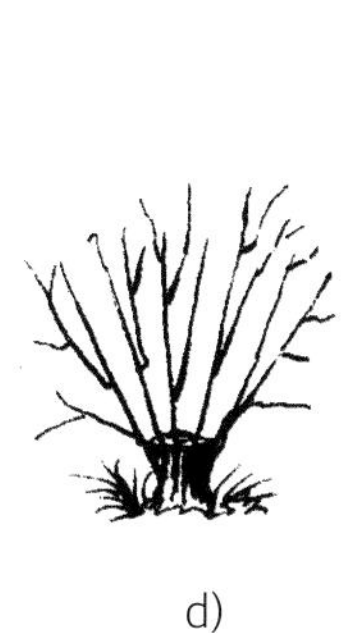
d)

e)

그림 12.2 나무 형태의 차이:
a) 교목, b) 관목, c) 두목 전정(pollard)한 교목, d) 저목 전정(coppicing)한 교목,
e) 접목한 교목. 볼록한 곳은 접목 부위이다.

< 그림 12.1 겨울철 미상화서가 달린 포플러나무(Balsam Poplar, *Populus* sp.)의 소지.

그림 12.3 절벽에서 튀어나온 바위 위에서 자라나는 레티큘라타버드나무(*Salix reticulata*)의 꽃. 이 왜성 관목은 보통 수고가 20cm 이하이다.

겨울철 나무

온대지방에서는 대부분 피자식물인 교목과 관목은 활엽수종이다. 낮은 온도와 충분한 물을 얻는 데 어려움이 큰 문제가 될 수 있다. 겨울에는 비와 눈이 많이 올지라도, 생리학적으로 나무들이 물을 흡수하기가 더 어려워지고 극한의 겨울에는 토양 속에서 물이 얼게 될 수 있다. 수피는 수간을 물리적 손상으로부터 보호하고 대부분의 나무 조직에 방수 덮개로 작용하지만, 잎은 손상에 훨씬 더 취약하고 수분 손실의 주요 통로가 될 수 있다. 여름철에 햇빛을 가장 많이 받을 수 있는 장점이 되는 큰 키도 겨울철에는 나뭇잎이 혹독한 기후 조건에 노출된다는 단점이 된다.

이런 열악한 겨울 환경에서 살아남기 위해 나무들은 많은 전략을 사용한다. 어떤 상록 교목과 관목은 방수 가능한 왁스층을 가진 질긴 잎을 가지고 있다. 또한 어떤 나무들은 매우 작은 잎을 가지고 있어 물 손실이 일어나는 표면적을 줄인다. 이 전략은 여름이 짧은 북부 온대 지역의 나무들에서 특히 중요해진다. 그것은 그들이 광합성 기간을 겨울까지 연장할 수 있게 해주거나 좀 더 온화한 겨울에는 광합성 효율이 높아지는 장점이 되기도 한다.

그림 12.4 서머싯(Somerset; 영국 잉글랜드 서남부에 있는 카운티)에 있는 바람에 의해 가지가 잘린 참나무. 산비탈을 휩쓸고 있는 우세한 남서풍이 이 나무를 이런 모양으로 만들었다.

그림 12.5 엄밀히 볼 때 나무가 아닌 '나무들'.

a) 잎으로 형성된 수간(trunk)을 가진 종려나무(*Trachycarpus fortunei*).

b) 엽병과 섬유질 수피의 잔해를 보여주는 수간 클로즈업 사진.

c) 관목 같은 형태를 보여주는 대나무.

그림 12.6 상록활엽수인 유럽호랑가시나무의 잎. 이 잎들은 두껍고 반짝이는 방수층 표피가 있어 가죽처럼 질기다. 잎들은 일 년 내내 조금씩 떨어진다.

그림 12.7 가을 색을 보여주는 잎 여러 개를 그린 수채화.

그림 12.8 가시칠엽수(*Aesculus hippocastanum*) 가지에 있는 엽흔. 커다란 방패 모양의 자국이 이 종의 특징이다.

온대성 활엽수들은 대부분 낙엽성이어서, 물을 보존하기 위해 가을에 잎을 떨어뜨린다. 낙엽은 가을이 다가옴에 따라 낮의 길이 변화에 따라 촉발된다. 이 전에 잎사귀에 많은 화학적 변화가 일어나고, 잎사귀가 떨어지기 전에 유용한 물질이 수간이나 가지로 이동하고 폐기물이 잎사귀로 흘러들어 잎이 떨어짐과 함께 폐기된다. 나뭇잎 속의 엽록소가 분해되면서 오렌지, 노랑, 빨강과 같은 다른 색소를 드러내 아름다운 가을 색을 발달시킨다. 짙은 서리가 이러한 색깔들, 특히 붉은색을 강화할 수 있다.

엽병이 소지로부터 분리되는 지점의 선에서 효소에 의해 세포층이 분해되고 수분 손실을 막기 위해 엽흔 조직(반흔 조직)이 발달한다.

소지 특징

낙엽 후에 남겨진 겨울 소지들은 그들만의 특징과 아름다움을 가지고 있고, 나뭇가지에 보이는 특징들은 모두 뭔가를 말해줄 수 있다.

그림 12.9 겨울 소지의 특징으로 보는 가시칠엽수 이야기.

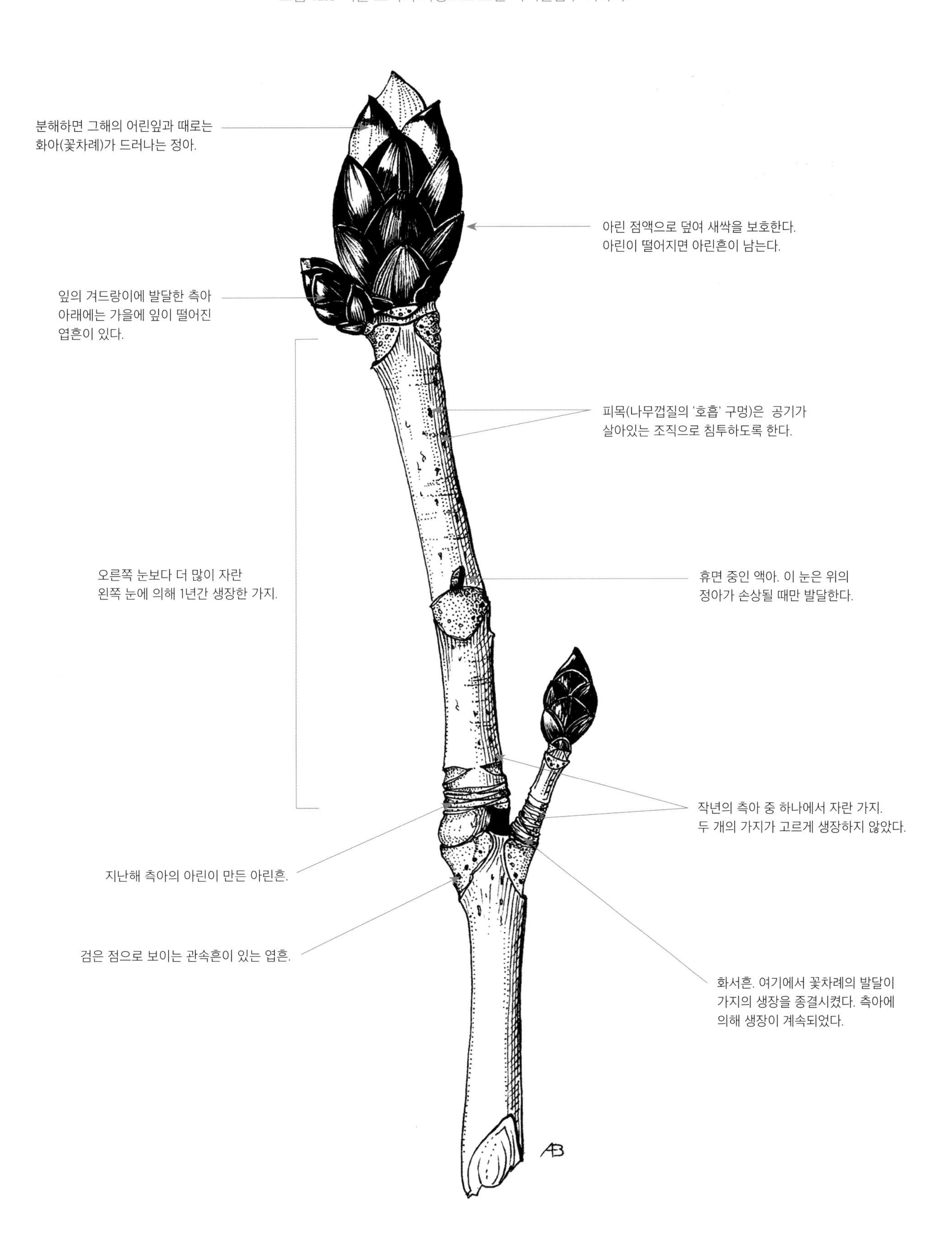

그림. 12.10 가시칠엽수 눈의 구조.

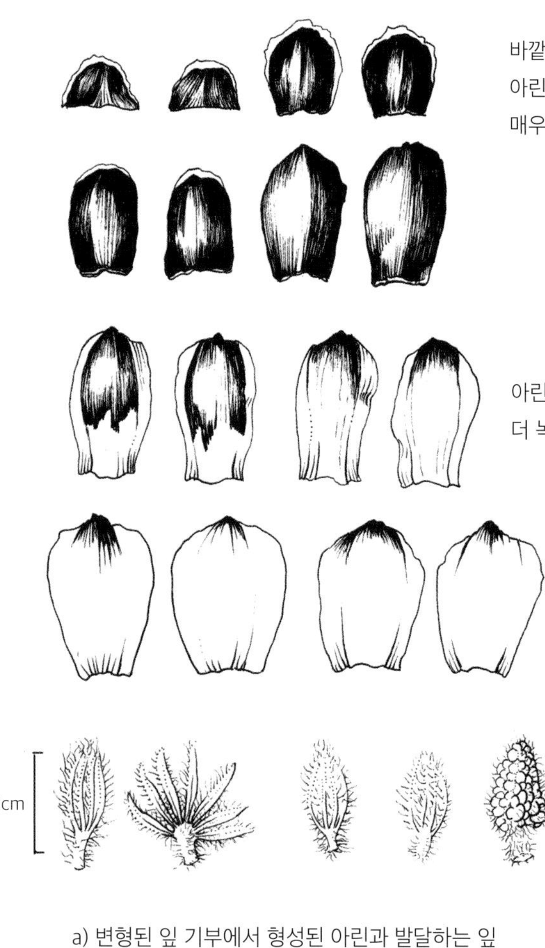

a) 변형된 잎 기부에서 형성된 아린과 발달하는 잎 및 꽃차례를 보여주는 눈의 해부도.

b) 3월에 발아한 눈.

눈의 구조

가시칠엽수와 같이 크기가 큰 겨울 소지들은 눈의 세부 구조를 관찰하기 좋은 대상이다. 눈이 깨어나기 직전인 2월에 가장 잘 관찰되지만, 가을 초에도 여기에 기재된 모든 특징이 보일 것이다. 눈을 해부할 때, 깨끗한 두꺼운 종이에 가지 조각을 순서대로 조심스럽게 놓는다. 두꺼운 종이에 붙이기 전에 PVA 접착제로 가지 조각을 덮어서 반영구 디스플레이를 만들 수 있다. 24시간 이내에 접착제는 마르고, 투명해지고, 단단해지고 끈적거리지 않게 된다.

1. 날카로운 칼로 정아를 조심스럽게 제거한다.
2. 아린(눈비늘)이 쌍으로 배열되어 있으며, 각 쌍은 다음과 같이 직각으로 배열되어 있다(그림 5.34와 12.11을 참조). 각각의 아린을 차례대로 조심스럽게 제거한다. 이 작업은 매우 끈적거려서 다음 일을 하기 전에 손을 꼭 씻어야 할 것이다!
3. 잎사귀를 조심스럽게 떼어내고 엽신을 바깥쪽으로 펼친다.
4. 마지막으로 화아를 찾는다. 당년도의 열매와 씨앗(가시칠엽수 열매)이 아직 성숙하지 않은 9월까지라도 그 눈이 생장하는 화아를 포함한다면, 그것은 분명히 알아볼 수 있을 것이다.

우리가 가시칠엽수에서 보았던 것처럼, 눈의 내부는 축소된 줄기이다. 개개의 잎(그리고 존재한다면 꽃도)의 크기가 커지기 시작하면서, 접히고(유엽태) 그다음에는 여러 가지 방법으로 눈(아형)에 감싸여진다. 눈이 열리고 팽창함에 따라, 모든 잎이 얼마나 아름답게 접히고 사용 가능한 공간 안에 감싸지는지를 보여준다. 주름과 감싸인 구조의 유형은 종종 식물의 식별 특징이 될 수 있으며, 싹이 트기 시작하는 곳을 주의 깊게 관찰하고 기록해야 한다. 식물학자들이 여러 유형을 설명하기 위해 사용하는 용어는 Hickey & King(2000)을 참조하면 된다.

피침, 엽침 그리고 경침

가시가 있는 특징들은 땅에 묻히지 않은 식물 부분, 특히 잎과 줄기에서 종종 발견되며, 겨울 소지에서 특히 두드러질 수 있다. 이러한 특징을 설명하는 데 사용되는 단어는 일관되게 사용되지는 않지만, 식물학적으로 표면 조직의 세포에서 형성되는 피침(prickles; 기술적으로는 모상체)과 식물의 변형된 부분-예를 들면, 잎과 탁엽 또는 작은 곁가지 등-으로부터 발달한 날카로운 목질의 엽침(spines)과 경침(thorns)으로 유용하게 구분할 수 있다. 피침은 엽신, 잎 가장자리, 엽두와 엽병에서 발견될 수 있지만, 예를 들어 장미처럼 줄기에서도 발견될 수 있다. 나무들은 심지어 수간에서 직접 발생하는 화려한 가시들을 가지고 있을 수도 있다.

엽침(spine)은 주로 잎과 관련된 구조를 일컫는 용어이고, 경침(thorn)은 줄기와 관련된 구조를 설명하는 용어이다.

그림 12.11 잎사귀가 접혀있는 모습과 감싸여진 모습이 서로 다른 두 가지 예.

a) 대생 또는 십자대생하는 잎을 가진 플라타너스단풍(*Acer pseudoplatanus*)의 눈(그림 12.17 참조).

b) 잎이 나선형으로 배열된 유럽너도밤나무(*Fagus sylvatica*)의 눈.

그림 12.12 가시(prickles).

a) 장미(*Rosa* sp.) 관목의 줄기에 난 가시(피침, prickles).

b) 가시(피침, prickles)로 잘 무장한 물밤나무과 식물(*Chorisia* sp.)의 수간.

그림 12.13 엽침(spine)과 경침(thorns).

a) 엽침(탁엽침) 형태로 변형된 아까시나무 (*Robinia pseudoacasia*)의 탁엽.

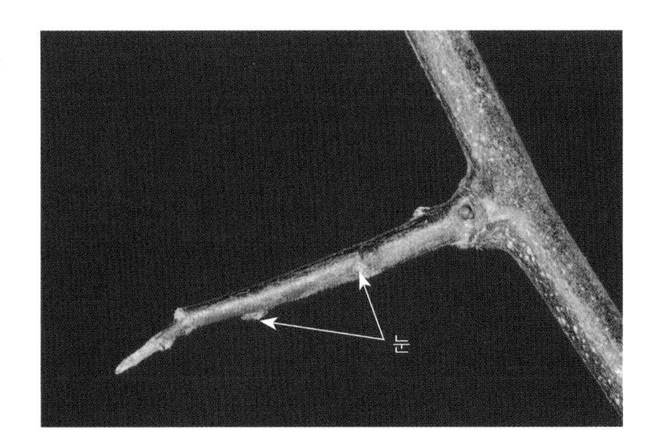

b) 변형된 가지로부터 생성된 가시(경침, thorn). 눈들이 같이 있음. 가시자두나무(*Prunus spinosa*).

식별 특징

만약 나무의 겨울 소지를 통해서 식물을 동정하려고 하거나, 식물학적인 목적으로 삽화를 제작하려고 한다면, 어떤 특징을 통해서 식별할 수 있는지 알 필요가 있을 것이다. 순전히 식별을 위한 목표라면, 땅에 떨어진 열매나 잎, 심지어는 소지에 있는 그들의 흔적들과 같은 명백한 특징들을 확인할 필요가 있다.

수형

나무의 수형은 매우 독특할 수 있고 따라서 식별에 도움이 된다. 연구에 나무 모양에 대한 작은 이미지를 포함하는 것이 유용할 수 있다. 선택한 나무가 종에 대한 전형적인 조건에서 자라고 있는지와 주변 나무들의 영향을 받지 않는지 확인하여야 한다. 나무의 크기, 특히 매우 큰 나무의 크기를 나타내기 위해, 축척 대신에 작은 사람 형태의 모양을 포함하는 것이 더 의미가 있을 수도 있다.

그림 12.14 독특한 겨울나무 수형의 예시.

a) 유럽참나무(*Quercus robur*).

b) 자작나무(*Betula pendula*).

c) 펜과 잉크를 사용하여 식물 연구작품을 만들기 위한 호두나무(*Juglans regia*) 수형의 연필그림. 나무의 높이는 26m였다. 축척에 맞춰 그려진 작은 사람 그림은 나무의 크기에 대한 빠른 시각적 이해를 제공한다.

수고 측정하기

나무 높이를 측정하는 방법은 여러 가지가 있다. 대략으로 측정하는 아주 간단한 방법은 다음과 같다.

이 방법은 두 사람이 있으면 가장 쉽다. 동반자에게 나무 옆에 서달라고 부탁한다. 자를 준비해서 팔 길이 앞 눈높이에서 잡는다. 나무 전체를 자의 길이에 맞출 수 있을 때까지 나무와 반대 방향으로 걷는다. 나무의 높이를 센티미터 단위로 기록한다(이 예시는 15cm). 눈금자를 같은 위치에 유지한 상태로, 수간에 기댄 동반자의 키(168cm)를 측정한다. 이제 나무의 높이를 계산할 수 있을 것이다.

동반자의 키는 눈금자로 4cm이므로; 자의 1cm는 168 ÷ 4 = 42cm이다. 이 나무는 눈금자에서 15cm이므로 대략적인 높이는 15 x 42 = 630cm 또는 6.3m이다.

나무가 더 클수록, 나무를 눈금자에 맞추려면 더 멀리 서 있어야 할 것이다.

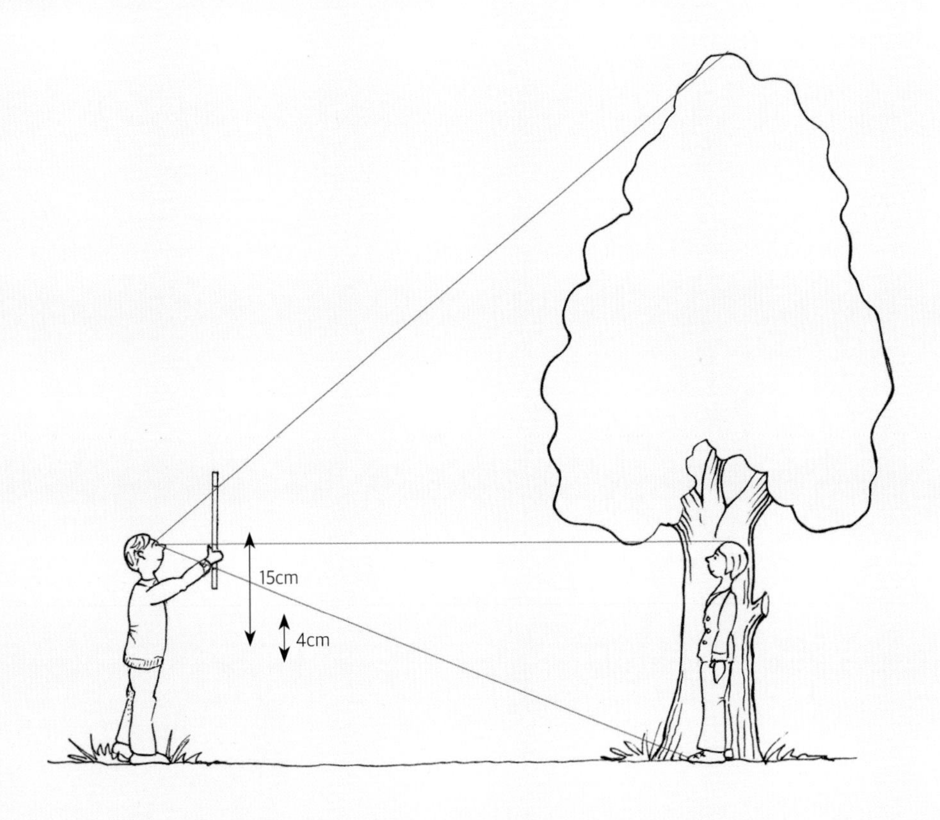

그림 12.15 대략적인 수고를 재는 간단한 방법.

수피 색상과 질감

어떤 나무들은 매우 독특한 나무껍질을 가지고 있다. 지나가는 자동차나 새들 같은 오염물질로 인해 수피의 색상을 알아보기 힘들 수도 있다는 것을 알고 있어야 한다. 공기가 특히 맑을 때와 수간, 가지와 소지에 지의류(lichens)와 이끼(mosses)로 이루어진 좋은 군락을 가지고 있는 것도 색상을 구별하기 어려울 수 있다.

이러한 수형과 수피의 특징은 언제나 쉽게 볼 수 있는 것은 아니며 대부분 그들의 소지에서 식별 특징이 가장 쉽게 발견된다.

그림 12.16 독특한 수피의 색상, 질감과 패턴의 예.

a) 단풍버즘나무(*Platanus × hispanica*).

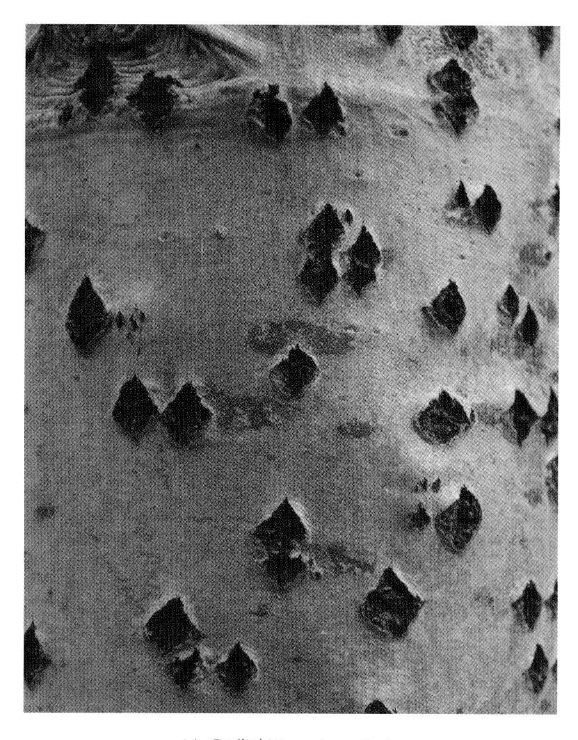

b) 은백양(*Populus alba*).

c) 벚나무류(*Prunus* sp.).

e) 유럽들단풍(*Acer campestre*).

d) 구주물푸레(*Fraxinus excelsior*).

눈의 특징

눈의 배열: 잎의 배열과 같지만, 보기 더 쉽다.

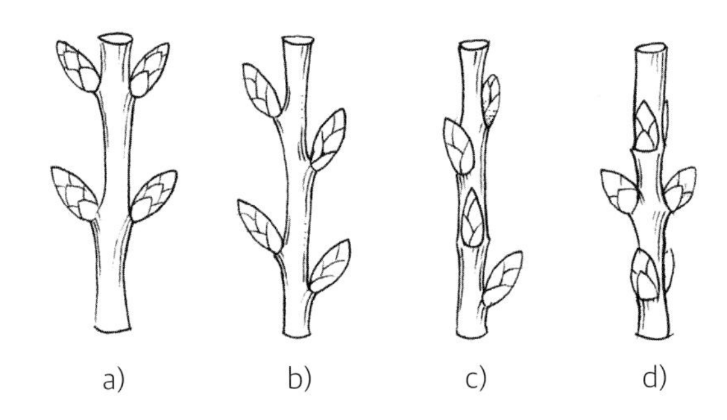

그림 12.17 나뭇가지에 눈의 배열:
a) 2열대생, b) 2열호생, c) 나선형, d) 십자 대생

줄기와 연결된 눈자루와 눈의 위치: 눈 대부분은 눈자루(아병)를 가지고 있지 않지만 뚜렷한 자루가 달린 눈(병아)은 오리나무류(*Alnus* spp.)와 같은 몇몇 종을 식별하는 특징이다. 자루 달린 눈(병아)을 왜성종이나 단지(spur)로 혼동하지 말아야 한다. 단지는 매우 짧으며, 줄기처럼 보일 수도 있지만, 절간(잎과 잎 사이의 줄기 부분)이 매우 짧으므로, 그들은 매우 밀집된 많은 흔적을 갖게 될 것이다. 눈이 눌려 있는지, 줄기로부터 벌어지는지도 주목한다.

아린 수: 몇몇 눈 비늘(아린)은 쉽게 볼 수 있지만 어떤 종의 눈은 아린을 한 개만 가지고 있다. 피나무류(*Tilia* sp.)에서는 두 비늘 중 하나가 부어 있어 봉오리가 솟은 모습을 보인다. 서양가막살나무(*Viburnum lantana*)에서처럼 아린이 없어 어린잎이 뚜렷하게 보일 수도 있다. 예를 들어 서양딱총나무(*Sambucus nigra*)와 같이 어린 잎을 드러내면서 아주 일찍 열리기도 하므로 아린이 실제로 존재하지 않는지 확인하여야 한다. 아린의 흔적은 대개 눈 밑부분에서 볼 수 있다.

그림 12.18 아병, 그리고 줄기와 연관된 눈의 위치.

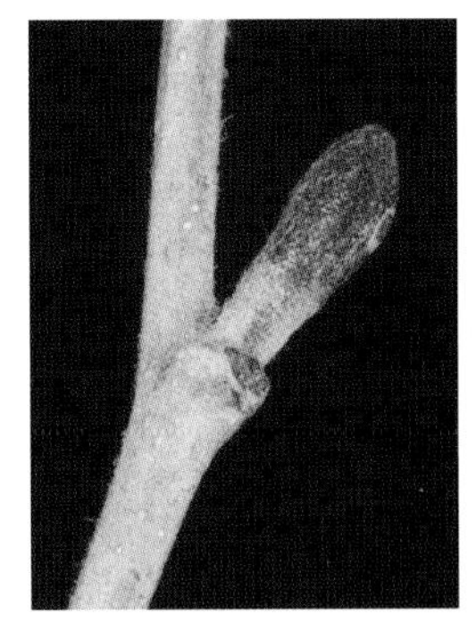

a) 아병 위에 눈이 있는 오리나무류(*Alnus sp.*).

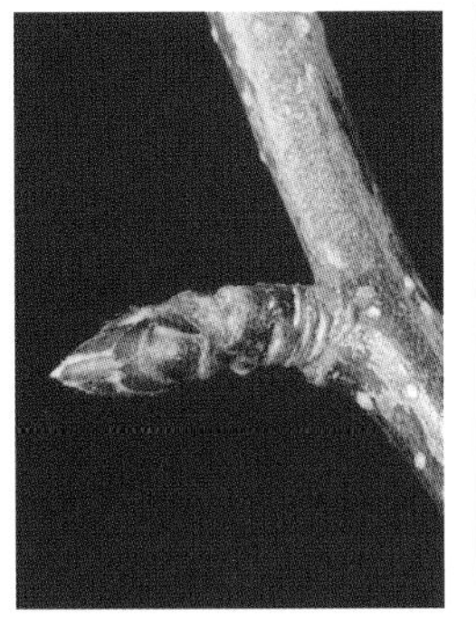

b) 밀집된 많은 엽흔이 있는 단지 위에 달린 사과나무(*Malus pumila*)의 눈.

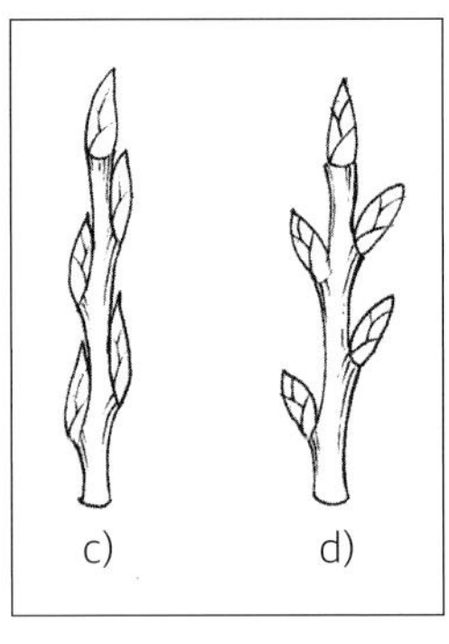

c) 달라붙어 있는 눈과 d) 퍼져있는 눈.

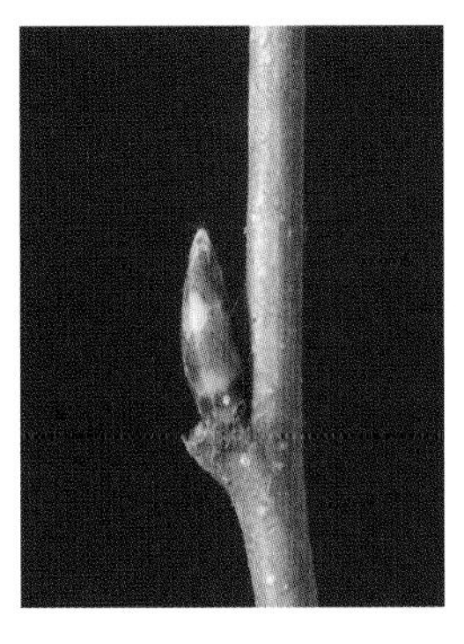

e) 가지에 달라붙어 있는 유럽서어나무(*Carpinus betulus*)의 눈.

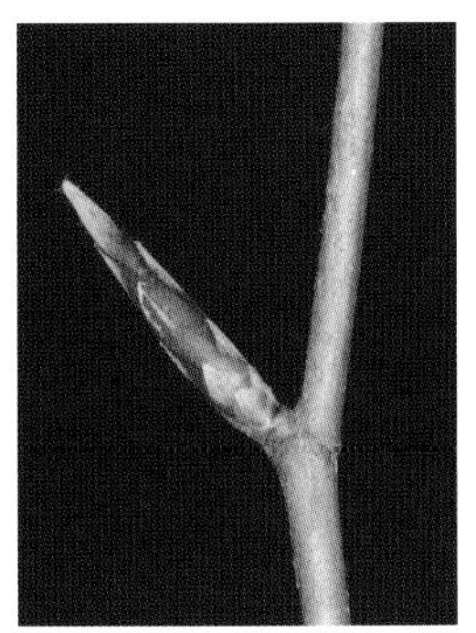

f) 퍼져있는 유럽너도밤나무(*Fagus sylvatica*)의 눈.

그림 12.19 아린의 개수.

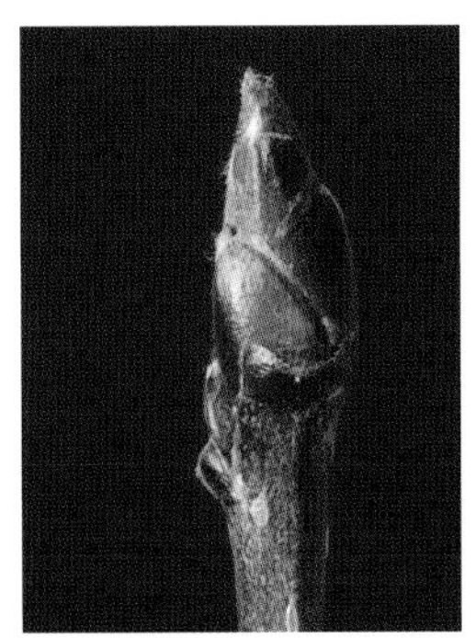

a) 여러 개의 아린이 뚜렷하게 있는 유럽팥배나무(*Sorbus aria*).

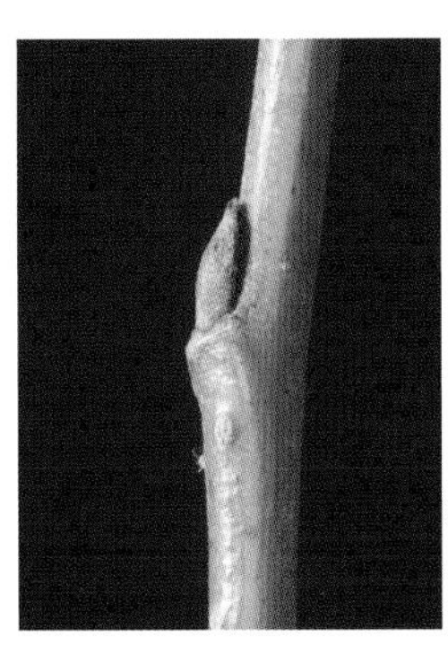

b) 한 개의 아린을 가진 버드나무류(*Salix* sp.).

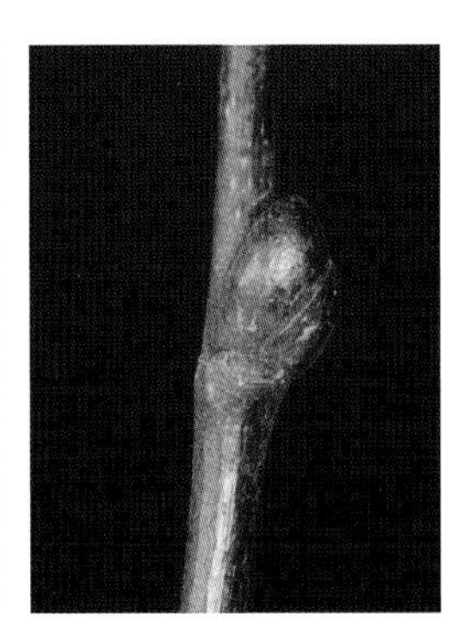

c) 다른 크기의 아린 두 개를 가진 유럽피나무(*Tilia x europaea*).

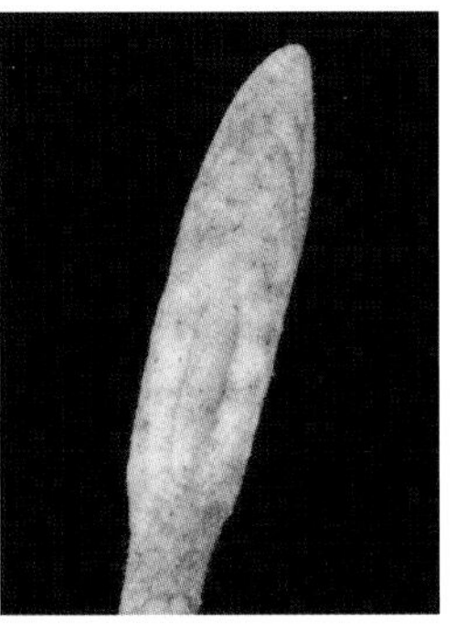

d) 아린이 없는 인동과 가막살나무속의 관목 식물인 서양가막살나무(*Viburnum lantana*)의 눈.

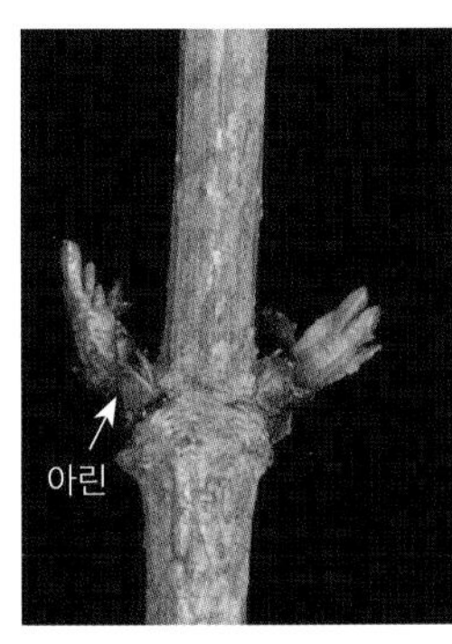

e) 어린잎들을 드러내며 일찍 깨어나는 서양딱총나무(*Sambucus nigra*)의 눈.

그림 12.20 가지의 정단부에 있는 눈의 개수.

a) 두 개의 눈을 가진 라일락 (*Syringa vulgaris*).

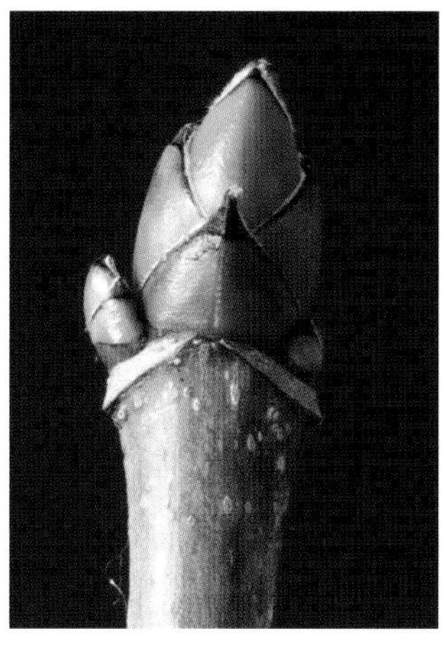

b) 한 개의 정아와 두 개의 작은 측아를 가진 플라타너스단풍 (*Acer pseudoplatanus*).

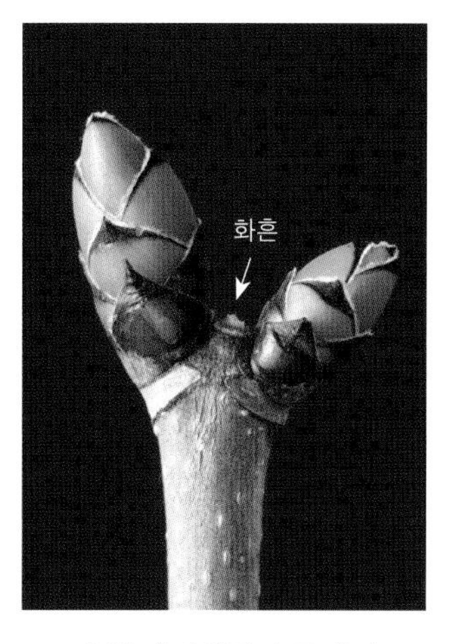

c) 한 개의 화흔과 두 개의 측아를 가진 플라타너스단풍.

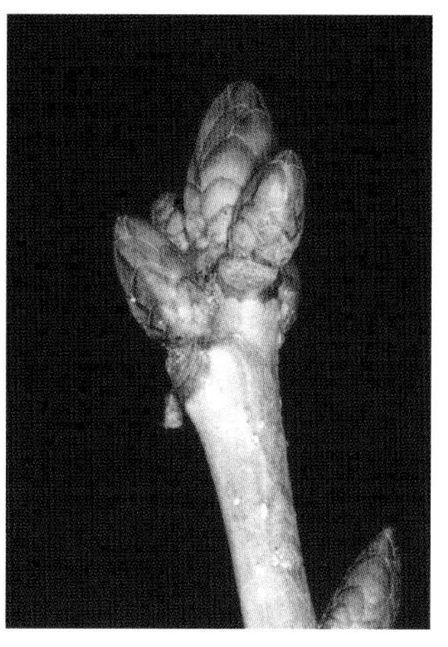

d) 눈 묶음을 가진 참나무류 (*Quercus* sp.).

그림 12.21 눈의 모양, 색, 털의 다양함과 점액의 유무.

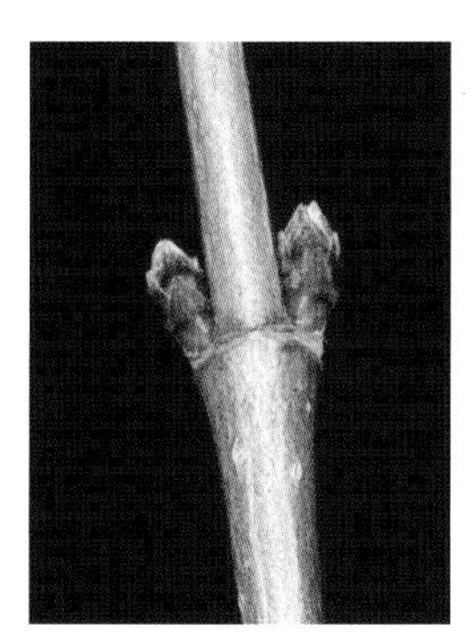

a) 작고 털이 난 눈을 가진 유럽들단풍 (*Acer campestre*).

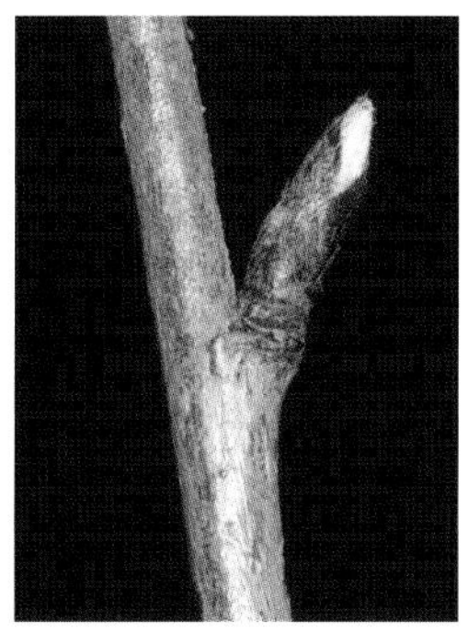

b) 길고 털이 뾰족하게 난 유럽당마가목(*Sorbus aucuparia*)의 눈.

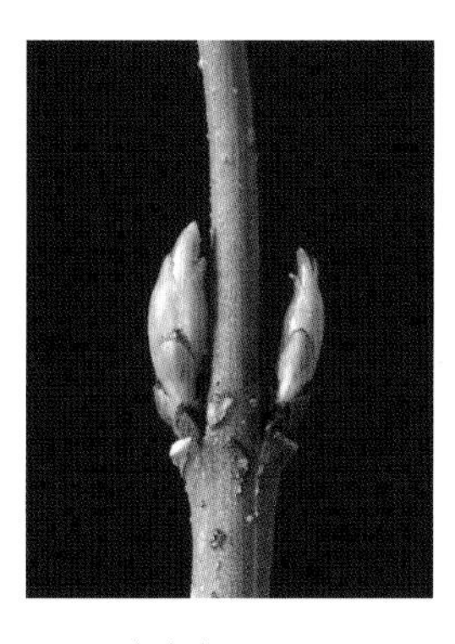

c) 유럽회나무(*Euonymus europaeus*); 녹색이고, 털이 없는 뾰족한 눈.

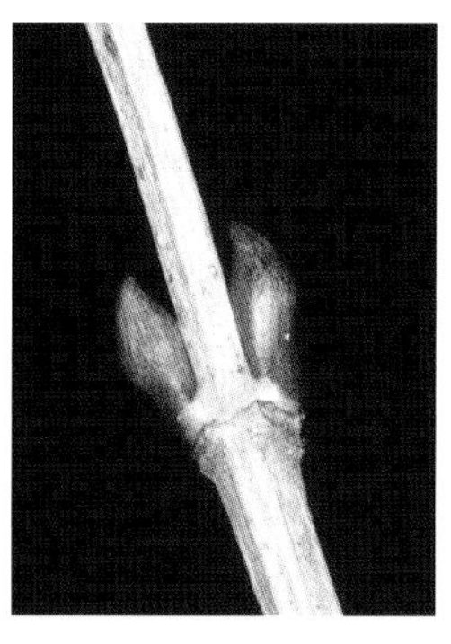

d) 빛나는 붉은 눈을 가진 양백당나무 (*Viburnum opulus*).

e) 끈적이는 점액으로 뒤덮인 가시칠엽수 (*Aesculus hippocastanum*).

정아의 개수: 대부분 종에는 한 개의 정아가 있지만 몇몇 종에는 두 개가 있을 수도 있는데, 예를 들어, 라일락(*Syringa vulgaris*)은 진짜 정아가 탈락하고 대생하는 두 액아에서 새로운 화서가 발달한다. 두 개의 액아 사이에 화서흔(또는 꽃들)이 남아있는 경우는 개화로 주지의 생장이 멈추게 되는 종들에서도 확인할 수 있다. 나뭇가지 끝에 있는 눈이 모여있는 특징은 체리 나무와 같은 몇몇 종의 특성이다.

모양, 색상, 털 및 끈적끈적한 점액의 유무: 이것들은 모두 중요할 수 있어서 주의 깊게 기록하여야 한다.

기생생물에 의한 눈의 감염은 눈의 비정상적인 생장을 초래할 수 있다. 이것들은 유럽개암나무(*Corylus avellana*)에서 매우 흔히 일어나는 일이다.

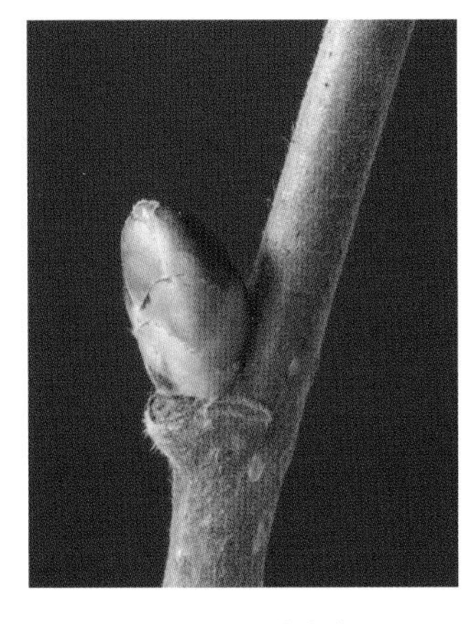

a) 둥글고 납작한
유럽개암나무의 정상적인 눈.

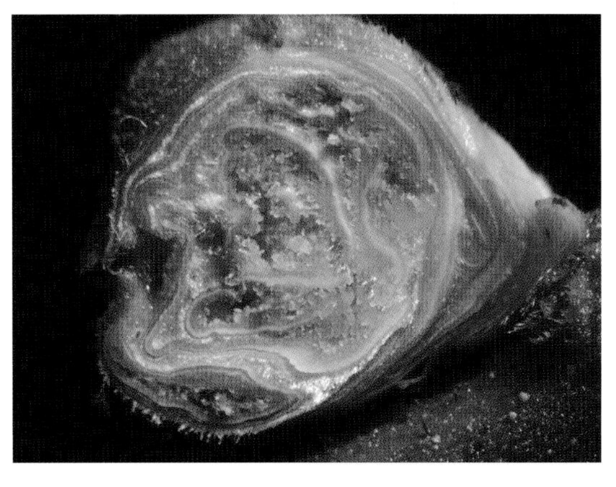

c) 비정상적인 생장을 보여주는 비대한 눈의 단면.

b) 진드기에 감염되어
비대해진 유럽개암나무의 눈.

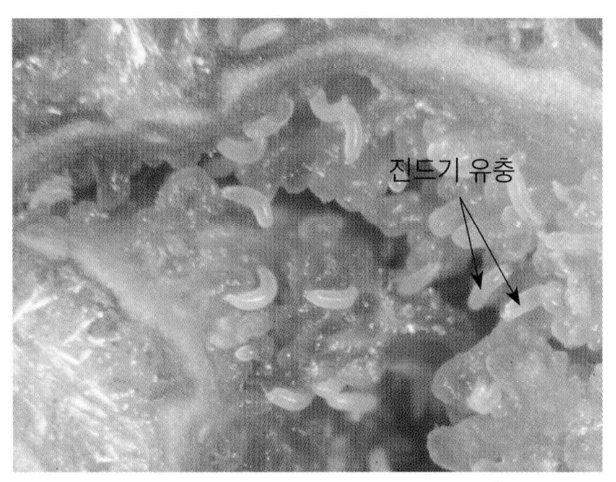

d) 진드기의 유충들을 보여주는 단면.

그림 12.22 진드기(*Phytoptus avelanae*)의
기생에 의한 유럽개암나무(*Corylus avellana*)
눈의 비정상적인 생장.
이 혹병은 자주 발견되며 종종 '유럽개암나무
큰 눈(Hazel big bud)'이라고 불린다.

엽흔: 대부분 눈은 엽흔 바로 위에 위치하지만, 유럽밤나무(*Castanea sativa*)와 같은 몇몇 종들은
특징적으로 한쪽으로 기울어져 있다. 엽흔의 모양과 크기 또한 식별 특징일 수 있다.

그림 12.23 엽흔.

a) 눈이 엽흔의 한쪽으로
기울어져 있는 유럽밤
나무(*Castanea sativa*)의 엽흔.

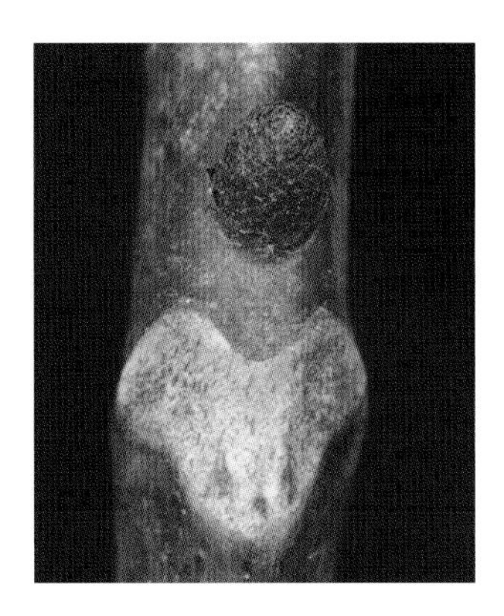

b) 엽흔 바로 위에
눈이 돋아난 호두나무
(*Juglans regia*).

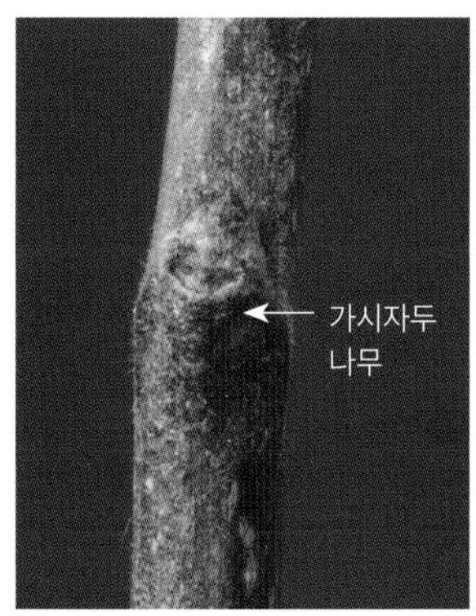

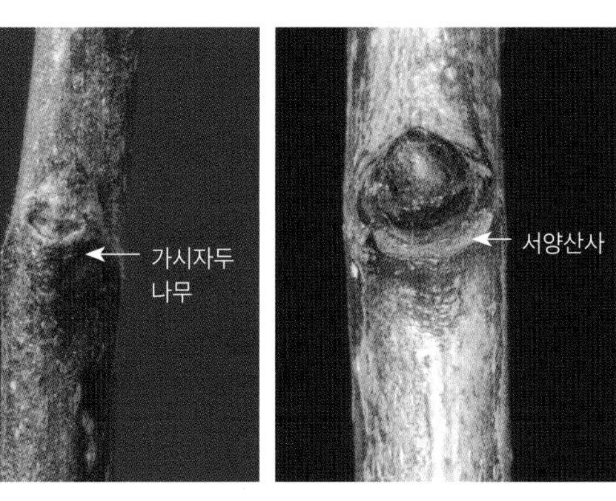

c) 겨울 가지를 식별하는 데 도움이 되는 엽흔 모양.
가시자두나무(*Prunus spinosa*): 작은 타원형,
단자산사나무(*Crataegus monogyna*): 길고 가는 모양.

꽃이 핀 겨울 소지

꽃은 겨울 소지들의 매력적인 특징이다. 겨울에 개화하는 체리 같은 몇몇 식물들은 명확하게 식별 가능한 꽃을 가지고 있고, 그 구조는 비교적 설명하기 쉽다. 그러나 다른 꽃들은 매우 작고, 종종 단성화이며, 꽃 부분이 매우 축소되거나 심지어 꽃 부분 일부가 없는 예도 있다. 이것들은 이해하기가 훨씬 어렵지만, 자세히 볼 가치가 있다. 그들은 가까이에서 보면 매우 아름답고, 그들의 구조를 이해하는 것은 그들을 더 정확하게 설명하는 데 도움을 줄 것이다. 이러한 꽃들은 종종 식물 세밀화에서 매우 형편없이 묘사된다.

잎이 형성되기 전, 연초에 꽃을 피우는 것이 유리할 수 있다. 풍매화는 바람이 꽃에 더 잘 접근할 수 있다. 충매화의 경우는 일찍 깨어난 곤충들을 위한 꿀 공급원이 더 적으며, 꽃들도 더 선명하고 쉽게 눈에 띈다는 장점이 있다. 두 가지 예에 대한 연구작품이 여기서 자세히 설명되는데, 하나는 풍매화이고 다른 하나는 충매화이다. 다른 종에서 주의해야 할 독특한 특징들이 사진에 나와 있다. 특정 종에 대한 매우 유용한 정보가 그림과 함께 Hickey(1988)에 제시되어 있다.

그림 12.24 꽃이 핀 자두류(*Prunus* sp.)의 겨울 소지.

그림 12.25 늦겨울에 개화 중인 호랑버들(*Salix caprea*)의 수나무의 꽃과 선명하게 보이는 '버들강아지'.

예시 1: 유럽개암나무(*Corylus avellana* L.)

유럽개암나무의 꽃은 단성화지만 같은 식물체에서 생성된다(이 종은 자웅동주이다). 그들은 가을에 형성되기 시작하고 1월에 성숙하기 시작해서 4월까지 꽃이 핀다.

많은 풍매화처럼 꽃가루를 생성하는 수꽃들은 미상화서(매우 축소되고 밀집하여 대롱거리는 수상꽃차례)이다. 각각의 꽃(포엽)은 두 개의 작은 비늘(소포엽)을 가지고 있으며 안에 보통 수술대가 소포엽과 결합한 네 개의 수술을 가진 하나의 수꽃을 포함한다. 각각의 수술에는 두 개의 꽃밥(화분 주머니)이 있는데, 각각 갈라진 수술대에 부착되어 있다. 이 두 개의 갈라진 수술대 가지는 수술대가 소포엽(bracteole)과 합쳐지는 지점 바로 위에서 결합한다. 각각의 꽃밥 상단에는 섬세한 털이 뭉쳐 있고 꽃가루를 방출하기 위해 갈라진 봉합선이 선명하게 보인다. 수꽃에는 화피(꽃잎 또는 꽃받침)가 없다.

암꽃들은 나뭇가지에 바로 붙어있는 작은 눈에 모여있다. 각 눈의 상단에는 각각 두 개의 암꽃을 가진 털이 있는 세 개의 포엽이 있는데, 각각의 포엽은 두 개의 진홍색 씨방으로 구성되어 있다. 꽃의 정점에서 튀어나온 이런 형태들이 암꽃을 찾는 데 도움이 될 것이다. 아주 작은 화피가 있지만 털 사이에서 찾기가 매우 어렵다.

유럽개암나무의 수분은 화서를 흔들어 공기 중으로 꽃가루를 방출시켜주는 바람에 영향을 받는다. 꽃가루는 암 꽃눈에서 튀어나온 긴 진홍색 암술에 의해 붙잡힌다. 한 그루 나무에 있는 수꽃과 암꽃이 항상 동시에 성숙하는 것은 아니기 때문에 타가수분이 촉진된다.

그림 12.26 유럽개암나무(*Corylus avellana*) 가지와 수꽃과 암꽃.

그림 12.27 유럽개암나무 수꽃차례의 포엽 한 개.

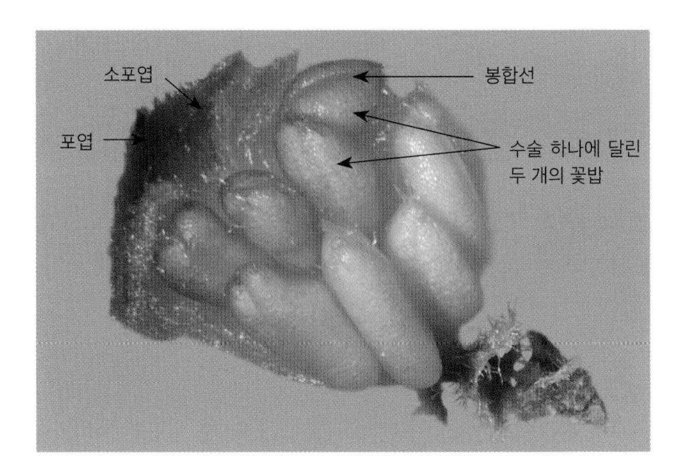

a) 두 개의 소포엽과 네 개의 수술이 달린 포엽.

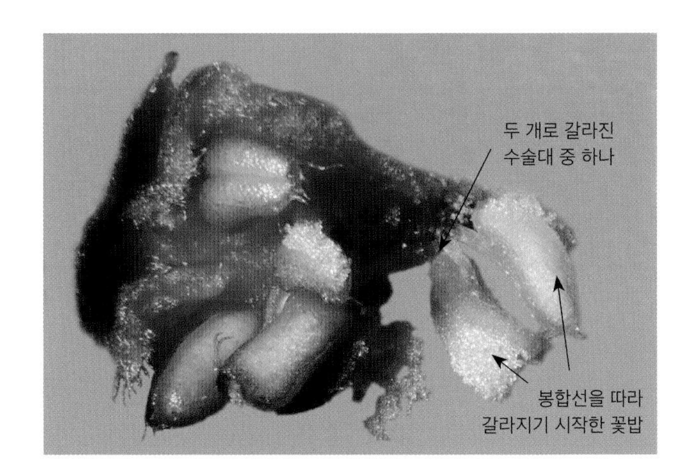

b) 한 개의 수술에 부착된 두 개의 꽃밥을 보여주기 위해 분리된 수술. 각 꽃밥은 갈라진 수술대 가지에 각각 붙어있다.

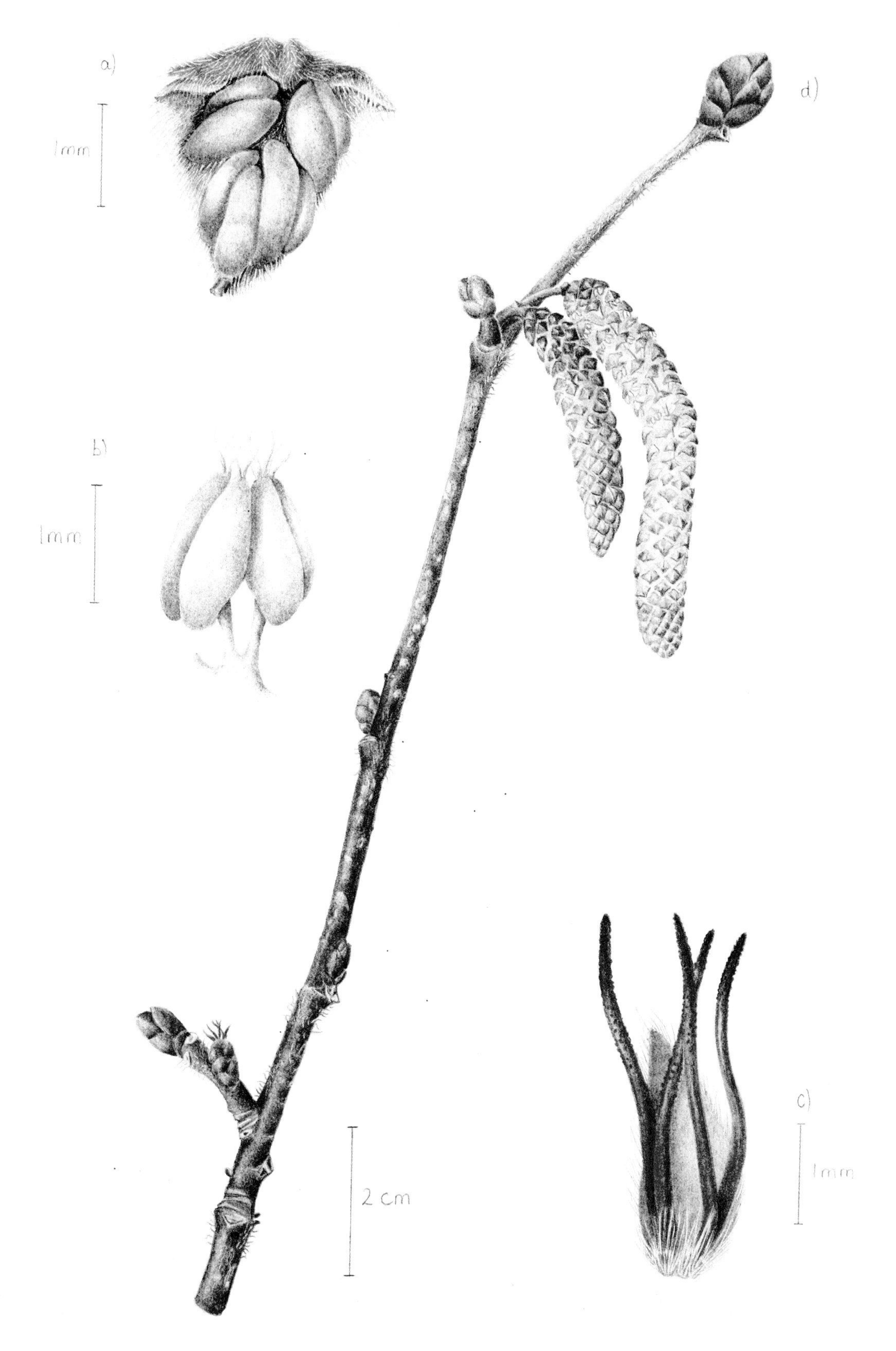

그림 12.28 유럽개암나무의 겨울 가지를 색연필로 그린 것으로, 소지와 암수 꽃의 상세 모습을 보여준다. 진드기에 감염되어서 수술이 두 개뿐인 특이한 수꽃(포엽)을 가지고 있고, 정아가 부풀어 올랐다. a) 두 개의 수술이 있는 수꽃(포엽), b) 분지하는 수술대가 있는 한 개의 수술, c) 두 송이의 꽃을 가진 암꽃(포엽), d) 정아.

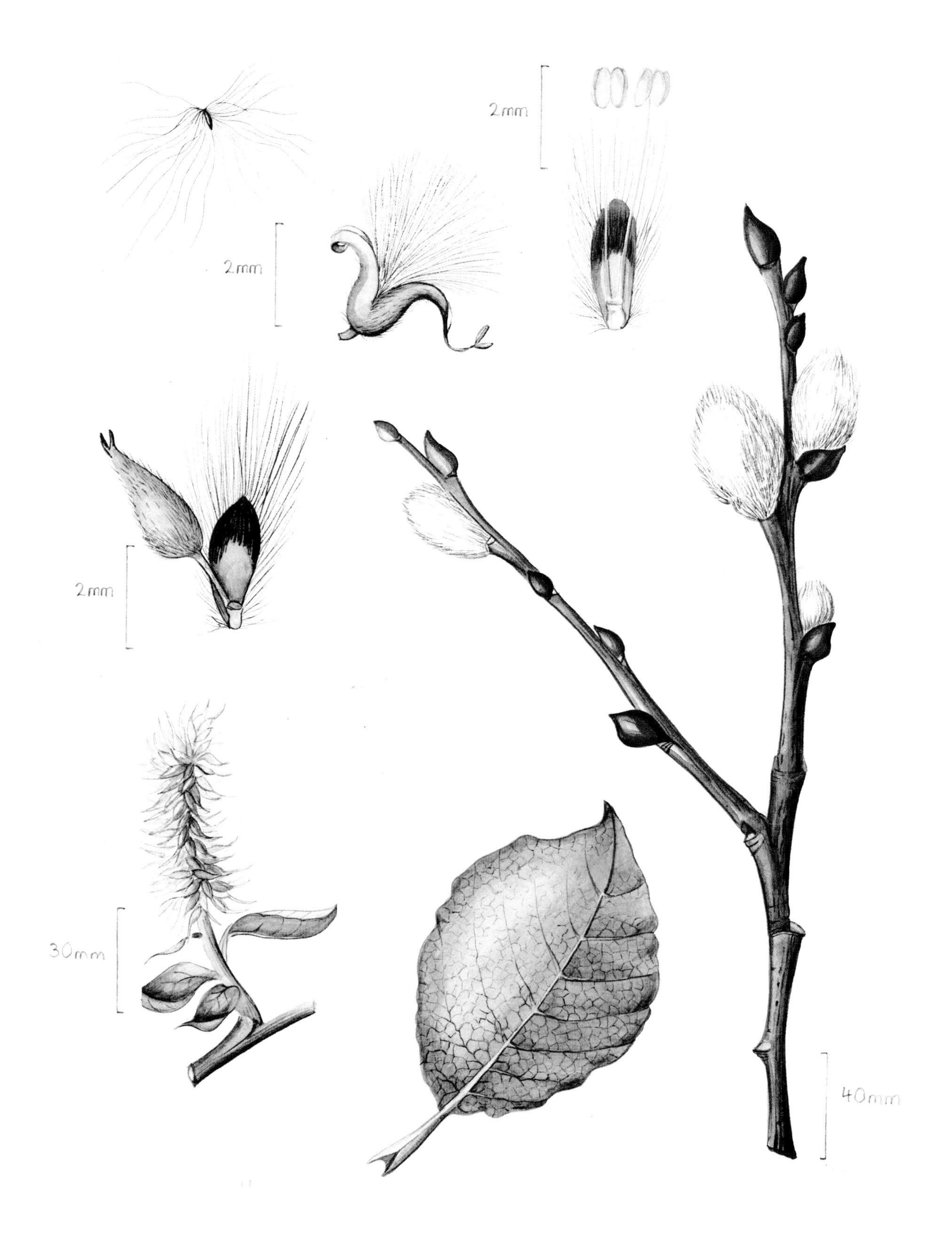

그림 12.29 호랑버들(*Salix caprea*)의 겨울 나뭇가지에 관련된 수채화 연구작품.
암꽃차례와 암수 꽃의 상세 모습, 밀선, 익은 열매와 한 개의 씨앗.

예시 2: 호랑버들(*Salix caprea* L.)

유럽개암나무처럼 호랑버들의 꽃은 단성화이나 유럽개암나무와는 대조적으로 각각 독립된 식물체에서 발견된다(이 종은 자웅이주이다). 수꽃들은 낯익은 '버들강아지'를 형성한다. 각 버들강아지는 긴 비단 털로 빽빽하게 채워진 포엽들이 모인 것으로, 중심축 주변에 나선형으로 배열되어 있다. 각각의 포엽은 두 개의 수술로 구성된 하나의 꽃을 가지고 있고, 많은 충매화의 일반적 특징인 밀선을 가지고 있다. 암꽃들은 또한 나선형으로 배열된 털이 있는 각각의 꽃으로 구성되어 있는데, 밀선, 짧은 형태의 줄기가 있는 씨방, 그리고 두 개의 암술머리 열편으로 구성되어 있다.

호랑버들은 다른 꿀의 공급원이 거의 없을 때, 일찍 날아다니는 곤충들, 특히 벌들에게 중요한 식량원이다. 이른 봄에 따뜻한 햇볕이 내리쬐는 날, 나무는 찾아오는 곤충들과 함께 살아날 수 있다. 흥미롭게도 푸른 박새와 같은 몇몇 새들도 꿀을 먹기 위해 이 나무들을 방문해 수분을 도울 수 있다는 증거가 있다.

어느 정도 풍매도 일어나는 것으로 알려져 있다. 수꽃과 암꽃이 서로 다른 나무에 분리되어 있으면 반드시 타가수분이 일어나게 된다.

그림 12.30 호랑버들의 암꽃차례에서 꿀을 빨아 먹는 여왕호박벌.

겨울에 개화하는 나무들에 대한 더 많은 정보

겨울에 꽃이 피는 매우 흔하고 독특한 세 개의 특징들이 그림 12.31-12.33에 제시되어 있다. Hickey and King, 1988에서 특정 종에 대한 더 유용한 정보와 삽화를 볼 수 있다.

그림 12.31 유라시아물오리나무(*Alnus incana*, 핀란드의 희귀한 종임)의 꽃. 유럽개암나무와는 같이, 수꽃과 암꽃은 하나의 식물체에서 함께 자란다. 성숙한 암꽃차례는 때때로 '구과'라고 불린다. 그러나 이것은 씨앗을 보호하는 열매를 조각 사이에 포함하고 있으므로 엄격한 의미에서 구과가 아니라는 점에 유의해야 한다. 침엽수(나자식물)에서 보는 진짜 구과는 노출된 씨앗을 가지고 있다.

그림 12.32 느릅나무류(*Ulmus* spp.)의 꽃.

a) 꽃들은 늦겨울에 검붉은 덩어리를 이루며 핀다. 긴 수술대 위에 있는 수술은 꽃송이 밖으로 튀어나와 먼저 성숙한다.

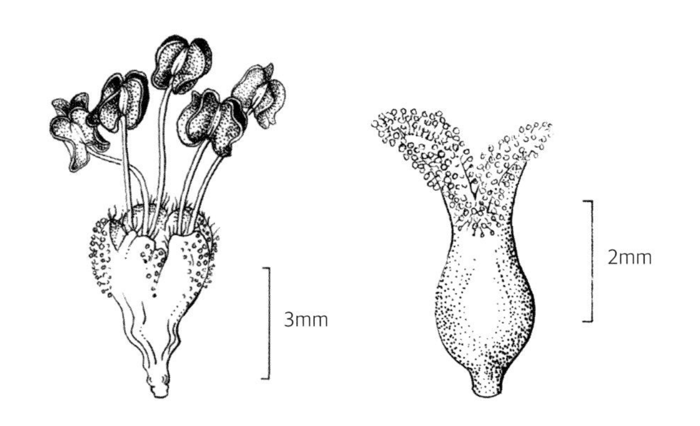

b) 각각의 꽃은 4~5개의 화피 조각과 4~5개의 수술로 이루어져 있으며, 2개의 암술대를 가진 단심피 씨방이 있다. 수술이 먼저 성숙하여 꽃송이에서 튀어나온 것이 쉽게 확인된다. 붉은색의 밝은 암술머리들은 꽃이 피면서 눈에 띄게 된다.

그림 12.33 구주물푸레(*Fraxinus excelsior*)의 개화. 진화 시기로 볼 때 이 종은 최근에야 풍매 수분이 가능해진 것으로 보인다. 물푸레나무과에 속하는 대부분 종은 충매 수분이 많고 화려한 향이 나는 꽃을 가지고 있는데, 예를 들어 재스민(*Jasminum*), 라일락(*Syringa*)과 지중해 지역의 종인 오르누스물푸레나무(*Fraxinus ornus*)가 있다.

a) 꽃은 수꽃, 암꽃 또는 양성화일 수 있다. 어떤 나무들은 수꽃이나 암꽃만 피지만, 다른 나무들은 다른 꽃의 형태를 혼합해서 피울 것이다. 여기 보이는 양성화는 이른 봄에 지저분한 짙은 녹색 덩어리를 형성한 것을 볼 수 있다. 수술이 먼저 성숙한다.

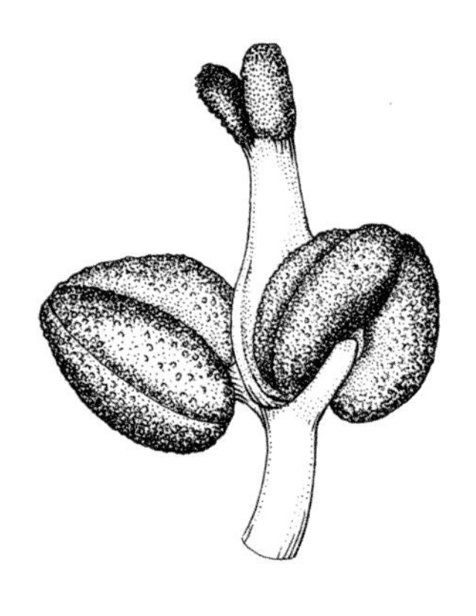

b) 각 양성화는 짧은 수술대를 가진 두 개의 수술과 두 개의 크고 검은 암술머리를 가진 길고 가는 씨방을 가지고 있다. 화피는 없다.

자기평가 과제

1. 겨울 가지 연구작품을 만든다. 가장 중요한 식물학적 특징을 그림으로 그리고, 이것들이 무엇인지 설명하는 주석을 추가한다.

2. 서로 다른 두 종류 나무의 겨울 소지를 비교한다. 주석 메모를 사용하여 서로 다른 특징을 비교하고 대조한다. 식별에 도움이 되는 특징을 강조한다.

부록 I ㅡ 자기 평가 과제

여기에 제시한 예술 과제는 주로 5장부터 12장에 주어진 정보에 대한 이해를 평가하는 데 도움이 되도록 설계되었다. 그러나 그것들은 새로운 프로젝트를 위한 아이디어를 자극하는 데에도 사용될 수 있다.

이 장에서는 두 가지 과제를 제안한다. 첫 번째 과제는 주제에 관한 연구를 요구하는 조사연구로, 구조를 해석하는 것을 배울 수 있고, 식물의 생애에서 각 구조의 역할을 설명하거나 제안할 수 있다. 두 번째 프로젝트는 그 두 개의 대상을 비교하는 것이다. 여기서는 중요한 식별 특징을 고려하여 그 둘의 유사성과 차이점을 모두 강조해야 한다; 예를 들어, 두 종을 독립된 종으로 분류하는 동시에 같은 과로 묶이게 되는 특징들.

두 과제를 수행할 때 부록 3에 제시된 도서 목록이 도움이 될 것이다. 인터넷을 사용해도 좋다. 검색창에 식물 이름을 입력하면 찾을 수 있는 정보는 정말 놀랍다. 그러나 검색된 정보가 항상 정확한 것은 아니므로 여러 웹 사이트와 책을 확인해야 한다! 또한 가능한 경우 자생지에서 대상을 관찰하는 것이 좋다. 과제 주제에 관해 연구할 때, 나중에 참조하기 위해서 식물 스케치북의 형태로 모든 노트와 스케치를 함께 보관하는 것은 정말 좋은 생각이다. Leech(2011)에 제시된 도움말 양식지를 사용하여 정보를 함께 수집하는 것이 유용하다는 것을 알게 될 것이다.

작가의 스케치북에서 가져온 그림이 그려진 완성된 두 개 과제의 예가 안내서로 제시되어 있다. 그러나, 이 프로젝트들을 방해하는 여러 가지 요소가 있으며, 그것들이 '식물학적 발견 여행'의 시작이 되기를 희망한다.

자기 평가 과제

예시 1 - 조사연구

관심을 가진 열매의 구조를 탐구한다. 그 구조에 대한 이해를 보여주는 메모를 포함한다. 산포된 열매의 종자가 무엇을 말해주는가가? 당신의 생각을 뒷받침하는 어떤 특징을 볼 수 있는가?

화살나무속 식물의 열매들

유럽회나무(*Euonymus europaeus*)의 아름다운 열매가 이 과제에 영감을 주었다. 사진은 이 나무의 자생지에서 찍었다. 이 재료에서 나뭇잎, 나뭇가지, 열매 등을 수집하고 스케치를 완성했다.

참고: 열매는 변질하지 않았지만, 잎은 시들었다, 다음번에는 보존을 시도해보는 것이 좋겠다; 비닐봉지/상자에 있던 잎에 습기가 있었는가? - 반드시 알아내야 한다.

열매의 구조에 대해 더 알아보기 위해 횡단과 종단면을 해부용 확대현미경으로 x20 배율로 검사하고 사진을 찍었다.

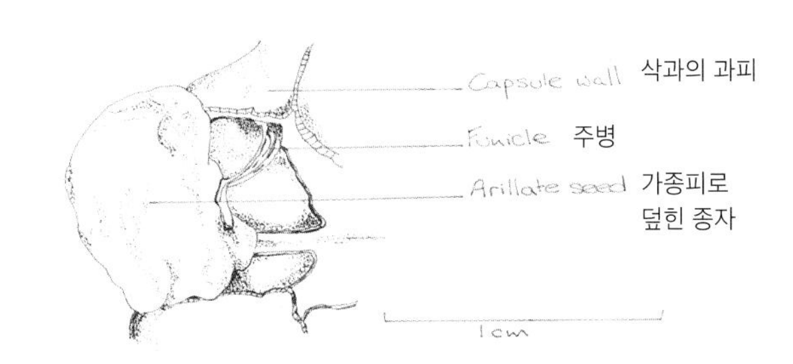

주병과 가종피로 덮인 종자가 드러난 열개하는 삭과의 종단면

횡단면에는 각각 하나의 커다란 오렌지색 종자가 들어있는 네 개의 심피를 둘러싸고 있는 진분홍색 삭과(capsule)의 벽을 보여주었다. Hickey & King(2000)을 참조하면 이것이 가종피를 세로로 가르는 4개의 능각으로 나누어진 삭과라는 것을 확인할 수 있다. 용어집에서는 가종피가 있는 종자를 부속물이 붙어있는 종자 또는 꽃대나 주병으로부터 형성되는 외피가 있는 종자로 정의한다.

종단면에는 종자를 둘러싼 가종피를 보여주었다(종단면은 상당히 작업하기 어려웠다). 참고: 종자의 크기를 측정하기 위해서 슬라이드와 종자 아래에 모눈종이를 배치하였으며, 그 척도를 계산하는 데 도움을 주었다.

종자가 산포할 때 가종피는 어떤 역할을 하는가? 왜 가종피는 보통 강렬하고 선명한 색일까? 이에 관한 정보(다양한 출처에서)는 가종피의 색깔과 맛이 새들과 동물들에게 가종피가 있는 이러한 종자를 먹도록 유도한다고 설명하고 있다. 그 후 종자는 동물의 소화기관을 통과하여 종자가 더 널리 확산하는 것이 가능하게 한다. 얼마나 많은 종류의 가종피가 존재할까? 조금 더 조사해 보고 싶은 주제이다.

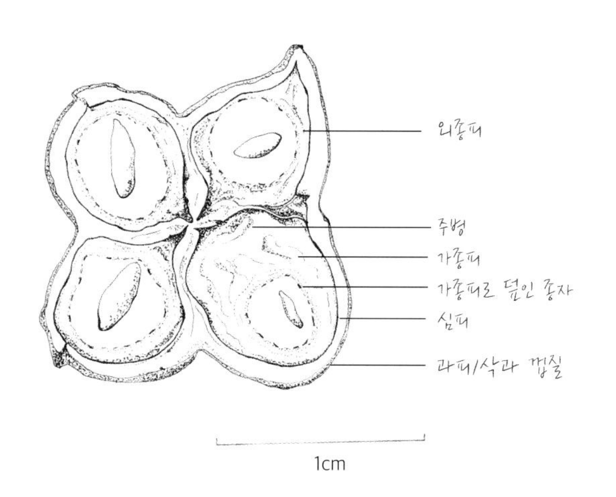

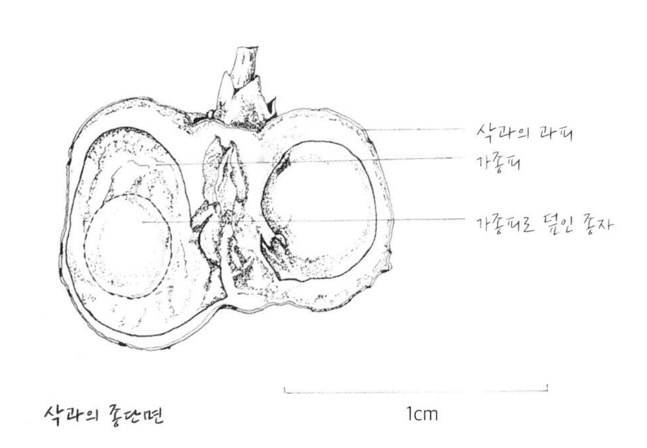

삭과의 종단면

능각이 4개 있는 삭과

자기 평가 과제

예시 2 - 비교 연구

종자 두 개를 고른다. 그들의 형태와 구조를 연구하고 설명한다. 그 후 종자들을 심고 주석을 단 그림을 그려서 발아와 초기 발달 형태를 비교한다. 이 예시에서는 두 개의 큰 종자를 선택하는 것이 가장 좋다. 그래야 구조를 쉽게 볼 수 있다. 작업하기 좋은 몇 가지 종자를 여기에 제시하였으나, 다른 종자를 시도해보고 무슨 일이 일어나는지 관찰하는 것도 좋다. 종자를 24시간 동안 담가 물을 흡수시키는 것도 종자를 더 쉽게 분해할 수 있게 해줄 것이다.

추천 종자:

· 지상자엽형: 강낭콩(*Phaseolus vulgaris*) 해바라기(*Helianthus annuus*), 무(*Raphanus sativus*), 페포호박(*Cucurbita pepo*).
· 지하자엽형: 적화강낭콩(*Phaseolus coccineus*), 완두(*Pisum sativum*), 옥수수(*Zea mays*).

두 종자의 구조와 발아 비교, 하나는 쌍자엽식물이고 다른 하나는 단자엽식물(Ros Franklyn)

적화강낭콩과 밀의 종자가 선택되었다. 그 종자들은 구조를 보기 쉽게 하도록 물에 담가두었다. 물에 담갔던 두 종류의 종자를 자세히 조사하여 구조를 보여주는 그림을 그렸다. 발아 연구를 위해 축축한 주방 종이 위에서 종자를 재배하여 뿌리를 다치지 않고 검사할 수 있도록 하였다. 완전한 주석을 단 그림을 발아 단계마다 제작하였다.

본 연구의 주요 차이점과 유사점을 아래 표에 제시하였다.

적화강낭콩 종자와 밀 종자의 발아에서 발견되는 주요 차이점과 유사점.

특징	적화강낭콩	밀
자엽의 개수	두 개	한 개
배유의 가시성	보이지 않음. 주 영양소는 큰 자엽 안에 저장되어있음.	보임. 하나의 작은 자엽이 한쪽 배유에 있음.
발아의 형태	지하자엽형 — 자엽이 땅속에 남는다.	지하자엽형 — 자엽이 땅속에 남는다.
줄기의 발달	자엽과 첫 번째 본엽 사이의 줄기 부분인 상배축의 신장으로 줄기가 지표면으로 자란다.	자엽과 첫 번째 본엽 사이의 줄기 부분인 상배축의 신장으로 줄기가 지표면으로 자란다.
줄기 보호	상배축의 한쪽 면이 반대쪽 면보다 빠르게 자라며 싹을 보호하는 고리(유아갈고리)를 형성한다.	줄기는 칼집 모양의 자엽초에 의해 보호받는다.
뿌리의 발달	유근은 측근이 있는 주근으로 자란다.	유근이 자라지만 곧 기근이 줄기 조직에서 발달하여 수염뿌리계(수근계)를 형성한다.

A. 적화강낭콩 종자

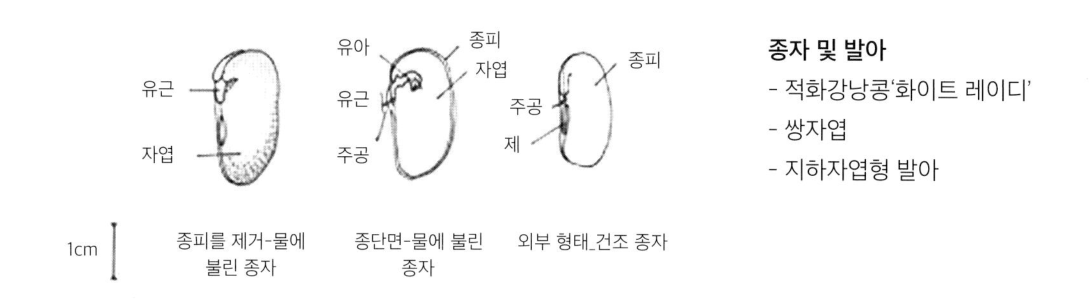

종자 및 발아

- 적화강낭콩'화이트 레이디'
- 쌍자엽
- 지하자엽형 발아

B. 적화강낭콩의 발아 단계-"지하자엽형" 발아(발아하는 과정에서 자엽이 지하에 남아있음)

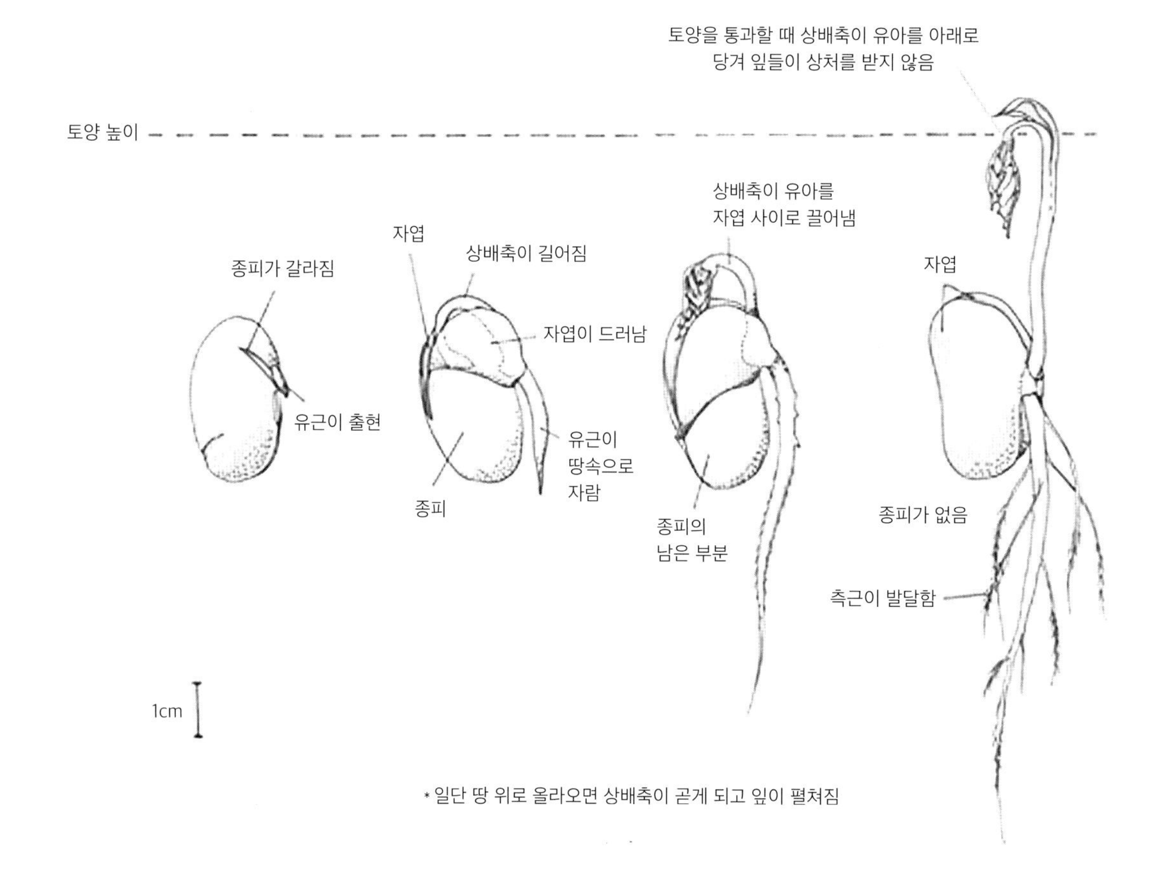

* 일단 땅 위로 올라오면 상배축이 곧게 되고 잎이 펼쳐짐

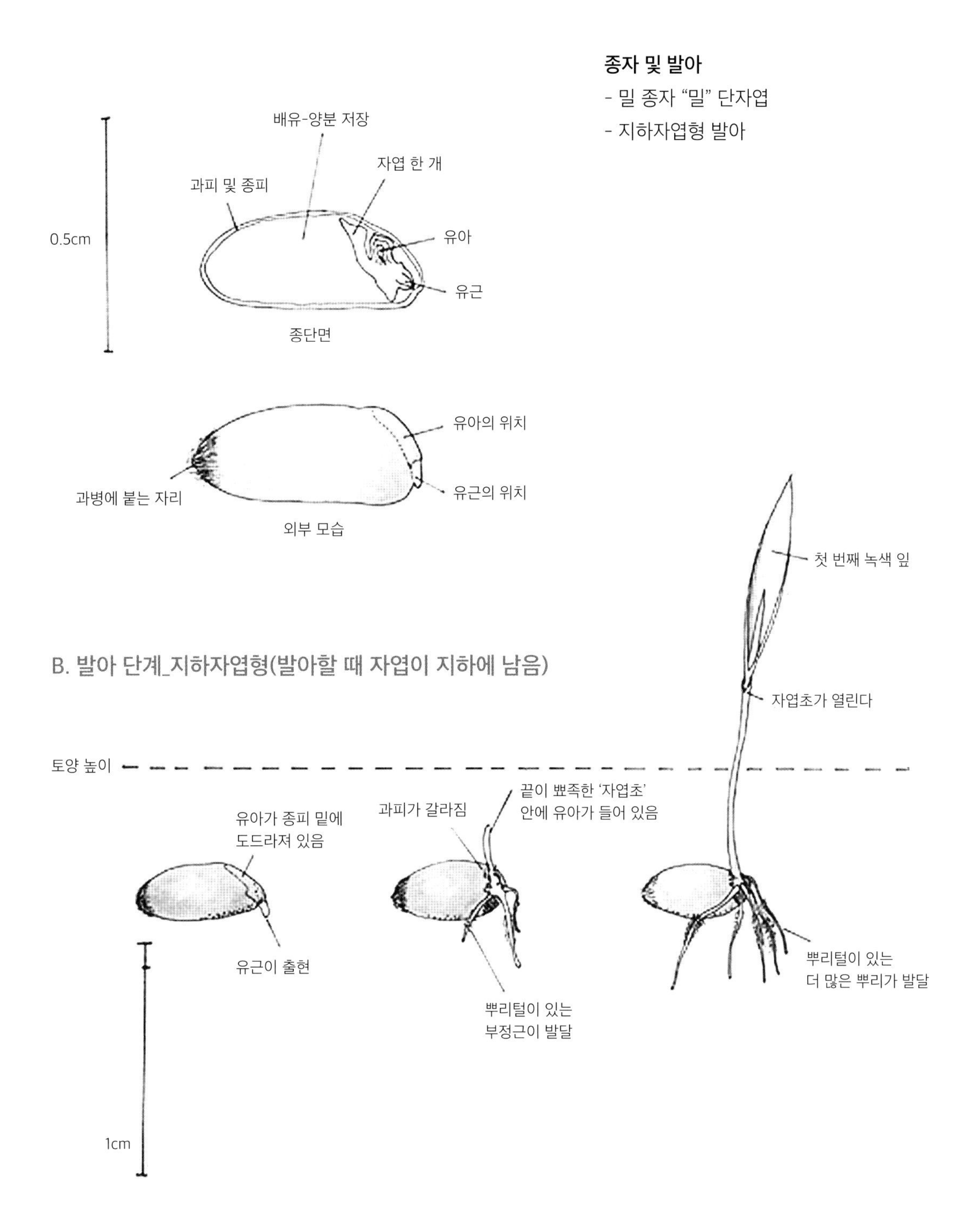
A. 밀 종자
종자 및 발아
- 밀 종자 "밀" 단자엽
- 지하자엽형 발아
배유-양분 저장
자엽 한 개
과피 및 종피
0.5cm
유아
유근
종단면
유아의 위치
과병에 붙는 자리
유근의 위치
외부 모습
첫 번째 녹색 잎
B. 발아 단계_지하자엽형(발아할 때 자엽이 지하에 남음)
자엽초가 열린다
토양 높이
끝이 뾰족한 '자엽초'
안에 유아가 들어 있음
과피가 갈라짐
유아가 종피 밑에
도드라져 있음
유근이 출현
뿌리털이 있는
더 많은 뿌리가 발달
뿌리털이 있는
부정근이 발달
1cm

부록 II - 화식도를 위한 형판

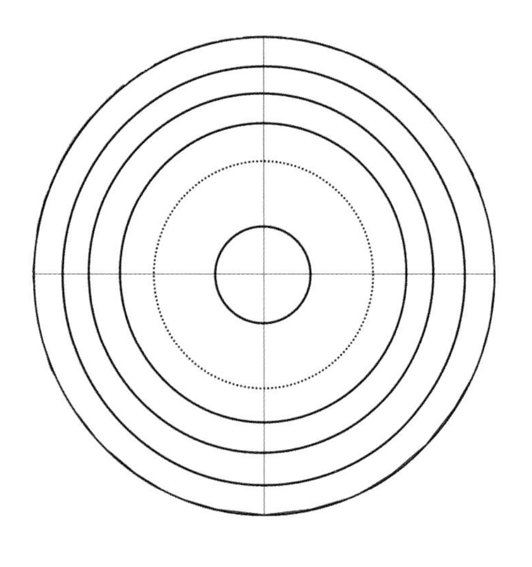

꽃의 각 부분이 2개씩 있음(2수성)

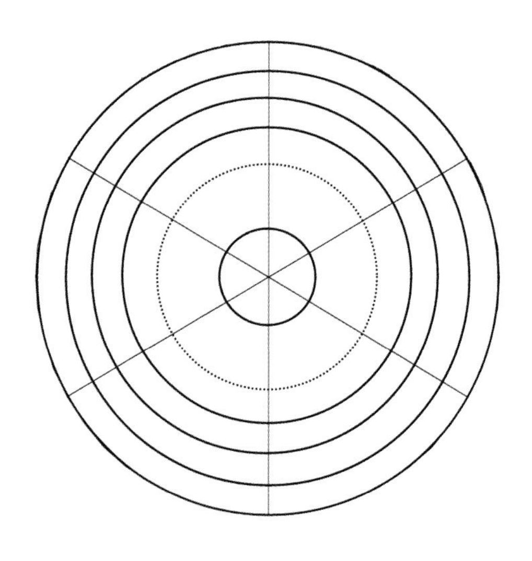

꽃의 각 부분이 3개씩 있음(3수성)

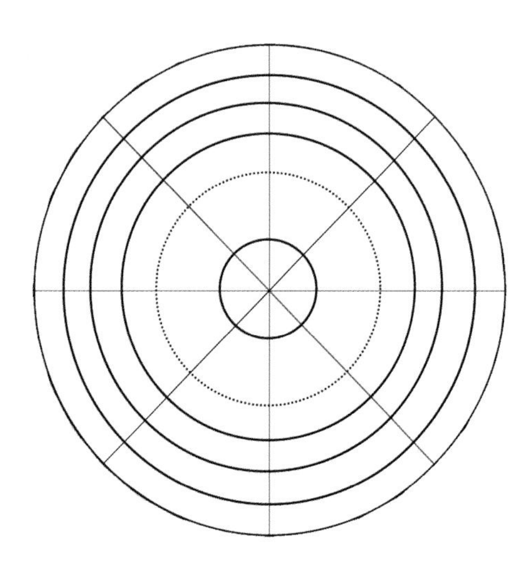

꽃의 각 부분이 4개씩 있음(4수성)

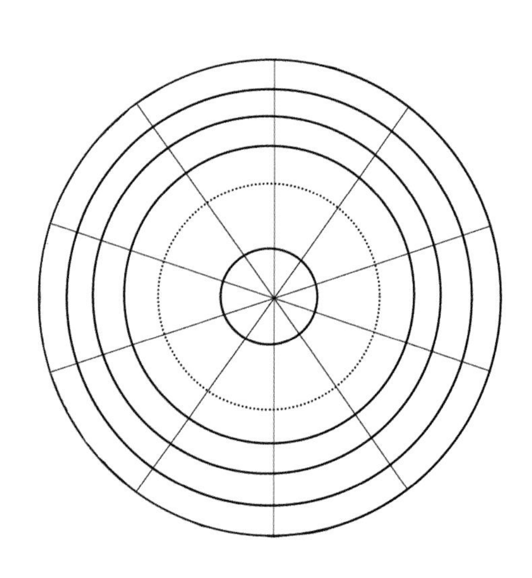

꽃의 각 부분이 5개씩 있음(5수성)

부록 III - 용어

Abaxial (leaf) 배축(잎)
줄기의 반대를 향한 면, 일반적으로 잎의 아래쪽 면(그림 5.5)

Achene 수과
종자가 하나이며 얇은 막, 종이 또는 가죽처럼 딱딱하고 질긴 열매 벽(과피)이 있는 마른 열매(건과).

Actinomorphic (regular) 방사대칭형(일반적인)
방사형으로 대칭을 이루는 꽃(그림 8.2와 8.3)

Adaxial (leaf) 향축(잎)
줄기를 향한 면, 일반적으로 잎의 위쪽 면(그림 5.5)

Adventitious roots 부정근
주근을 제외한 식물의 모든 부분에서 생기는 뿌리

Aggregate fruit 복과
여러 개의 독립적인 심피가 합쳐져서 만들어진 열매, 예: 산딸기(그림 10.11)

Air roots 기근
주변 공기에서 수분과 무기양분을 흡수할 수 있는 뿌리. 예를 들어, 기생란에서 발견됨(그림 6.20)

Alternate spirally arranged (leaf and bud arrangement) 나선상 호생(잎과 눈의 배열)
그림 5.34 참조

Alternate two-ranked (leaf and bud arrangement)
아대생-어긋나기이나 잎과 잎 사이가 아주 가까워 마치 마주나기 한 것처럼 보이는 것(잎과 눈의 배열)
그림 5.34 참조

Androecium 수술군
여러 개의 수술로 이루어진 식물의 남성 부분(그림 8.9)

Angiosperms 피자식물
밑씨가 씨방에 둘러싸인 식물 - 현화식물

Annual 일년생
1년 만에 수명을 다하는 식물

Anther 약, 꽃밥
수술에서 꽃가루를 생성하는 부분(그림 8.21)

Apical 정단부
조직의 끝부분에서 발견됨(예: 줄기의 끝부분에 있는 정아)

Apocarpous gynoecium 이생심피 암술군
두 개 이상의 심피로 구성된 암술군(그림 8.25)

Apomixis 무수정생식
수정 없이 이루어지는 번식을 설명하는 넓은 용어

Appressed 들러붙은
다른 기관에 가까이 납작하게 기대어 있는 것, 예를 들면 줄기에 가까이 붙어있는 눈(그림 12.18)

Areole 가시자리
선인장의 가시가 돋아나는 부위(그림 6.31).
잎 위의 그물맥으로 에워싸인 작은 부위를 가리킬 때도 쓰이는 용어

Aril 가종피
씨를 둘러싸고 있는 배주 기둥(주병)에서 자라난 육질 조직

Arillate 가종피가 있는
가종피가 있는

Axil 엽액
잎과 줄기 사이의 각도를 묘사하는 데 가장 자주 사용됨

Axile placentation 중축태좌
씨방의 중심축을 중심으로 한 배주의 배열(그림 8.26)

Axillary bud 액아
잎의 엽액에 있는 눈(그림 5.2)

Balausta 석류과
익어도 열개하지 않으며, 매우 많은 종자와 질긴 가죽질 과피를 가진 열매(그림 10.19)

Bark 수피
목부 밖에 있는 조직들의 층

Basifixed (anther) 저착(약, 꽃밥)
수술대가 꽃밥의 밑부분과 연결됨(그림 8.21)

Berry 장과
비열개 열매로 부드러운 다육질 과육에 2개 이상의 종자가 박혀 있는 열매(그림 10.6)

Biennial 2년생
2년째에 꽃피고 열매를 맺으면서, 2년 만에 수명을 다하는 식물

Blister variegation 수포 변이
세포 표면층 아래의 공기주머니에 의한 잎의 변이(그림 5.18)

Bract 포엽
꽃 또는 화서와 관련된 잎, 변이가 쉽게 자주 일어남(그림 8.34)

Bracteole 소포엽
작은 포엽

Breathing roots 호흡근
물속에 있는 뿌리로부터 형성되어 물 위로 떠 오르는 뿌리. 표피에 있는 피목을 통해 근계에 공기가 유통될 수 있음(그림 6.25)

Bulbs 구근
부풀어 오른 엽저나 눈의 다육질 비늘잎에 양분을 저장하는 다년생의 조직(그림 7.18과 7.19)

Buttress roots 판근
나무줄기의 밑부분에 형성되는 납작하고 큰 지주근(그림 6.24)

Calyx 악, 꽃받침
꽃받침잎의 총칭(그림 8.9)

Capitulum (inflorescence) 두상(화서)
그림 8.36 참조

Capsule 삭과
2개에서 여러 개의 심피로 형성된, 열개하는 마른 열매(건개과)(그림 10.12)

Carbohydrates 탄수화물
탄소, 수소, 산소를 기반으로 하는 화합물

Carpel 심피
암술군을 형성하는 기본 단위(그림 8.9)

Caryopsis 영과(곡과)
종피가 과피와 붙어있는, 하나의 종자를 가진 마른 열매(그림 10.17)

Catkin 유이화서(미상화서, 꼬리화서)
자신의 꽃의 무게로 아래로 드리워진 수상꽃차례(그림 8.38)

Chlorophyll 엽록소
광합성에 관여하는 녹색 색소

Cladode 엽상경
잎 모양의 줄기(그림 6.27)

Clasping (leaf attachment) 포형저(엽착)
그림 5.29 참조

Cleistogamous 폐화수정
꽃이 닫혀있는 상태로 자가수분하는 꽃(그림 9.13)

Coleoptile 자엽초
유아를 둘러싼 보호 피복(그림 11.10)

Column 예주
예를 들어 난초에서 발견되는 구조로 수술(stamens), 화주(styles), 암술머리(stigma)가 융합하여 형성된 구조체(그림 9.43)

Compound leaf 복엽
엽신이 여러 소엽으로 나누어진 잎(그림 5.25와 5.26)

Connate 합생
모여있지만 융합되지는 않음(그림 8.24)

Connective 연결사
두 개의 다른 꽃밥을 연결하는 수술대의 일부(그림 9.35)

Contractile roots 수축근
일부 지하 기관에 있는 뿌리(예: 구경), 수축하여 기관을 땅속으로 끌어당긴다(그림 6.26).

Coppicing 저목 전정
땅 바로 위에서 나무줄기를 잘라 여러 개의 줄기를 생성하는 것(그림 12.2).

Cordate (leaf shape) 심장형(잎 모양)
그림 5.11 참조

Corm 구경
부풀어 오른 땅속줄기

Corolla 화관
꽃잎을 총칭(그림 8.9)

Cortex 피질
관다발조직과 외피 또는 표피 사이에 놓여 있는 뿌리나 줄기의 조직

Corymb (inflorescence) 산방화서(화서)
그림 8.36 참조

Cotyledon 자엽
떡잎, 배에서 만들어진 첫 번째 잎

Cultivar 품종
재배 과정에서 선택되고 유지되는 뚜렷한 특징을 지닌 변종

Cuticle 각피
잎 바깥쪽의 왁스 층

Cyme (inflorescence) 취산(화서)
그림 8.37 참조

Cypsela 국과, 하위수과
작고, 건조하고, 익어도 열리지 않는 열매, 두 개의 융합된 심피로 형성된, 한 개의 종자를 가진 열매(그림 10.17)

Deciduous 낙엽성
떨어지는 것, 예를 들어 가을에 잎이 떨어짐

Decurrent (leaf attachment) 유저(엽착)
그림 5.29 및 5.31 참조

Dehiscent (fruits) 열개과
열매가 익으면 열림

Diagnostic features 식별 특징
한 종류의 식물을 다른 식물과 구별하여 식별에 사용하는 특징

Dicotyledons (Dicots) 쌍자엽식물
두 개의 자엽(떡잎)을 가진 현화식물(그림 1.6)

Dioecious 자웅이주
수꽃과 암꽃이 다른 그루에 달리는 종

Dormancy (seeds) 휴면(종자)
발아 전 휴식기

Dorsifixed (anther) 측착(약, 꽃밥)
꽃밥의 뒷면에 수술대가 붙는(그림 8.21)

Droppers (sinkers) 드로퍼
구경이나 인경에서 자라는 줄기(그림 7.24)

Drupe 핵과
목질의 내과피(열매껍질의 안쪽 층)로 둘러싸인 하나의 종자를 가진 다육질의 열매(그림 10.12)

Drupelet 소핵과
작은 핵과, 종종 복과의 일부(그림 10.11)

Elaisome 유질체(종침, 엘라이오솜)
일부 종자에서 발견된 기름진 부속체(그림 10.31)

Elliptical (leaf shape) 타원형(엽형)
그림 5.11 참조

Endocarp 내과피
과피의 내부 층(그림 10.3)

Endosperm 배유
수정 과정에 따라 형성되는 영양 저장 조직(9장 참조)

Ephemerals 단명
몇 달 만에 수명을 다하는, 아주 짧게 사는 특별한 일년생식물

Epicalyx 악상총포
꽃받침 아래에 있는 꽃잎 모양 여분의 링 (그림 8.14)

Epicarp 외과피
열매껍질의 외부 층(그림 10.3)

Epicotyl 상배축
자엽들과 첫 번째 본엽 사이에 있는 줄기 부분 (그림 11.9)

Epigeal germination 지상자엽형 발아
땅 위로 자엽이 올라오는 발아(그림 11.9)

Epigynous 자방상생
꽃 부분들이 자방의 위에 위치하는, 자방이 화탁으로 감싸인(그림 8.28)

Epiphyte 착생식물
다른 식물에 붙어서 자라는 식물, 예를 들면 많은 열대 난초류

Etaerio 집합과
복과를 참고

Evergreen 상록
일 년 내내 잎의 대부분을 유지하고 있는 식물들

Extra-floral nectary 밀선
식물의 식물 생장과 관련된 부분에 있는 꿀 분비샘(그림 5.7)

Extrorse 외향약
바깥쪽을 보고 열리는 꽃밥

False fruit (pseudocarp) 위과(헛열매)
꽃의 일부 또는 식물의 다른 부분이 수정 후에도 계속 발달하여 열매의 구조에 필수적인 부분을 형성하는 열매(그림 10.13)

Fertilization 수정
암수 성세포들의 융합

Fibrous root system 수근계(섬유근계)
줄기의 밑부분에서 발달한 부정근에서 형성된 근계, 단자엽식물의 전형적인 특징이며, 일부 쌍자엽식물에서도 발견된다(그림 6.6).

Filament 수술대
수술의 자루(그림 8.21)

Flore pleno 겹꽃
(그림 8.7)

Follicle 골돌과
단심피로부터 형성된 열매로 한쪽만 갈라져 열림(그림 10.7)

Food 양분
과학적으로 말하면, 에너지의 원천이다. 대부분 식물은 광합성 과정을 통해 자체적으로 양분을 생산한다(그림 4.3).

Free-central placentation 독립중앙태좌
자방 기저부에서 발생하는 중심기둥에 태좌를 가지며, 한 개의 구멍이 있는 씨방(그림 8.26)

Fruit 열매
씨앗을 품고 있는 자방이 성숙한 것

Genus 속
유연관계가 있는 종의 집단. 속명은 이명법의 첫 번째 부분을 형성한다.

Girdle scar (on wintertwigs) 인편 흔적(겨울 소지에)
정아의 아린이 있던 흔적(그림 12.9)

Guard Cells 공변세포
기공의 개폐를 제어하는 특수세포(그림 4.3)

Guttation 일액현상
수공을 통해 여분의 물을 분비하는 과정(그림 5.23)

Gymnosperms 나자식물
씨방으로 둘러싸이지 않은 종자를 가진 식물; 침엽수와 그 비슷한 종을 포함함(그림 1.4)

Gynoecium 암술군
심피로 이루어진 꽃의 암컷 부분(그림 8.9)

Hardy annual 내한성 일년생식물
동계 일년생식물 참조

Hastate (leaf shape) 화살촉형(엽형)
그림 5.11 참조

Herb 초본
목질부가 없거나 하부만 목질인 식물

Hermaphrodite 양성화
암수가 모두 들어 있는 꽃

Hesperidium 감과
질긴 외층을 가진 장과의 일종으로, 껍질과 다육질 부분이 분리되어 있음(그림 10.20).

Hilum 배꼽
꽃대가 남긴 종자의 흉터(그림 11.3)

Hybrid 잡종
유전적으로 다른 두 식물 간의 교배

Hydathodes 수공(배수선)
물을 분비하는 분비선(그림 5.23)

Hypanthium 화탁통
씨방의 기저에 있는 화탁이 확장된 것 (그림 8.28)

Hypocotyl 배축
자엽과 뿌리 사이의 줄기 부분(그림 11.9)

Hypogeal germination 지하자엽형 발아
자엽이 땅 아래에 남은 채 발아하는 종자 (그림 11.9)

Hypogynous 자방하생
자방의 기저부에 나머지 꽃 부분이 부착된 (그림 8.28)

Indehiscent 비열개
열매가 익어도 닫힌 채로 있는 것

Inferior ovary 하위자방
꽃 부분이 자방보다 위에 있는 경우, 화탁에 의해 완전히 둘러싸여 있고 붙어있는 것(그림 8.28)

Inflorescence 화서
꽃 축에 잘 정리된 꽃 무리

Internode 절간
두 개의 절 사이의 줄기 부분(그림 4.2)

Introrse 내향약
안쪽을 향하고 안쪽으로 열리는 꽃밥

Lamina 엽신
잎몸(그림 5.2)

Lanceolate (leaf shape) 피침형(엽형)
그림 5.11 참조

Latex 유액
땅빈대 같은 일부 식물에서 특수한 세포가 생산한 액체, 우유 같지만 착색될 수 있음(그림 2.7)

Layering 휘묻이
지면에 닿는 나뭇가지 끝에 발달하는 부정근과 줄기 조직(그림 7.31)

Leaf margin, tip and base 엽연(잎의 가장자리), 엽두와 엽저
식물 용어 그림 5.12 참조

Leaf shape 엽형
식물 용어 그림 5.11 참조

Legume 협과
한 개의 심피로부터 형성되고 양쪽으로 열개하는 열매(그림 10.7)

Lenticels 피목
목질의 뿌리나 줄기의 껍질에 공기가 통과할 수 있는 호흡 구멍(그림 12.9)

Lignin 리그닌
복실 조식의 세포벽이 누꺼워짐

Linear (leaf shape) 선형(엽형)
그림 5.11 참조

Loculus 소실
자방 또는 꽃밥의 구획 또는 공간(그림 8.26)

Meiosis 감수 분열
염색체 수가 반감되는 결과를 초래하는 유성생식 전에 일어나는 세포 분열 과정

Meristems 분열조직
식물의 생애주기 내내 세포가 계속 분열하는 조직

Mesocarp 중과피
과피의 중간층(그림 10.3)

Micropyle 주공
꽃가루관이 들어갈 수 있는 씨방을 둘러싼 외부층의 개구부(그림 11.3)

Midrib 주맥
잎의 중앙에 있는 주된 맥(그림 5.2)
Mixed inflorescence 복합화서
주축에 있는 옆 가지들의 배열이 일반적인 화서와 다르고 복잡한 화서(그림 8.38)

Monocarpic perennial 1회 결실 다년생 식물
꽃이 피면 죽는 다년생 식물. 꽃이 피기까지는 몇 년이 걸릴 수 있다(그림 7.9).

Monocotyledons (Monocots) 단자엽식물(외떡잎식물)
자엽이 한 개 있는 현화식물(그림 1.6)

Monoecious 자웅동주
같은 개체에 암꽃과 수꽃이 같이 있음(그림 12.26)

Monopodial 단축성
주축이 꼭대기를 향해서 계속 뻗어나가고 측지가 있음

Multiple fruit 다화과, 집합과
화서 전체가 발달하여 형성된 열매(그림 10.14)

Mycorrhizal fungus 균근균
식물의 뿌리와 공생하는 곰팡이

Nectar 꽃꿀(화밀)
주로 물 녹은 설탕의 용액

Nectary 밀선
꽃꿀을 분비하는 분비 기관이나 부위

Node 절
잎이 발생하는 줄기의 부분(그림 4.2)

Nut 견과
가죽질이나 목질의 과피가 있으며 하나의 종자를 가진 비열개과(그림 10.9)

Obcordate (leaf shape) 도심장형(엽형)
그림 5.11 참조

Oblanceolate (leaf shape) 도피침형(엽형)
그림 5.11 참조

Obovate (leaf shape) 도란형(엽형)
그림 5.11 참조

Opposite and decussate (leaf and bud arrangement) 대생 및 십자대생(잎과 눈 배열)
그림 5.34 참조

Opposite two-ranked (leaf and bud arrangement) 아대생(잎과 눈 배열)
그림 5.34 참조

Orbicular (leaf shape) 원형(엽형)
그림 5.11 참조

Ovary 자방(씨방)
밑씨가 들어 있는 심피 부분

Ovate (leaf shape) 난형(엽형)
그림 5.11 참조

Ovule 배주(밑씨)
수정 후 종자로 발전할 수 있는 씨방 내부의 구조

Palmate compound leaf 장상복엽
엽병의 정상부에 방사형으로 배열된 소엽들을 가지고 있는 잎(그림 5.25)

Palmate venation 장상맥
그림 5.13 참조

Palynology 화분학
화분립 연구

Parallel venation 평행맥
그림 5.13 참조

Parasitic plant 기생식물
영양분을 얻기 위해서 다른 식물에 의존하는 식물, 전형적으로 숙주의 손상에 의존하는 식물

Parietal placentation 측막태좌
여러 개의 심피가 합쳐져 하나의 공간을 가지고 있는 씨방 내부의 심피 벽에 태좌가 배열(그림 8.26)

Pedicel 소화경
화서에 있는 각 꽃의 자루(그림 4.2)

Peduncle 총화경
화서의 주된 화축의 줄기(그림 4.2)

Pepo 박과(박果)
하나의 공간에 수많은 종자를 가지며 가죽 같은 겉껍질을 가진 장과. 박과(박科) 식물들의 전형적인 특징(그림 10.21)

Perennating organ 다년생 조직
보통 휴면기처럼 불리한 조건에서도 살아남는 식물의 일부.

Perennial 다년생 식물
3년 또는 그 이상 사는 식물

Perfoliate (leaf attachment) 쌍관천저(엽착)
그림 5.28 참조

Perianth 화피
꽃받침과 화관을 통합하여 부르는 용어(tepal-화피 열편 참조)

Pericarp 과피
수정 후 자방 벽으로부터 형성된 열매껍질

Perigynous 자방주생
연장된 화탁에 있는 자방 위에 꽃 부분들이 달려있음(그림 8.28)

Petal 꽃잎
화관을 구성하는 기본 단위(그림 8.9)

Petal claw 화조
꽃잎 밑부분이 길어진 것(그림 8.16)

Petaloid 꽃잎 모양의
꽃잎처럼 보이는 화려한 부위를 가짐(그림. 8.19)

Petiolate 엽병이 있는

Petiole 엽병
잎자루(그림 5.2)

Phloem 체관부
식물 각 부위로 영양분을 운반하는 살아있는 세포들

Photosynthesis 광합성
식물이 양분을 만드는 과정(그림 4.3)

Phyllaries 총포
두상화서를 둘러싼 포엽(그림 8.36)

Phyllode 가엽
광합성을 하는 잎사귀처럼 생긴 납작한 엽병(그림 6.28)

Pinnate compound leaf 우상복엽
중심의 주된 엽병의 양쪽으로 달린 소엽들을 가지고 있음(그림 5.25)

Pinnate venation 우상맥
그림 5.13 참조

Placenta 태좌
자방에서 밑씨가 붙어있는 부분

Placentation 태좌 배열
씨방 내 태좌의 배열(그림 8.26)

Plumule 유아
종자에서 형성된 첫 번째 줄기(그림 11.4)

Pneumatophores 기근(호흡근)
호흡근 참조

Pollarding 두목 전정
나무가 많은 줄기를 만들도록 지면에서 위로 떨어져 줄기를 자르는 것(그림 12.2)

Pollen 꽃가루
남성 세포가 들어 있는 구조체

Pollination 수분
수술에서 암술머리로 꽃가루가 운반되는 것(그림 9.3)

Pollinium 화분괴
난초 등에서 발견되는 꽃가루 덩어리(그림 9.43과 9.45)

Polycarpic perennial 다결실 다년생
여러 해 동안 간격을 두고 꽃을 피우는 다년생

Prickles (가시) emergence (모상체)
표면 조직의 세포로부터 형성된 뾰족한 구조(그림 12.12)

Prop (stilt) roots 지주근
식물의 주 줄기 하부에서 발달하여 추가적인 지지를 해주는 부정근(그림 6.23)

Protandry 웅예선숙
수술이 심피보다 먼저 성숙(그림 9.8)

Protogyny 자예선숙
심피가 수술보다 먼저 성숙(그림 9.8)

Pseudocarp 가과
위과 참조

Ptyxis 유엽태
각각의 어린잎이 눈 안에 접혀있는 방식

Raceme 총상(화서)
그림 8.36 참조

Racemose inflorescence 총상화서
그림 8.36 참조

Radicle 유근
종자에서 형성된 첫 번째 뿌리(그림 11.4)

Receptacle 화탁
꽃 부분을 품으며 화경의 정상부에 있는 것(그림 8.9)

Reniform (leaf shape) 신장형(엽형)
그림 5.11 참조

Replum 레플룸(가짜 격막)
배추과(Brassicaceae) 식물에서 발견된 가짜 막(septum)(그림 8.27)

Respiration 호흡
양분에서 에너지가 방출되는 과정(그림 4.3)

Rhizomes 근경
두꺼운 다육질이나 목질로 된 수평으로 생장하는 줄기, 보통 지하에 있고, 주로 다년생 조직처럼 활동한다(그림 7.28).

Root nodules 뿌리혹
몇몇 식물의 뿌리에서 발견되는 혹, 공기로부터 질소를 고정하여 식물이
흡수할 수 있는 형태로 변환시킬 수 있는 박테리아를 가지고 있다(그림 4.4)

Saprophytic plant 부생식물
분해된 다른 식물들의 잔해로부터 양분을 얻는 식물(그림 4.1)

Scaly bulb 인경
얇은 막질의 외피가 없는 구근으로 비늘 조각들이 드러나 있음(그림 7.17)

Schizocarp 분리과
여러 심피가 결합한 하나의 씨방으로부터 형성된 열매로 익으면 씨앗
한 개를 둘러싼 단위로 쪼개진다(그림 10.10).

Scorpioid cyme 권산상 취산화서
그림 8.37 참조

Self-incompatibility 자가불화합성
밑씨를 수정시키는 과정에서 식물의 암술머리가 자신의 수술에서 나온 꽃가루를 인식하고 수정을 방지하도록 하는 체계

Sepal 악, 꽃받침잎
꽃받침을 구성하는 기본 단위(그림 8.9)

Sepaloid 꽃받침잎 모양의
초록색으로 잎처럼 생기고 꽃받침잎을 닮음

Sessile 부경상, 무병상
(잎, 꽃 등에) 자루가 없음

Sheathing (leaf attachment) 엽초상(엽착)
그림 5.29 참조

Shrub 관목
지표면에서부터 여러 개의 목질 줄기가 발생하는 다년생 목본식물
(그림 9.3)

Silicula 단각과
배추과(Brassicaceae)에서 발견되는 특별한 유형의 삭과로서 길이가 폭의 3배 이내로 짧음
(그림 10.18)

Simple leaf 단엽
그림 5.26 참조

Sorosis 상과
뽕나무나 파인애플 같은 다육질의 다화과
(그림 10.14와 10.23)

Spadix 육수화서
천남성과 식물에서 발견할 수 있는 다육질의 줄기를 가진 수상화서(그림 9.39)

Spathe 불염포
화서의 기저부에 있는 포엽(bract)이며,
성숙하기 전에 종종 화서를 감싸는 경우가 있음
(그림 8.35)

Spathulate (leaf shape) 주걱형(엽형)
그림 5.11 참조

Species 종
서로 밀접하게 연관된 개체들의 집단. 종소명은 종 학명의 두 번째 부분을 형성한다.

spike 수상화서
그림 8.36 참조

Spine 엽침 [prickles (피침)과 thorns (경침) 참조]
식물의 변형된 부분으로 흔히 잎과 함께 있는 뾰족하게 자란 목질 조직(그림 12.13)

Spreading 퍼진
다른 기관으로부터 퍼져나온, 예: 줄기에 있는 눈이나 털(그림 12.18)

Stamen 수술
꽃의 수컷 부분의 기본적인 단위, 수술군. 꽃가루를 생성함(그림 8.9)

Staminode 가웅예(헛수술)
불임성 수술

Stigma 주두, 암술머리
암술대의 정상부에 있는 심피의 일부로 화분립을 받고 화분의 발아를 촉진하기도 함.

Stipule 탁엽
엽병의 밑부분에 있는 잎처럼 생긴 조직
(그림 5.2)

Stolon 포복지
보통 땅 위로 자라는 가느다란 수평 줄기, 주로 영양번식의 수단(그림 7.27)

Stomata 기공
잎과 일부 줄기의 바깥층(표피)에 있는 구멍으로서, 공기가 식물을 드나들 수 있도록 함
(그림 4.3).

Strobilus or cone 구과
겉씨식물의 종자를 품고 있는 구조. 현화식물에서도 구과 같은 구조를 가리킬 때도 종종 사용됨
(그림 10.14)

Style 암술대
씨방과 암술머리 사이에 놓여 있는 심피의 길고 가느다란 부분

Subspecies 아종(ssp.로 줄여서 표현하기도 함)
예를 들어 지리적으로나 생태학적으로 구별되는 세분화한 종

Succulent 다육식물
줄기가 잎이 두껍고(다육질) 과즙이 많은 식물

Superior ovary 상위자방
화탁 위의 다른 꽃 부분보다 위에 씨방이 위치함
(그림 8.28)

Sympodial 가축성
주지의 생장이 멈추고, 측지에 의해 생장이 계속되는 생장 방식

Syncarpous gynoecium 합생심피 암술군
두 개 이상의 심피가 결합하여 형성된 암술군(그림 8.25)

synconium 은화과
속이 빈 집합과(그림 10.24). 육질 화경이 주머니를 이루고 그 주머니 안에서 많은 꽃이 은밀하게 핌. 주머니 밖으로 꽃이 보이지 않음(역자 주)

Tap roots 주근, 원뿌리
측근을 가지는 잘 발달한 주된 뿌리(그림 6.5와 7.13)

Tepal 화피 열편
서로 닮아서 구별하기 어려운 꽃받침과 꽃잎
(그림 8.20)

Terminal bud 정아
줄기 정점에 있는 눈(그림 12.9)

Ternate compound leaf 삼출엽
3장의 소엽이 달린 것(그림 5.25)

Testa 종피
종자 껍질(그림 11.3)

Thorn 경침(prickles 피침과 spines 엽침 참조)
식물 조직이 변형되어 발달하며 보통 줄기에 달려 뾰족하게 자란 목질 조직(그림 12.13)

Transpiration 증산
잎을 통한 증발에 의한 수분 손실

Tree 교목
하나의 수간을 가진 키가 큰 다년생 목본식물(그림. 12.2)

Truncate (leaf shape) 절형(엽형)
그림 5.11 참조

Tubers 괴경
양분을 저장하는 지하 줄기 또는 부푼 부정근(그림 7.15)

Tunicate bulbs 외피가 있는 구근
종이 같은 비늘 잎으로 뒤덮인 구근(그림 7.17)

Turions 번식아
수생식물에서 발견되는 겨울눈(그림 7.25)

Umbel 산형화서
그림 8.36 참조

Variety 변종
한 종의 자연개체군에서 발생하는 특징이 뚜렷이 다른 개체이지만 상태가 불확실한 개체들

Vegetative (=asexual) reproduction 영양(무성) 번식
식물체 일부가 분리되어 새로운 식물로 생장하여 어미그루로부터 독립하여 살아가게 되는 생식

Velamen 근피
그림 6.20 참조

Venation 엽맥
잎맥의 배열 형태(그림 5.13)

Vernation 아형
눈 안에 있는 잎들의 배열

Versatile (anther) T자착(꽃밥)
꽃밥 뒤쪽에 수술대가 느슨하게 고정되어 자유롭게 움직일 수 있다(그림 8.21)

Viable 독자생존 가능한
발아, 생장, 생존, 번식이 가능한

Whorled (leaf arrangement) 윤생(잎의 배열, 엽서)
그림 5.34 참조

Winter (hardy) annual 동계(내한성이 있는) 일년생
종자가 가을에 발아하여 작은 식물로 겨울에도 살아남는 식물

Xerophytes 건생식물
매우 건조한 환경에서 자라는 식물

Xylem 목질부
두꺼운 리그닌으로 만들어진 벽을 가진 죽은 세포로 형성된 조직, 물과 무기양분을 식물 각 부위로 운반하는 통로

Zygomorphic (irregular) 좌우대칭(불규칙한)
세로로 한 개의 대칭축이 있어 양쪽으로 대칭인 꽃, 중심에서 세로로 자르면 거울상이 됨(그림 8.2와 8.3)

부록 IV - 참고문헌

1. 특히 유용한 식물 참고서 및 자료

Bebbington, A. and Bebbington j. Describing Flowers (Field Studies Council Occasional Publication 42, 2007) ISBN 978 1 85153 842 3. A quick reference glossary in the form of a fold-out chart.

Bell, A. and Bryan, A. Plant Form - An illustrated guide to flowering plant morphology, 2nd edition (Timber Press, 2008) ISBN 978 0 88192 8501.

Gibbons, Bob. The Secret Life of Flowers (Blandford, 1990) ISBN 0 7137 2168 5. A good introduction to plant biology.

Hayward, J. A New Key to Wild Flowers (Cambridge University Press, 1995, reprinted Field Studies Council, 2004) ISBN 1 85153 285 4. A very user-friendly identification key.

Heywood, V.H., Brummitt, R.K., Culham, A. and Seberg, O. Flowering Plant Families of the World (Royal Botanic Gardens, Kew, 2007) ISBN 978 1 55407 206 4. An excellent reference book, particularly for those working with exotic plants.

Hickey, M. and King, C. 100 Families of Flowering Plants (Cambridge University Press, 1988) ISBN 0521 33049 1. Very useful illustrated accounts of family characteristics.

Hickey, M. and King, C. The Cambridge Illustrated Glossary of Botanical Terms (Cambridge University Press, 2000) ISBN 0 521 79401 3. A fully illustrated comprehensive glossary of botanical terms.

Proctor M., Yeo, P. and Lack, A. The Natural History of Pollination (HarperCollins, 1996) ISBN 8 8192 353 2. A little technical but an excellent account of pollination.

Silvertown, J. An Orchard Invisible (University of Chicago Press, 2009) ISBN 978 0 226 75773 5. Fruits, seeds, their dispersal and germination - very readable and entertaining.

Stace, C. New Flora of the British Isles, 3rd edition (Cambridge University Press, 2010) ISBN 978 0 521 70772 5. The standard reference flora for botanists.

Streeter, D. Collins Flower Guide (Collins, 2009) ISBN 978 0 00 710621 9. A good up-to-date illustrated flora.

Vaughan, J.G. and Geissler, C.A. The New Oxford Book of Food Plants (Oxford University Press, 1997) ISBN 0 19 854825. Very useful for anyone illustrating food plants.

2. 추가 도서

Attenborough, D. The Private Life of Plants (BBC Books, 1995) ISBN 0563 37023.

Dzamatoz P. The Savage Garden - Cultivating Carnivorous Plants (Ten Speed Press, 1998) ISBN 0 89815 915 6.

Hickey, M. Botany for Beginners - Occasional Articles (Chelsea Physic Garden, 1999).

Hickey, M. Botany for Beginners Part II - Further Articles (Chelsea Physic Garden, 2003).

Hickey, M and King, C. Common Families of Flowering Plants (Cambridge University Press, 1997) ISBN 0 521 57281 9.

Ingram, D.S., Vince-Prue, D. and Gregory, P.J. (Eds), Science and the Garden; The Scientific Basis of Horticultural Practice, 2nd edition (Blackwell/Royal Horticultural Society, 2008) ISBN 978 1 4051 6063 6.

Jepson, M. Biological Drawings with Notes, Parts 1 & 2 (John Murray, 1938) ISBN 0 7195 0726 X. An old book but with clear and fully annotated drawings of plant and animal morphology.

Johnson, O. and More, D. Collins Tree Guide (Collins, 2004) ISBN 978 0 00 720771 8.

Kerner, A. and Oliver, F.W. The Natural History of Plants (Gresham Publishing Company, 1904). Worth looking at for the wood engravings.

Kessler, R. and Harley, M. The Hidden Sexuality of Flowers (Firefly Books, 2009) ISBN 978 1 55407 559 1.

Leech, L. Botany for Artists (Crowood Press, 2011) ISBN 978 1 84797 278 1. Covers all groups in the plant kingdom as well as fungi.

May, A. and Panter, J. Guide to the Identification of Deciduous Broad-leaved Trees and Shrubs in Winter (Field Studies Council, 2000) ISBN 1 85153 207 2.

McAlpine, D. The Botanical Atlas. A Guide to the Practical Study of Plants (1883, reprinted 1989 Bracken Books) ISBN 1 85170 255 5. An interesting old book showing the use of half flowers and floral diagrams to illustrate flower structure.

Oxley, V. Botanical Illustration (Crowood Press, 2008) ISBN 978 1 84797 051 0. In addition to art techniques, contains an introduction to basic botany, and advice on how to approach a botanical study and look after plant material.

Prenner, G., Bateman, R.M. and Rudall, P.J. 'Floral formulae updated for routine inclusion in formal Taxonomic descriptions' Taxon 59(1), 2010.

Prime, C.T. and Deacock, R.). Trees and Shrubs (W. Heffer & Sons, 1970) ISBN 85270 026 1. Out of print but available second-hand and still a very useful identification guide.

Propagation Techniques (RHS Octopus Publishing Group, 2013) RHS Handbook, ISBN 978 1 8453 37810.

Institute for Analytical Plant Illustration (IAPI) Tip Cards. These are A5 laminated cards containing information worth keeping to hand with the drawing materials, as an aide-memoire for the topic concerned. Look at the IAPI website for a current list of the topics available. Tip Cards can be obtained from the IAPI Editor (£1 each at the time of going to press). Email: editor@iapi.org.uk.

부록 V - 장비 공급처

· 확대경, 현미경 및 해부 기구/도구

Brunel UK Ltd
Unit 2, Vincents Road, Bumpers Farm Industrial Estate,
CHIPPENHAM, Wiltshire SN14 6NQ
Tel. 01249 462655 / Website: www.brunelmicroscopes.co.uk

UKGE Ltd
Units 10-12, Reydon Business Park, SOUTHWOLD, Suffolk IP18 6SZ
Tel. 0800 0336 002 / Website: www.ukge.co.uk

VEHO USB Microscope
(NB: trade supplies only — buy via Amazon) VEHO, PO Box 436, SOUTHAMPTON, Hampshire, SO30 9DH
Website: www.veho-uk.com

· 비례분할기

London Graphics Centre
16-18 Shelton Street, Covent Garden, LONDON WC2H 9)L
Tel. 020 7759 4500
Email: info@londongraphics.co.uk
Website: www.londongraphics.co.uk

· 루페, 확대경 및 섬유확대경

The Loupe Store
Tel. 0871 288 1827
Website: www.theloupestore.co.uk

부록 VI - 협회 및 강좌

Institute for Analytical Plant Illustration (IAPI)
A society encouraging collaboration between artists and botanists
Secretary: secretary@iapi.org.uk / www.iapi.org.uk

Botanical Society of Britain and Ireland
A society for everyone who is interested in and wants to learn more about the British flora. The society welcomes both professional and amateur members.
Membership secretary: enquiries@bsbi.org / www.bsbi.org.uk

The Field Studies Council
Runs numerous courses throughout the year at each of their study centres, including plant identification and botanical art courses.
Contact the Field Studies Council directly for more information:
Tel. 01743 852100
Email: enquiries@field-studies-council.org
www.field-studies-council.org

일반색인

로마자

T

기호

식물색인

굵은 활자로 된 것은 참조할 그림 번호임.